附图 8　位于山东省莒南县涝坡镇的花生连作障碍消减高产增效技术千亩应用示范田长势

附图 9　玉米∥花生田间图（结荚期）

附图 10　玉米根系分泌物的收集

附　图

对照

花生根系分泌物中性组分（30mg/L）

连作5年花生结荚期根系分泌物（30mg/L）

附图 1　花生根系分泌物对种子发芽的影响

附图 2　不同连作年限花生结荚期根系分泌物的收集

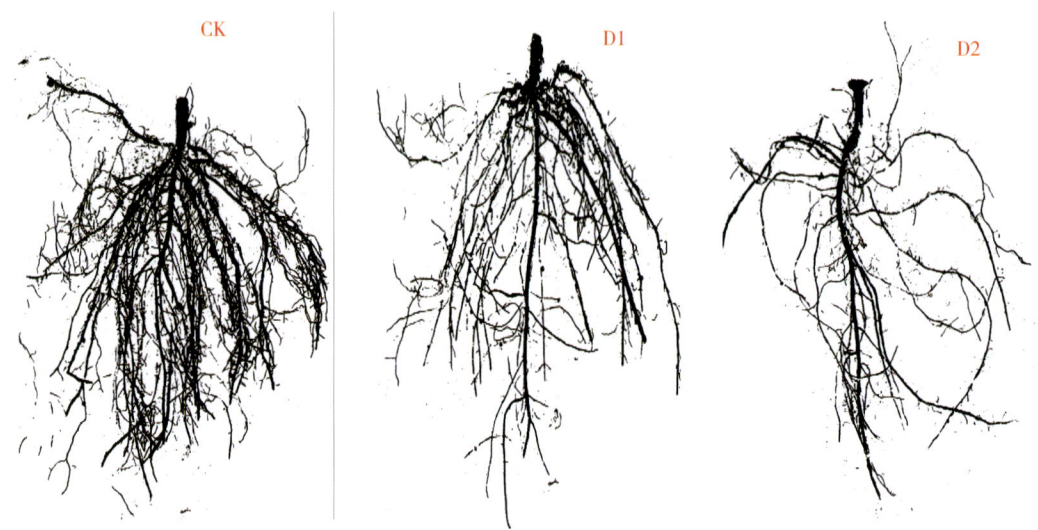

CK—不添加酚酸；D1—对羟基苯甲酸、肉桂酸、邻苯二甲酸1:1:1混合物，40mg/kg；
D2—对羟基苯甲酸、肉桂酸、邻苯二甲酸1:1:1混合物，80mg/kg。

附图3　酚酸类化感物质对大田盆栽花生根系扫描结构的影响

附图 4　酚酸类化感物质对大田盆栽花生产量的影响

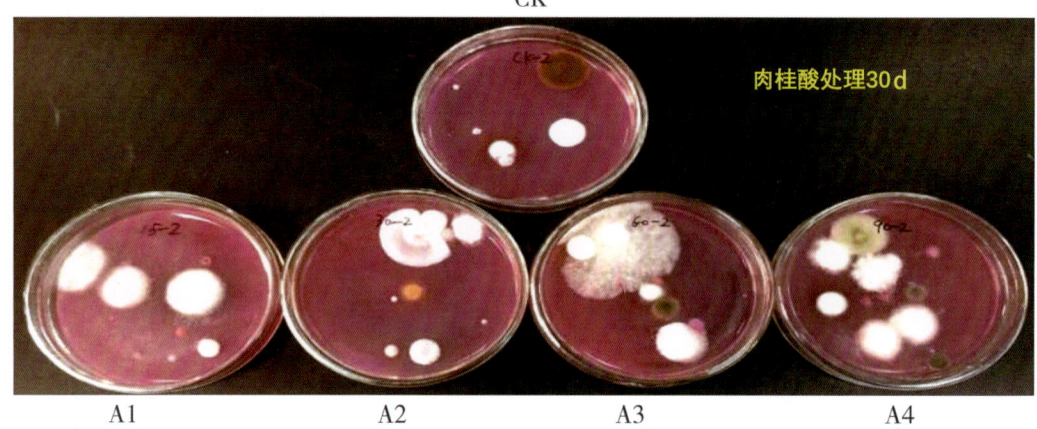

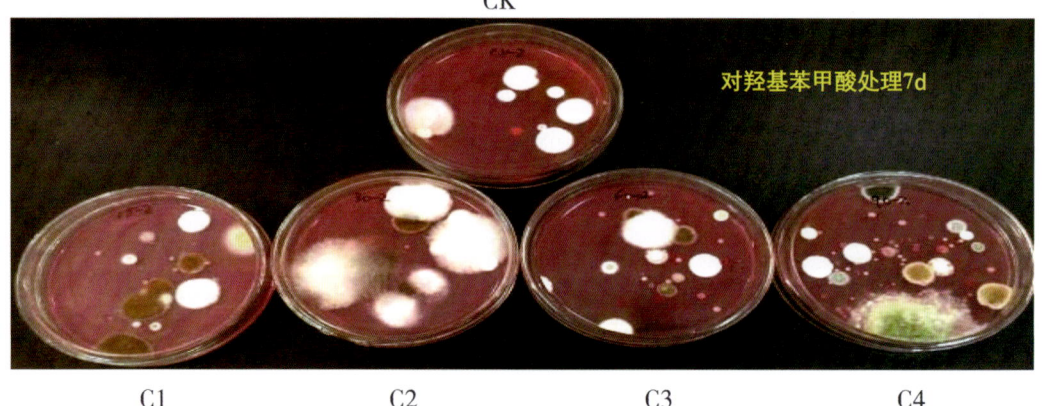

附图 5　酚酸类化感物质对室内培养土壤微生物数量的影响

附图 6 酚酸类化感物质对花生根腐病病原菌致病能力的影响试验流程

化感物质处理15d

附图7 酚酸类化感物质对花生根腐病病原菌致病能力的影响试验结果

"十四五"时期国家重点出版物出版专项规划项目

花生
连作障碍化感作用研究

◎刘 苹 万书波 等 著

中国农业科学技术出版社

图书在版编目（CIP）数据

花生连作障碍化感作用研究 / 刘苹等著 . -- 北京：中国农业科学技术出版社, 2025.7. -- ISBN 978-7-5116-7277-3

Ⅰ. S565.2

中国国家版本馆 CIP 数据核字第 2025RN6859 号

责任编辑　白姗姗
责任校对　李向荣
责任印制　姜义伟　王思文

出 版 者	中国农业科学技术出版社
	北京市中关村南大街 12 号　邮编：100081
电　　话	（010）82106638（编辑室）（010）82106624（发行部）
	（010）82109709（读者服务部）
网　　址	https://castp.caas.cn
经 销 者	各地新华书店
印 刷 者	北京科信印刷有限公司
开　　本	185 mm×260 mm　1/16
印　　张	12　彩插 8 面
字　　数	270 千字
版　　次	2025 年 7 月第 1 版　2025 年 7 月第 1 次印刷
定　　价	80.00 元

———— 版权所有·侵权必究 ————

《花生连作障碍化感作用研究》著者名单

主　著　刘　苹　万书波

参著人员　李庆凯　唐朝辉　赵海军　郭　峰

前言

花生是我国重要的油料作物和经济作物，年种植面积7 000万亩左右，约占我国油料作物播种总面积的22%、总产量的35%。我国花生种植面积居世界第二位，而总产量和出口量均已居世界第一位。花生产业的发展在保障我国油脂安全、出口创汇、农民增收等方面具有举足轻重的地位。目前我国花生主产区一年一熟的春花生是主要的种植方式，受耕地面积和种植制度的制约，花生通常多年连作，全国连作花生约占种植总面积的1/3。花生是一种对连作较为敏感的作物，连作引起植株发育迟缓、病虫害加重、后期早衰，因连作障碍导致花生减产8%～40%，且品质下降，解决花生连作障碍问题已成为当前我国花生生产中亟待破解的关键科技问题之一。

针对花生连作障碍机理不清、缺乏高产关键生产技术的难题，在国家科技支撑计划项目（2006BAD21B04、2009BADA8B03）、国家自然科学基金青年项目（30800135）和国家自然科学基金面上项目（32272227）等科研项目的支持下，著者团队从2006年起开展了花生连作障碍机理及消减连作障碍关键技术的创新研究工作。从根系分泌物的角度系统研究了花生根系分泌物的化感作用与连作障碍间的关系，主要包括根系分泌物中的化感物质对花生生长发育及根系生理特性的影响、对花生根际微生态环境演替变化的作用机制、花生品种间存在连作抗性差异的化感机制，阐明了花生连作障碍产生的机理，揭示了花生根系分泌物中的化感物质是引起连作障碍的主要因子，其化感作用是造成连作土壤微生物区系失衡和病原菌累积的直接原因，也是土壤酶活性降低和养分失调的关键因素之一。基于花生连作障碍化感作用机制创建了有效缓解连作、适用于不同产量水平的连作花生高产栽培技术体系。

本书理论与实践紧密结合，可供广大花生科研工作者、农业院校师生、服务花生生产的农业技术人员等阅读参考。由于我国花生种植范围广泛，各地区自然生态生产条件存在差异，分析解决问题的角度不同，加之著者水平所限，书中难免存在不足之处，敬请广大读者批评指正。

著　者
2024年10月

目　录

第一章　植物化感作用及与连作障碍关系 / 1

　　第一节　化感作用的概念 / 1

　　第二节　化感作用与作物连作障碍关系研究进展 / 5

第二章　化感作用在花生连作障碍形成中的作用 / 13

　　第一节　花生根系分泌物的自毒作用及成分分析 / 14

　　第二节　花生根系分泌物对土壤微生物的化感作用 / 19

　　第三节　连作对花生根系分泌物化感作用的影响 / 22

　　第四节　连作对不同抗性花生品种根系分泌物成分和土壤中化感物质含量的影响 / 29

　　第五节　花生根系分泌物的化感互作效应 / 37

　　第六节　花生叶片淋溶液及根系腐解物的化感作用 / 42

第三章　化感物质对花生生长发育及根系生理特性的影响 / 49

　　第一节　化感物质对花生植株生育动态的影响 / 49

　　第二节　化感物质对花生根系生长及超微结构的影响 / 63

　　第三节　化感物质对花生根系养分吸收能力的影响 / 68

　　第四节　化感物质对花生根系细胞膜过氧化的影响 / 81

　　第五节　化感物质与花生生长及根系生理特性的关系 / 87

第四章　化感物质对根际微生态环境及产量的影响 / 91

　　第一节　化感物质对花生根际土壤微生物的影响 / 93

　　第二节　化感物质对土壤酶活性的影响 / 102

　　第三节　化感物质对土壤理化性质的影响 / 111

　　第四节　化感物质对花生根腐病原菌致病能力的影响 / 125

　　第五节　化感物质对花生产量及产量构成因素的影响 / 125

　　第六节　化感物质与花生根际微生态环境及产量的关系 / 126

第五章　花生连作障碍的缓解对策 / 132

   第一节　农艺措施缓解花生连作障碍 / 132
   第二节　玉米花生间作缓解花生连作障碍 / 139
   第三节　花生连作障碍缓解技术集成 / 151

第六章　研究结论与展望 / 153

   第一节　研究结论 / 153
   第二节　展　望 / 155

参考文献 / 157

附　图 / 175

第一章
植物化感作用及与连作障碍关系

第一节 化感作用的概念

一、化感作用的概念

化感作用作为一种古老的自然现象，早在 2 000 多年前的秦汉时期就已有相关记载，并有意识地将其应用到了传统农耕作物。西晋时，杨泉《物理论》就有"芝麻之于草木，犹铅锡之于五金也，性可制耳"的记载。北魏农学家贾思勰曾在其著作《齐民要术》记载有关于植物相生相克的作用，并提出相应的栽培措施（姜汉侨，2004）。德国科学家 Molish 1937 年首先提出了植物化感作用概念并定义为：所有类型植物（含微生物）之间生物化学物质的相互作用，包括抑制和促进两个方面（Campbell et al.，1999）。Rice（1984）进一步完善了化感作用的定义：植物（微生物）通过释放化学物质到环境中而产生对其他植物（微生物）直接或间接的有害或有益的作用。具有化感作用的化学物质称为化感物质。当受体和供体同属于一种植物时产生抑制作用的现象，称为自毒作用。自毒作用是一种特殊的化感作用，大多数作物都存在自毒作用。

化感物质几乎存在于植物各个器官中，主要通过植物地上部淋溶、挥发，根的分泌以及植物残体的腐解等途径进入环境中，从而影响自身、周围或后茬植物的生长发育，其中，根系分泌物是植物化感物质最重要的来源之一。

二、根系分泌物

（一）根系分泌物的概念

根系分泌物（root exudate）是指在特定环境下，活的植物通过根系的不同部位释放到根际环境中的有机物质的总称，是一种复杂的非均一体系。广义的根系分泌物包括：渗出物（diffusate），即由根部细胞通过被动形式扩散出来的一些低分子量

有机物质；分泌物（exudate），即由根部细胞主动释放的一些具有一定生理功能的有机物质，对营养元素迁移、植物解毒、信号传递、抵御胁迫等起重要作用；排泄物（excrement），即根部细胞生物代谢过程中产生的分解产物（Neumann and Römheld, 2000; Werner, 2000）。狭义的根系分泌物仅包括植物通过溢泌作用进入土壤的可溶性物质（贺永华等，2006）。根系分泌物可以通过改变根际物理、化学或生物学特性来提高植物根系对营养元素的吸收利用率和适应外界环境的变化，同时它也是调控根际微生态功能的关键因子（吴林坤等，2014）。

（二）根系分泌物的种类

根系分泌物作为作物根际沉积的重要组成部分，按分子量可分为高分子量根系分泌物与低分子量根系分泌物，前者主要包括黏胶和胞外酶，其中黏胶有聚多糖和多糖醛酸；后者主要是低分子量有机酸、糖、酚及各种氨基酸（包括非蛋白氨基酸，如植物铁载体）（Marschner, 1995）。根系分泌物按种类可分为糖类、氨基酸类、有机酸、酚酸类、脂肪酸、甾醇类、蛋白质、生长因子等（表1-1）。

表1-1 根系分泌物的组成（吴林坤等，2014）

组成	物质
糖类	葡萄糖、果糖、核糖、蔗糖、木糖、鼠李糖、阿拉伯糖、寡糖、聚多糖
氨基酸类	精氨酸、赖氨酸、组氨酸、亮氨酸、天冬氨酸、谷氨酸、脯氨酸、苯丙氨酸
有机酸	柠檬酸、草酸、苹果酸、酒石酸、乳酸、丙二酸、丙酮酸、丁酸
酚酸类	对羟苯甲酸、香豆酸、丁香酸、香草酸、阿魏酸、肉桂酸
脂肪酸	油酸、亚麻酸、硬脂酸、软脂酸
甾醇类	油菜素甾醇、胆甾醇、谷甾醇、豆甾醇
蛋白质	过氧化物酶、半乳糖苷酶、磷酸水解酶、吲哚乙酸氧化酶、蛋白酶、多肽
生长因子	生物素、泛酸、胆碱、肌醇、硫胺素、尼克酸、维生素B_6
其他	CO_2、乙烯、质子、核苷、黄酮类化合物、植物生长素、植物抗毒素

（三）根系分泌物的功能

除了为根际土壤微生物系统提供碳源、氮源外，根系分泌物还介导植物对矿质元素的吸收利用和对外界环境变化的适应等。前人研究表明，有些植物在养分和环境胁迫时，根系分泌物的成分和数量会产生急剧变化以适应变化的环境，这些植物一般都具有较高的养分利用效率和利用能力，具有较强的抗逆性（涂书新等，2000）。根系分泌物种类众多，功能包括：营养供给、改变土壤质地、提高植物营养吸收、信号传导、保护功能、化感作用等。

1. 根系分泌物与土壤物质循环

高等植物光合作用固定的碳20%～60%被转移到植物地下部分，其中释放到土壤中的碳，多年生植物最高可达其转移量的70%，一年生植物最高可达其转移量的40%（Kuzyakov and Domanski, 2000）。在"根际"这一特殊的生态环境中，植物根系不断地向土壤中分泌大量的有机物质，形成根际沉积，这为根际微生物提供了丰富的营养和能源。根系分泌物的种类和数量决定了根际微生物的种类和数量，并对微生物的生长繁殖及代谢过程产生影响（Singh and Mukerji, 2006）；而根际微生物群落的动态变化反过来也影响着根际生态系统的物质循环和能量流动，从而影响植物的生长发育及植被多样性变化（Bardgett, 2005）。植物和土壤、微生物之间的物质交换、养分循环是一个复杂的开放系统。

2. 根系分泌物与土壤理化性质

有研究表明，根系分泌物对土壤微团聚体的大小、分布、稳定性、吸附性能及亲水性等物理性质有显著影响（Materechera et al., 1992）。根系分泌物还显著地影响根际土壤pH值，主要的影响途径有：①植物对阳离子、阴离子吸收利用的不平衡性；②有机阴离子的释放；③根部呼吸；④根际微生物产酸（Gregory, 2007）。也有研究表明，根际土壤尤其是根尖土壤的阳离子交换量（CEC）显著增加（Oades, 1978），主要原因可能是根系分泌的黏胶物质（如聚糖醛酸）含有大量羧基，而羧基是很好的阳离子交换基团。

3. 根系分泌物与植物营养吸收

已有的很多研究表明，根系分泌物介导植物的营养吸收，尤其是在营养胁迫的条件下。Dinkelaker等（1989）报道，在缺磷的土壤中，白羽扇豆（*Lupinus albus*）首先在根形态上产生变化，即形成"簇状根"，而后分泌大量的柠檬酸，而且柠檬酸的增加量随植株年龄和缺磷程度而改变。双子叶植物根系在缺铁时会分泌出柠檬酸、草酸和咖啡酸等，通过对土壤中难溶性铁的螯合作用来增加铁的有效性（史刚荣，2004）。Takagi等（1984）研究发现，禾本科植物缺铁时，根系通过分泌一种对Fe^{3+}具有极强络合能力的铁载体（phytosiderophore, PS）来提高对Fe的吸收。进一步研究发现，PS对Fe^{3+}的络合不是专一的，还可与其他微量金属元素如Cu、Zn、Mn、Co、Ni等进行络合，提高了根际环境中这些元素的生物有效性（刘文菊和张福锁，2000）。Li等（2007）研究发现，禾本科植物与豆科植物间套作时，豆科植物如蚕豆（*Vicia faba*）根系会通过释放有机酸和质子来酸化土壤，活化土壤难溶性磷，从而促进禾本科植物如玉米（*Zea mays*）对磷的吸收利用。

4. 根系分泌物与信号传导

植物的根系分泌物中含有一些具有生物活性的大分子和小分子次生代谢产物，这些物质调节着根系周围的土壤微生物种群与数量，调节着植物与微生物之间的根际对话（rhizosphere talk）。Peters等（1986）发现，在缺氮条件下，豆科植物根系通过分泌黄酮类和异黄酮类物质来诱导启动根瘤菌结瘤基因（*nodD*）的表达，最终导致根瘤菌侵染根系并形成根瘤。Akiyama等（2005）研究发现，光叶百脉根（*Lotus corniculatus*）的根系分泌物中含有一种分枝因子（branching factor: 5-deoxystrigol），在很低浓度时即可刺激菌根真菌萌发孢子的菌丝大量分枝。

5. 根系分泌物与保护功能

植物可以通过产生和释放根系分泌物来抵御各种非生物因素的干扰与生物胁迫。在金属污染物胁迫下，某些植物的根系分泌物通过螯合、络合、沉淀等作用将金属污染物滞留在根外，降低土壤中金属的生物有效性，减少植物对有害金属的吸收（常学秀等，2000）。例如，在 Al 胁迫下，一些高等植物可分泌大量的柠檬酸、苹果酸、酚类化合物以及黏液、蛋白质复合物等来螯合游离的 Al^{3+} 阳离子，从而降低 Al 对植物根系的毒害作用（Neumann，2007）。也有研究表明，某些植物通过分泌苹果酸、柠檬酸等根系分泌物来缓解重碳酸盐毒害，同时这些分泌物也有利于植物吸收利用 P、Fe、Zn、Mn 等矿质元素（Hajiboland et al.，2003）。近年来还陆续发现，某些植物可以通过分泌几丁质酶、β-1,3-葡聚糖酶、植物抗毒素（phytoalexin）等生物活性物质来抑制病原菌的生长（Neumann et al.，2000；Werner，2000；Wasaki et al.，2005）。

6. 根系分泌物与化感作用

植物根系分泌物中含有一类对邻近其他植物自身产生抑制或促进作用的生物活性物质，即为化感物质。Tang 和 Young（1982）研究了大牛鞭草（*Hemarthria altissima*）根系分泌物的化感作用，发现供体植物根系分泌物中对受体植物生长呈抑制作用的主要是酚类化合物。在小麦（*Triticum aestivum*）、水稻（*Oryza sativa*）、玉米等作物的根系分泌物中也都检测到一些化感物质，对农业杂草都具有抑制作用，而且化感作用的强弱与品种有关（何海斌等，2005）。同时，研究发现黄瓜（*Cucumis sativus*）、大豆（*Glycine max*）、烟草（*Nicotiana tabacum*）、地黄（*Rehmannia glutinosa*）、西洋参（*Panax quinquefolius*）等忌连作作物的连作障碍现象与根系分泌物中的化感物质密切相关。Yu 和 Matsui（1994）研究发现黄瓜根系分泌物中含有苯甲酸、对羟基苯甲酸、2,5-二羟基苯甲酸、苯丙烯酸等 11 种酚酸物质，其中 10 种具有生物毒性。Pramanik 等（2000）也从黄瓜根系分泌物中鉴定出苯甲酸及其衍生物、肉桂酸及其衍生物等，并证明这些物质会阻碍黄瓜对养分的吸收。近年来的研究也表明，根系分泌物对某些入侵植物的成功入侵起到决定性的化学生态学作用。Bais 等（2003）研究发现，斑点矢车菊（*Centaurea maculosa*）根系分泌释放的儿茶素（+）-Catechin 和（−）-Catechin 对其成功入侵起重要作用。

（四）根系分泌的化感物质种类

迄今为止，已发现的植物释放的化感物质主要来源于植物的次生代谢产物，包括水溶性有机酸、直链醇、脂肪族醛和酮，简单不饱和内酯，长链脂肪酸和多炔，醌类，苯甲酸及其衍生物，肉桂酸及其衍生物，香豆素类，类黄酮类，单宁，内萜，氨基酸和多肽，生物碱和氰醇，硫化物和芥子油苷，嘌呤和核苷 14 类（魏莎等，2010）。作物之间根分泌的主要化感物质和化感效应不尽相同。大部分的作物根分泌的化感物质都对自身具有毒害作用，正是这些毒害作用导致了植物种植中常常出现连作障碍及土壤质量下降等问题（表1-2）。

表1-2 作物根分泌的化感物质及其化感效应（魏莎等，2010）

作物	化感物质	化感效应
小麦	异羟肟酸、酚酸类	抑制杂草控制病害；自毒作用，防病治虫；抑制三叶草和牵牛花的萌发和生长
大豆	中链脂肪酸，肉桂酸衍生物，直链醇及烯醇，一些酯类、醛、酮及其衍生物，苯及苯酚类	自毒作用；抑制玉米、白菜种子萌发
水稻	酚酸类化合物，长链脂肪酸，萜类化合物、甾类化合物、黄酮类化合物，糖苷化合物	抑制杂草种子发芽，干扰激素平衡，破坏膜的完整性，降低杂草光合效率、呼吸和养分吸收
苜蓿	三十烷醇、皂苷、刀豆氨酸、酚酸类	植物生长调节剂，天然除草剂，杀虫
辣椒	烷烃、芳香烃、醇、酮、烯酸酯、芳香酸酯和含氮的化合物	抑制自身生长
黄瓜	苯甲酸、对羟基苯甲酸、香草酸、阿魏酸、苯丙酸等苯甲酸的衍生物	自毒作用；低浓度促进枯萎病菌菌丝生长，高浓度抑制枯萎病菌菌丝生长
苹果砧木	根皮素、间苯三酚和对羟基苯甲酸	抑制苹果幼苗生长
草莓	对羟基苯甲酸、苯甲酸	自毒作用

第二节 化感作用与作物连作障碍关系研究进展

一、作物连作障碍表现

同一作物在同一块土地连续种植两茬或者两茬以上的现象称为连作。连作会导致作物生长状况变差、产量降低、品质变劣及病虫害发生加剧等现象的发生。该现象早在公元前300年就已经为人们所认识。目前中国由于耕地面积有限、种植条件的制约及经济利益的驱动等，作物连作已在农业生产中普遍存在。作物连作在水稻、玉米、小麦等粮食类作物，西瓜、草莓、番茄、黄瓜等果蔬类作物，烤烟、大豆、花生等经济类作物，人参、三七、地黄等药材类作物的栽培种植过程中均有发生，除很小一部分作物的连作对生长具有促进作用外，绝大部分连作都存在不同程度的连作障碍，这严重制约了中国农业的可持续发展。部分作物连作危害及特征表现见表1-3。

表1-3 一些作物连作障碍产生的危害及特征表现

作物	连作危害及特征	参考文献
大豆	个体生长发育缓慢，植株矮小，叶色变黄，结荚减少，百粒重降低，产量显著下降，且随连作年限延长症状加重	朴长玉等，2003；卫玲等，2010
大蒜	主要表现为大蒜弱苗、小苗、死苗频繁发生，大蒜生长期出现叶片枯黄、蒜腐病、根腐病概率增加，导致大蒜长势弱，产量严重下降	尹彦舒等，2018

续表

作物	连作危害及特征	参考文献
玉米	出现植株矮小、叶片呈褐色斑点、叶缘枯焦等典型缺钾症状；植株发育缓慢、节间变短、叶片条纹状失绿等缺锌、缺硼症状	陈海龙和王生兰，2016
黄瓜	大棚黄瓜连作之后植株生长发育受到抑制，产量降低；枯萎病发病率增加	胡元森等，2007；杨建霞等，2005
烟草	烟株在旺长期和现蕾期的株高、田间叶面积系数均降低，圆顶期的株高、莲围、节距、叶面积系数等也都有不同程度下降	张继光等，2011；王峰吉等，2014
辣椒	生长量减少，果实变短，畸形果比例增加，导致腐根、病毒病等主要病害发病率上升	赵尊练等，2006
草莓	幼苗生长受到抑制，发病率可达 89.2%	甄文超等，2004
花生	幼苗个体生长发育缓慢，植株矮小，结果数少，百果重低，产量下降	吴正锋等，2006
西瓜	植株发病时幼苗失水萎蔫，病蔓基部常有褐色条斑，有树脂状胶质溢出，且根部腐烂极易拔起，以坐果期和瓜膨大期发病最为严重	黄春艳等，2016
高粱	株高、茎粗、叶面积及生物量明显受到抑制，对植株根系生长也产生显著影响	樊芳芳等，2016
地黄	外观上表现为地上部弱小，块根不能正常膨大，根部须根多，严重者可导致绝收	丁自勉，2001
人参	须根易脱落，烧须严重，参根布满病疤，周皮变红	王韶娟，2008
桃树	幼树在最初的一段时间内叶片褪绿，新生根褐化，生长停滞，枯死腐烂，根分叉较多，枝干出现流胶，严重减产	胡幼军，1996
马铃薯	随连作年限的延长，马铃薯的株高、茎粗、整株及叶片干物质量、平均单薯重、植株源活力及根系活力等明显下降	崔勇，2018

二、作物连作障碍成因

连作障碍是植株—土壤—微生物等多个系统内诸多因素综合作用的结果，涉及作物、土壤、微生物种群等多个生物因素和非生物因素，其产生原因很多且机理复杂（万书波，2003）。连作常导致土壤中营养元素含量、pH 值等理化性质及微生物区系发生改变，制约作物对土壤中养分的吸收，甚至发生严重的病虫害，影响作物的正常生长，使作物的产量和品质下降。对于连作障碍的形成原因，主要可以归结为以下 4 点：土壤理化性质恶化、土壤微生态环境恶化、土壤酶活性和化感自毒作用。

（一）土壤理化性质恶化

不同作物对化学元素的需求性不同，在同一地块上连续种植某种作物，由于作物对营养元素的选择性吸收，会造成土壤中该作物生长所需的营养元素匮乏，而需求量较少的营养元素富集，从而使土壤养分严重失衡（杨建霞，2005）。研究发现，随大豆连作年限增加，土壤中速效钾、速效氮、有效锌和有效硼含量降低，进而引起大豆产量降低（于广武等，1993）。随花生连作年限的增加，土壤中的速效磷、速效钾含量显著降低，铁、硼含量也明显降低。连作 3 年后，土壤中速效钾、速效磷的含量较轮作土壤分别减少40.6%、52.9%（封海胜等，1993b）。范君华等（2008）对南疆连作棉田研究发现，土壤Na^+、Ca^{2+}、Mg^{2+}、有效铁、Cl^-、SO_4^{2-}及总盐含量均降低，速效钾含量在连作15年后减少而在连作20年后增加，其余土壤养分指标增加。王志刚等（2006）研究发现，随韭菜连作年限增加，土壤中全氮、速效磷和有机质含量增加，速效钾含量减少。土壤中养分的失衡或营养元素有效性的降低，导致植株生长受阻，光合速率降低，碳氮代谢受到影响，进而导致作物减产。另外，连作还会导致土壤酸化（范君华等，2008；Guo et al.，2010；赵秋等，2012）和盐渍化（王志刚等，2006）。土壤pH值可影响土壤中矿质元素的有效性，导致土壤微生物群落发生变化（李娟等，2008）。通常，细菌适宜生活在中性环境，真菌喜偏酸性环境，而放线菌适宜中性至碱性环境，而且土壤养分的有效性在接近中性时最高。因此，土壤酸化既可引起土壤中营养元素比例的变化，加剧土壤养分失调，又可导致有益微生物减少，真菌类病原微生物增多，如此形成恶性循环，导致连作障碍加剧（梁银丽和陈志杰，2004）。

（二）土壤微生态环境恶化

土壤中存在大量的微生物，其总量、活性、多样性以及有益微生物的多少是评价土壤质量的重要指标。过去，通常采用微生物培养的方法进行测定。以芝麻为例，通过对芝麻根际微生物培养发现，随着连作年限的增加，芝麻根际土壤中细菌和放线菌的数量下降，真菌数量上升，新种芝麻地根际土壤芽孢杆菌数量显著高于连作2年和连作5年处理；连作5年芝麻根际土壤尖孢镰刀菌数量显著高于新种地、轮作1年和连作2年处理；轮作1年、连作2年及连作5年处理土壤中青枯劳尔氏菌数量显著高于新种地（华菊玲等，2012）。随着花生连作年限增加，土壤根际的细菌和放线菌数量减少，真菌数量增加（黄玉茜等，2011），连作引起花生根际土壤中真菌、放线菌和细菌的种类发生明显变化，土壤中硝化细菌随连作年限延长数量减少，反硝化细菌数量逐年增加（封海胜等，1993a；王小兵等，2011）。但是，由于土壤中绝大多数微生物无法通过培养基进行培养，因此，研究结果具有局限性。现在，随着磷脂脂肪酸分析（FAME、PLFA）、核酸分析（PCR-DGGE）和高通量测序等研究方法的推进，土壤微生物多样性得以深入研究。利用PCR-DGGE分子指纹图谱技术研究发现，随着连作年限增加，马铃薯根际土壤中真菌DGGE图谱的条带数增多，连作1年、连作2年、连作3年、连作4年、连作5年处理的OTU[①]分别比轮作增加38.5%、38.5%、30.8%、46.2%和76.9%，且连作不同年限处理间真菌种群结构相似性越来越低，根际真菌中马铃薯土传病害病原菌尖孢镰刀菌和茄病镰刀菌的数量明显增加，而生防菌球毛壳菌在连作5年时明显减少（孟品品等，2012）。Li等（2014）通过454高通量测序研究发现，花生长期连作显著增加了土壤中 *F. oxysporum*、*Leptosphaerulina australis*、*Phoma* sp. 和 *B. ochroleuca* 等病原菌的丰度，而导致有益真菌如 *Trichoderma* sp.、*Glomeromycotan*

[①] OTU（operational taxonomic units）是在系统发生学研究或群体遗传学研究中，为了便于进行分析，人为给某一个分类单元（品系、种、属、分组等）设置的同一标志。

和 *Mortierella elongata* 丰度的降低，但是并没有增加土壤中真菌的多样性和总丰度。无论用何种研究手段，目前普遍认为在连作条件下土壤由细菌型向真菌型转变，且真菌群落中病原菌种群过渡成为优势种群，根际微生态环境恶化（孟品品等，2012；Li et al.，2014；顾美英等，2009；徐瑞富和王小龙，2003；何志鸿等，2012；马宁宁和李天来，2013）。

（三）土壤酶活性

土壤酶作为土壤生物学另一重要指标，也是连作障碍的研究热点。土壤酶是指植物根系、土壤微生物及其他生物细胞产生的所有酶的总称，参与土壤生物化学过程在内的物质循环，是衡量土壤代谢作用强弱、评价土壤肥力的重要指标（Miller and Dick，1995）。随蔬菜和花生连作年限增加，土壤中过氧化氢酶、脲酶、转化酶和磷酸酶活性显著降低（吴凤芝等，2006；孙秀山等，2001），而多酚氧化酶活性显著升高（吴凤芝等，2006）。在棉花连作研究中发现，土壤脲酶和蛋白酶活性随连作年限增加呈现先增加后降低的趋势，蔗糖酶、多酚氧化酶和过氧化氢酶活性与连作年限关系不明显（顾美英等，2009）。有学者则认为连作导致棉田土壤酶活性升高（范君华等，2008）。张翼（2008）研究不同地区烟草连作发现，土壤类型不同，连作对植烟区的土壤酶活性影响也不同。

在作物根际，由于作物根系与微生物的相互作用，形成了特殊的根际微生态环境。因此，在连作条件下，作物根际微生物种群的变化可导致其向周围介质分泌的土壤酶的种类和活性发生改变。研究花生不同连作年限对土壤酶活性的影响及其与根际微生物的关系发现，花针期根际真菌显著抑制土壤中碱性磷酸酶活性；土壤细菌、放线菌及成熟期根际细菌显著促进碱性磷酸酶活性；花针期根际真菌显著抑制蔗糖酶和脲酶活性，土壤细菌显著促进蔗糖酶活性，土壤细菌、成熟期根际放线菌显著促进脲酶活性（孙秀山等，2001）。在土壤微生物的影响下，土壤酶进一步对土壤组分和植物生长进行调控，在植株、土壤微生物和土壤理化性质间起到桥梁作用。

（四）化感自毒作用

作物的连作障碍与其向环境中释放的化感物质的自毒作用有着密切关系。黄瓜是一种连作障碍明显的蔬菜作物，连续种植时黄瓜生长受到明显抑制作用而造成减产。Yu 和 Matsui（1994）研究证明，黄瓜根系分泌物中的苯甲酸、对羟基苯甲酸、2,5-二羟基苯甲酸、苯丙烯酸等 10 种酚酸物质具有生物毒性。当黄瓜连续种植时，根系分泌释放的酚酸物质积累达到一定浓度，就会抑制下茬黄瓜的生长（自毒作用）。大豆、豌豆、西瓜、番茄和草莓等植物根系分泌物也具有自毒作用（Hao et al.，2007；Yu et al.，2003；Baziramakengu，1995；战秀梅等，2004，2005；甄文超等，2004）。根系分泌物主要通过细胞膜透性、酶活性、离子吸收、水分吸收、光合作用、蛋白质和 DNA 合成等多种途径影响作物的生长（Lyu et al.，1990；Yu and Matsui，1997；Koitabashi et al.，

1997; Friebe et al., 1997; Blum et al., 1999)。最具代表性的例子是台湾的双季稻连作，一般减产 25%，十几年的研究证明，从土壤养分状况和生理指标方面不能完全解释减产的原因，主要原因是双季稻化感物质引起的自毒作用。水稻根系分泌与秸秆腐解可释放出大量酚酸物质，杏仁酸（羟基苯乙酸）在 25 mg/kg 时会产生严重毒害，而水稻秸秆腐解时可产生 0.10 mol/L 的杏仁酸，从而使下季水稻减产（Chou and Leu, 1992）。Wang 等（1984）在研究甘蔗连作时发现，甘蔗生长时可释放 5 种酚类物质，溶液培养条件下酚类物质抑制甘蔗生长的作用浓度为 50 mg/L；同时释放出 4 种脂肪酸，即酒石酸、柠檬酸、草酸和琥珀酸。Asao 等（2003）研究发现，芋头根系分泌物中的乳酸、苯甲酸、香草酸、琥珀酸等物质均对芋头幼苗的生长产生抑制作用，其中尤以苯甲酸的抑制作用最强。

三、化感作用与作物连作障碍关系

在连作条件下，作物根系和残茬持续向土壤环境中释放化感物质，抑制作物根系生长，降低根系活力，改变土壤微生物组成，影响土壤酶活性，病原微生物大量繁殖，导致作物生长受到抑制、发病甚至死亡，这种植物化感作用是造成连作障碍的重要原因（吕丰娟等，2016）。目前，国内外对作物连作障碍中化感作用的研究以根系分泌物的化感作用为主（吕丰娟等，2016；刘娟，2015）。

（一）化感物质对作物生长的抑制作用

酚酸类物质影响作物生长发育的典型表现为抑制种子的萌发，其主要原因是抑制种子萌发所需的关键酶类。Yan 等（2010）从茉栾藤（*Camonea pilosa*）分离出 8 种酚酸，结果表明，这 8 种酚酸对拟南芥种子萌发具有较强的抑制活性。现已证明酚酸类物质对植物生长有抑制作用，当香豆酸的浓度 ≥ 0.25 mmol/L 时，可以显著中断大豆根的伸长（Zanardo et al., 2009）。在自然界中，常看到蕨类生长茂盛的地方没有其他草本植物的生长，主要原因是蕨类枯死枝叶中含有阿魏酸和咖啡酸等酚酸类物质，雨水冲刷到土壤中进而抑制其他植物的生长（彭少麟和邵华，2001）。Devi 和 Prasad（1992）研究发现，用阿魏酸处理发芽的玉米种子 6 d 后，其根、茎长度，干鲜重皆显著下降，而幼苗水解酶、麦芽糖酶、磷脂酶、蛋白酶活性也均显著降低。Bazivamakenga 等（1995）研究指出苯甲酸、肉桂酸对大豆根细胞膜的破坏，是通过改变膜上脂酶活性、抑制过氧化氢酶和过氧化物酶活性来完成的。Khan 和 Vaidyanathan（1987）研究结果发现，肉桂酸及其衍生物通过抑制苯丙氨裂解酶的活性，控制苯丙氨的代谢，最终抑制黄瓜种子发芽和幼苗生长。有研究指出，7-羟基香豆素可引起黄瓜的根肿反应，而过氧化物酶水平升高与根肿反应是一致的（李寿田等，2001）。Politycka（1998）指出，酚酸类物质可以影响黄瓜根系中苯丙氨酸解氨酶（PLA）、酚基-β-葡糖基转移酶（PGT）和 β-葡糖苷酶（GLD）的活性，使 PLA 和 GLD 的活性升高，PGT 的活性降低，并抑制了根的生长。另外，用化感物质处理黄瓜幼苗能够明显增加过氧化物酶和超氧化物歧化酶（SOD）的活性（Politycka，1998）。林群慧等（2001）发现，PLA和肉桂酸-4-羟化酶（CA4H）活性的大小与酚类物质的含量密切相关。

（二）化感物质与土壤微生物

植物根部某些特定分泌物对根际微生物有强烈的刺激作用，且某些作物根系分泌物对自身根际微生物的化感作用明显。作物长期连作后，土壤微生物种群会明显变化（高子勤和张淑香，1998）。林瑞余等（2007）研究证实了种植不同品种水稻能明显改变土壤微生物条件，增加土壤微生物总量，也改变了土壤微生物的组成，但不同化感潜力的水稻对土壤微生物的影响存在明显差异。在欧洲云杉［*Picea abies*（L.）H. Karst.］林中，植物产生的酚类物质抑制了土壤微生物的活性（Souto et al.，2000）。Souto等（2000）发现土壤微生物利用酚类物质作为碳源，酚类物质的加入刺激了氨化细菌的活性。地黄连作土壤中放线菌、真菌数量与对照相比均有上升，根际微生物对地黄根系分泌物进行生物转化，生成了导致地黄连作障碍的酚酸类化感物质（朱广军等，2007）。土壤微生物是土壤有机物转化的执行者，通过降解、转化等方式直接影响化感物质在土壤中的存在状态、可利用性，甚至对物质的化感活性起到决定性的作用。万欢欢等（2011）研究表明，外来入侵植物紫茎泽兰可能通过其叶片凋落物在入侵地土壤中的降解来释放化感物质。因此，土壤微生物可能就是实现化感效果的重要途径或媒介。化感物质通过影响土壤微生物的活动和群落结构改变周围环境影响地上植物的生长。有研究表明，玉米生长活动及根系代谢产物对土壤细菌、真菌和放线菌数量的增加有促进作用。种植玉米后，土壤细菌、真菌和放线菌数量均高于休闲地。根系的代谢活动能够降低土壤中细菌与真菌数量、放线菌与真菌数量的比值，提高细菌与放线菌数量的比值（林雁冰等，2008）。在小麦（*Triticum aestivum*）的生长发育过程中，随着根系分泌物的增加，根际环境中反硝化细菌数明显增加（李振高等，1993）。根际微生物的分布类群与酚酸的种类和浓度也有一定的关系，阿魏酸在5.15 mmol/L、2.58 mmol/L、0.26 mmol/L浓度时均表现出对枯草杆菌（*Bacillus subtilis*）生物量增加的抑制作用，对羟基苯甲酸在0.36 mmol/L、3.62 mmol/L、7.24 mmol/L浓度时对枯草杆菌生长没有明显影响，而8.19 mmol/L和4.09 mmol/L的苯甲酸对枯草杆菌密度的增加则有一定的刺激作用（马瑞霞等，2000）。Murary（1996）证明酚酸物质能抑制微生物产生气体与挥发性脂肪酸的作用，并且减少微生物对其生长介质的消耗。另外，豆科植物根系分泌物黄酮和异黄酮对根瘤菌结瘤起着诱导作用（Hartwig，1990）。

（三）化感物质与土壤酶活性

土壤酶是土壤中产生专一生物化学反应的生物催化剂，参与土壤中各种生物化学过程。研究表明，化感物质进入土壤后，对土壤酶等产生了很大影响，进而影响了土壤养分的循环，甚至是整个土壤生态环境。将土壤酶应用到化感作用的研究中能够更直观地反映出化感物质对土壤环境的影响。研究表明，化感物质阿魏酸、4-叔丁基苯甲酸及苯甲醛进入土壤后，对微生物区系变化产生影响，导致土壤微生物胞内酶与胞外酶比例失调或改变酶的构象，增强脲酶活性（袁光林等，1998）。黄瓜是连作较普遍的作物，董林林和王倩（2009）报道随着黄瓜植株浸提液浓度的增加，多酚氧化酶、脲酶、过氧化氢酶活性显著增加，而蔗糖酶活性显著降低，此研究充分说明了黄瓜组织中所含的化感物质对土壤酶活性有着重要影响。吕可等（2006）研究了花椒叶浸提液浇灌盆栽花椒幼苗对土壤酶的影响，发现花椒叶浸提液使根际土壤蛋白酶、蔗糖酶和酸性磷酸酶活性明显低于非根际土壤相应的酶活性，而过氧化氢酶和多酚氧化酶活性则显著升高。郭亚利（2006）将烤烟根残体浸提液培养土壤，发现随着培养时间的延长，土壤脲酶活性显著增强，蔗糖酶活性呈下降趋势，3种磷酸酶活性均降低。浸提液浓度增加对土壤磷酸酶活性的抑制作用增强，且酸性磷酸酶＞碱性磷酸酶＞中性磷酸酶，当浸提液浓度为30%和45%时，土壤蔗糖酶活性显著降低。林瑞余等（2007）在研究不同化感潜力水稻根际土壤酶时，发现化感水稻抑制了根际土壤的脱氢酶、过氧化物酶、多酚氧化酶、脲酶、纤维素分解酶活性，提高了酸性磷酸酶、碱性磷酸酶、蔗糖酶、过氧化氢酶活性。

（四）化感物质与土壤理化性质

化感物质不仅影响邻近植物的生长发育，也影响土壤的理化性质，改变其养分状况，进而影响植物的吸收和生长。酚酸类物质使土壤pH值下降，而碱类物质使pH值上升。有研究表明，银胶菊（*Parthenium hysterophorus*）含酚酸的残渣使土壤pH值下降（Batish et al.，2002）。杂草红车轴草（*Trifolium pratense*）的降解残渣减少土壤中的溶解有机碳（DOC）（Ohno and Doolan，2001），银胶菊土壤中存在的高浓度酚酸抑制微生物的活动，提高了土壤有机碳的含量（Batish et al.，2002）。入侵夏威夷的固氮灌木杨梅（*Morella rubra*），能够通过凋落物里的次生物质（如丹宁、酚酸等）改变土壤中的含氮量，影响土壤的营养物质循环（向言词等，2003；谢宗强等，2003）。Rice（1984）对美国中南部俄克拉何马草原中废弃地植物演替的研究表明，某些植物能产生抑制土壤固氮微生物的有毒物质，而使土壤的含氮量维持在很低的水平。酚酸类化感物质影响着生态系统营养元素的循环（Vivanco et al.，2004；Kidd and Proctor，2000；Singh et al.，2003；Kourtev et al.，2002）。Inderjit等（1997）通过对土壤施加儿茶酚、对羟基苯甲酸等酚类化感物质后，发现处理后土壤中的有机质含量明显降低。化感物质也能影响土壤中的磷、钾等其他元素。Batish等（2002）报道所有经银胶菊含酚酸的残渣处理的土壤总酚酸含量和土壤钾、钠呈正相关，和土壤氮、铁、锰、锌呈负相关。另有试验表明，酚酸类物质能与土壤中的一些营养离子，如Al^{3+}、Fe^{3+}、Mn^{2+}和PO_4^{3-}等形成复合物，使得这些离子在土壤中含量下降，从而影响对周围植物的营养供给（Inderjit et al.，1997）。Vance等（1986）报道原儿茶酸能够与铁和铝形成复合物，导致铁和铝可溶性的增加。从糙果松（*Pinus muricata*）叶中浸提的聚合酚，影响了土壤中可溶性有机氮和矿物氮的释放（Northup et al.，1995）。陈龙池等（2002）研究了土壤加入香草醛和对羟基苯甲酸这两种化感物质对土壤养分的影响，结果表明，这两种物质都降低了土壤中有效氮和有效钾的含量，增加了土壤中有效磷的含量。

（五）化感物质对土壤病原菌的影响

连作土传病害的发生与化感作用密切相关。研究者普遍认为在连作栽培条件下，作物根系分泌物和植株残茬腐解物给病原菌提供了丰富的营养和寄主，使病原菌具有良好的繁殖条件，从而使得病原菌数量不断增加（Yang et al.，2000）。大豆苗期和花荚期根分泌物均显著促进尖镰孢菌菌丝生长，添加成熟期根分泌物显著促进腐皮镰孢菌菌丝生长。不同大豆品种根系分泌物中氨基酸组分对病原菌生长起着一定的作用，其表现作用受根际氨基酸种类和氨基酸浓度影响较大，对于不同病原菌的作用存在差异（张俊英等，2008）。有研究发现黄瓜感病品种根系分泌物对尖孢镰刀菌增加的促进作用比抗性品种强，并认为这可能与根系分泌物的种类及含量有关（潘凯和姚友，2008）。作物根系分泌物或腐解物中的多种化感物质能抑制种子萌发、降低保护酶活性和提高细胞膜透性等，从而可导致作物抗病性降低（甄文超等，2004）。连作条件下作物根系分泌物或残茬腐解物中的化感物质可能会诱导某些病原微生物的增殖，作物残茬和根系分泌物为这些微生物提供了底物。赵绪生等（2012）研究了3种草莓根系分泌物对引起枯萎病的尖孢镰刀菌（*Fusarium oxysporum*）生长的影响，发现3种根系分泌物均不同程度地抑制了尖孢镰刀菌的生长。棉花感枯萎病品种根系分泌物对病菌孢子的产生和菌丝生长均表现促进作用，而抗病品种根系分泌物对病菌的菌丝生长、厚垣孢子的形成和萌发均表现明显抑制作用（孔垂华和胡飞，2002）。小麦根系分泌物能直接抑制小麦全蚀病病菌（*Gaeumannomyces graminis*）的菌丝发育（Smiley and Cook，1973），荞麦（*Fagopyrum esculentum*）的根系分泌物对小麦全蚀病病菌也有明显的抑制作用。Vivanco等（2004）报道从铺散矢车菊根分泌物中分离到的化感物质8-羟基喹啉显示出较强的抗菌能力，尤其是对于根际病原体微生物。Bais等（2002）研究了斑点矢车菊根分泌的化感物质，生物测定表明（+）-catechin能够防御根际病原体，（−）-catechin具有化感作用。虽然化感物质对病原菌影响的研究较多，但化感物质的作用机制目前尚无明确结论。

第二章
化感作用在花生连作障碍形成中的作用

花生（*Arachis hypogaea* L.）是我国重要的油料作物和经济作物（万书波，2009a，2009b，2010b）。目前，我国花生种植面积居世界第二位，而总产量和出口量均已居世界第一位（万书波，2014，2017，2018）。花生产业的发展在保障我国油脂安全、出口创汇、农民增收和经济增长等方面具有举足轻重的地位（万书波，2008a，2008c）。近年来，伴随着农业种植业结构的调整，花生的生产规模持续扩大，种植方式不断向规模化和集约化方向发展（万书波，2020）。由于我国土地资源短缺和花生产区的相对集中，加之种植习惯、环境条件和种植效益等因素的综合影响，主产区常常多年连片、大规模种植，有的甚至已经连作了 10～20 年（万书波，2015）。花生是一种对连作较敏感的作物，连作会抑制花生生长发育、减弱光合作用以及加剧病虫害，最终导致荚果产量和籽仁品质降低。连作 2～3 年，荚果减产 19.8%～33.4%，随着连作年限的增加，减产越来越重，花生品质也逐渐下降（王才斌等，2007；郑亚萍等，2008）。据统计，仅山东省每年就有连作田 23.33 万～26.67 万 hm^2，由连作而造成的减产在 15 万 t 以上（万书波，2008b，2010a，2011）。花生连作障碍已经成为我国花生产业发展的主要制约因素之一，花生连作障碍问题成为当前我国花生生产中亟待解决的关键问题。然而，目前生产中仍缺乏对花生连作障碍的有效防控技术手段，这与花生连作障碍机制研究不够深入透彻有关，因此，搞清楚花生连作障碍的产生机制非常重要。

以往研究发现，花生连作障碍的产生与花生常年连作后土壤微生物区系的变化、酶活性的变化、土壤理化性质的改变等因素相关（孙秀山等，2001；唐朝辉，2019）。对大豆、黄瓜、水稻等其他作物的研究表明，它们的连作障碍与根系分泌物的化感作用有着密切的关系（喻景权和松井佳久，1999；Sampietro et al.，2006）。花生根系分泌物是否存在自毒作用？花生连作障碍的产生是否也与根系分泌物的化感作用密切相关？花生根系分泌物化感作用的机理是什么？为此，课题组围绕这一科学问题开展了系列研究工作。

第一节　花生根系分泌物的自毒作用及成分分析

在农业生产中，为了追求较高的经济效益或者由于自然条件的限制，同一种作物在同一地块往往连续种植多年，导致作物产量和品质下降，这种现象称为连作障碍（吴凤芝和赵凤艳，2003）。以往研究发现，土壤中病原菌和害虫的积累、耕作土壤物理结构和养分的改变等是导致连作障碍的主要原因（Huang et al.，2006）。近年来有研究发现，作物根系分泌物的自毒作用与作物的连作障碍亦存在密切的关系（甄文超等，2004）。自毒作用是一种特殊的化感作用。根系分泌物对植物和周围微生物的生长发育产生促进或抑制作用的现象称为化感作用，当受体和供体同属于一种植物而产生抑制作用的现象称为植物的自毒作用（Yu et al.，2000）。

根系分泌物是土壤中化感物质和自毒物质的主要来源之一，根系细胞生产、储存化感物质和自毒物质，然后再释放到根际（Harttung et al.，1989；Rice，1984）。对黄瓜、大豆等作物的研究表明，化感物质和自毒物质可以增加细胞膜的透性，引起胞内离子流失并抑制细胞对矿质元素的吸收，从而阻碍作物的生长（Baziramakenga et al.，1994；Yu and Matsui，1994）。当植物遭受环境胁迫时，活性氧代谢失衡和膜脂过氧化是导致细胞膜结构受损的主要原因（Jagtap and Bhargava，1995）。很多研究报道了抗氧化酶系统对环境胁迫的响应，然而关于抗氧化酶对化感物质响应的研究报道还较为少见（Koca et al.，2006；Madhava Rao and Sresty，2000；Yu et al.，2003）。

花生是我国一种重要的油料经济作物，对连作较为敏感，连作一般减产 8% ～ 32%，随着连作年限的增加，产量越来越低，花生品质也逐渐下降（王才斌等，2007；郑亚萍等，2008）。因此，搞清花生连作障碍的原因非常重要。以往研究发现，花生连作障碍与土壤微生物区系的变化、酶活性的变化、物理和化学性质的改变等相关（孙秀山等，2001）。对大豆、苜蓿等其他豆科作物的研究表明，它们的连作障碍与根系分泌物的自毒作用有着密切的关系（喻景权和松井佳久，1999；Sampietro et al.，2006）。采用连续收集法提取到花生植株的根系分泌物（花育 16 号，苗期与花期），就其对花生种子的发芽、幼苗的生长、细胞膜的过氧化、抗氧化酶系统的影响等进行了研究，旨在探讨花生是否也存在自毒作用，为阐明花生连作障碍的原因提供一定的理论依据。

花生根系分泌物的收集：供试花生品种为花育 16 号，采用常规方法育苗，待第一片真叶完全展开时，取长势一致的 50 株花生幼苗用清水冲掉根系上附着的泥土，洗净后再用去离子水冲洗 3 遍，定植于装有洗净灭菌石英砂的瓦氏钵中，用营养液进行浇灌，所用营养液均用去离子水和分析纯试剂配制而成。营养液从瓦氏钵底部流出，经装有 20 mL XAD-4 树脂的色谱柱后再利用通气泵的气流将其送还至瓦氏钵顶部。XAD-4 树脂购自美国 Sigma 公司，使用前先将新购买的树脂用热水冲洗几遍，再通过索氏提取器用丙酮、乙腈、乙醚 3 种溶剂分别连续抽提 24 h 以除掉杂质，将树脂保存在色谱纯甲醇中备用。每隔 7 d 更换 XAD-4 树脂柱，用 100 mL 甲醇将吸附在该柱中的根系分泌物洗脱后贮存于冰箱中，连续收集 50 d。将合并后的洗脱液于 60 ℃减压蒸发出甲醇后，加入蒸馏水 50 mL 左右（pH 值 5.5～6），用 100 mL 乙醚萃取 3 次，弃水相，得到根系分泌物中的中性组分。然后用 1 mol/L HCl 将水相调节至 pH 值为 2，再次用乙醚萃取，得到根系分泌物中的酸性组分。最后再用 1 mol/L NaOH 将水相调节至 pH 值为 11，用乙醚萃取后得到根系分泌物中的碱性组分。将中性、酸性和碱性组分分别用旋转蒸发器浓缩，用冷冻干燥机干燥，称重，各取 100 mg，用 3 mL 乙醇溶解，即为测试液。

种子发芽试验：将直径为 9 cm 的培养皿灭菌，每个培养皿铺上两层滤纸。往培养皿中分别加入 0 μL、3 μL、6 μL、9 μL 测试液，待乙醇挥发后每皿加入 10 mL 蒸馏水，培养皿中花生根系分泌物的最终浓度为 0 mg/L、10 mg/L、20 mg/L 和 30 mg/L。将花生种子在 10% NaClO 溶液中浸泡 10 min 后，用蒸馏水冲洗 4 遍后催芽，挑选出芽一致、胚根长为 1 mm 的花生种子均匀摆在每皿中，每皿 6 粒。每个处理重复 3 次。于 25 ℃恒温培养箱中暗培养 3 d 后测定胚根长度。

幼苗的处理和生长指标的测定：将中性、酸性和碱性组分的测试液用营养液分别稀释成 10 mg/L、20 mg/L 和 30 mg/L，乙醇的含量低于 0.1%（V/V），以尽量减轻乙醇的影响。将 3 株 2 叶期的花生幼苗定植于装有 5 kg 洗净石英砂的花盆中，用稀释的测试液浇灌，每盆每次浇 100 mL，每 4 d 浇 1 次。每个处理设 3 个重复。该实验在温室中进行，白天温度约为 25 ℃，夜间温度约为 18 ℃，相对湿度介于 60%～70%。处理 20 d 后测量株高、茎叶鲜重、根系鲜重，每盆中 3 株幼苗的平均值作为 1 个重复。测量完鲜重后，立即将主茎第 4 片展开叶保存在液氮中，留待进一步分析用。

抗氧化酶分析和膜脂过氧化分析：对处理后花生叶片的抗氧化酶超氧物歧化酶（SOD）和过氧化物酶（POD）的活性，以及膜脂过氧化的主要产物丙二醛（MDA）进行了分析。SOD 的测定采用氮蓝四唑法（单位：U/g），POD 的测定采用愈创木酚法[单位：U/(g·min)]，MDA 的测定采用硫代巴比妥酸比色法（单位：μmol/g），均以叶片鲜重计。

花生根系分泌物成分的鉴定：在冻干的分泌物样品中加入 0.5 mL 硅烷化试剂（BSTFA：TMCS=99：1），加盖密封后于 80 ℃水浴中衍生 2 h。硅烷化后的根系分泌物于山东大学药学院药物分析测试中心采用美国 Waters 公司 GCT 型气相色谱－质谱（GC-MS）联用仪鉴定成分。采用电子轰击源，轰击电压 70 eV，扫描范围为 20～600 aum，离子源温度 280 ℃。石英毛细管柱 DB-5（0.25 m²×30 m），进样口温度 280 ℃，初温 100 ℃，保持 2 min，以 20 ℃/min 程序升温至 300 ℃，保持 8 min。载气为 He，流量 1.0 mL/min，进样量为 0.5 μL。人工分析并与标准图谱核对，确定各组分物质结构及名称。

一、花生根系分泌物对种子发芽的影响

即使在最低添加浓度下，花生根系分泌物的中性、酸性和碱性组分也显著抑制了

胚根的生长（$P < 0.01$）。随着添加浓度的增加，抑制作用逐渐增强（图2-1），其中，中性组分表现出最强的抑制作用，在最高添加浓度 30 mg/L 处理下，胚根长仅为对照的 48%。酸性组分处理下的胚根长为对照的 53%～92%，碱性组分处理下的胚根长为对照的 57%～96%，酸性组分和碱性组分的化感抑制作用没有显著差异（$P = 0.144$）。

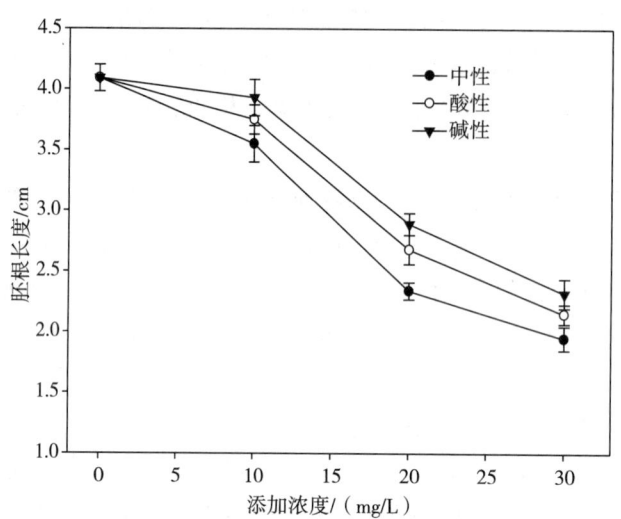

图 2-1 花生根系分泌物对胚根生长的影响

注：图中数据为3个重复的平均值，竖线代表标准误。

二、花生根系分泌物对幼苗生长的影响

经过 20 d 的处理，3 种组分对花生幼苗的生长均表现出显著的化感抑制作用（$P < 0.05$），作用规律与对胚根的抑制作用相似（图 2-2）。在中性组分最高添加浓度 30 mg/L 处理下，株高、茎叶鲜重、根系鲜重分别为对照的 80%、73% 和 66%；在酸性组分处理下，株高、茎叶鲜重、根系鲜重分别比对照下降了 6%～14%、5%～20% 和 11%～27%；在碱性组分处理下，3 个指标分别比对照降低了 3%～12%、4%～15% 和 8%～24%。对根系生物量的抑制作用最为明显，可能是因为根系是第一个与分泌物接触的器官，首先受到损害。

三、花生根系分泌物对叶片抗氧化酶和膜脂过氧化的影响

用不同浓度花生根系分泌物处理花生幼苗 20 d 后，叶片中 SOD 和 POD 的活性显著提高（$P < 0.01$），MDA 的含量也显著增加（$P < 0.01$）（图 2-3）。3 种组分中中性组分的化感促进作用最强，其次是酸性组分，碱性组分的作用相对最弱。在中性组分最高添加浓度 30 mg/L 处理下，SOD 活性、POD 活性和 MDA 含量分别比对照增加了 110%、86% 和 57%；在酸性组分处理下，SOD 活性、POD 活性和 MDA 含量分别比对照增加了 34%～92%、15%～64% 和 12%～42%；在碱性组分处理下，3 个指标分别比对照增加了 17%～70%、8%～48% 和 8%～34%。

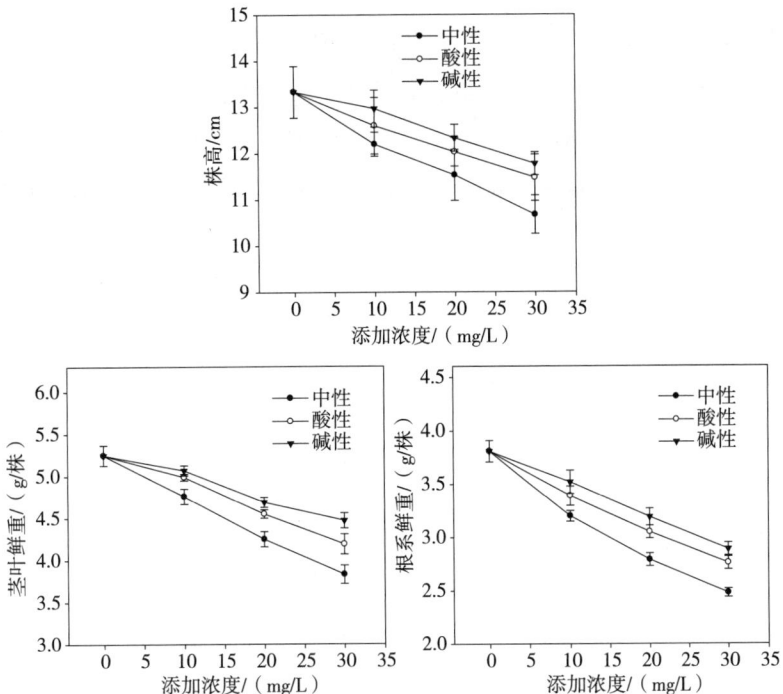

图 2-2 花生根系分泌物对幼苗生长的影响

注：图中数据为 3 个重复的平均值，竖线代表标准误。

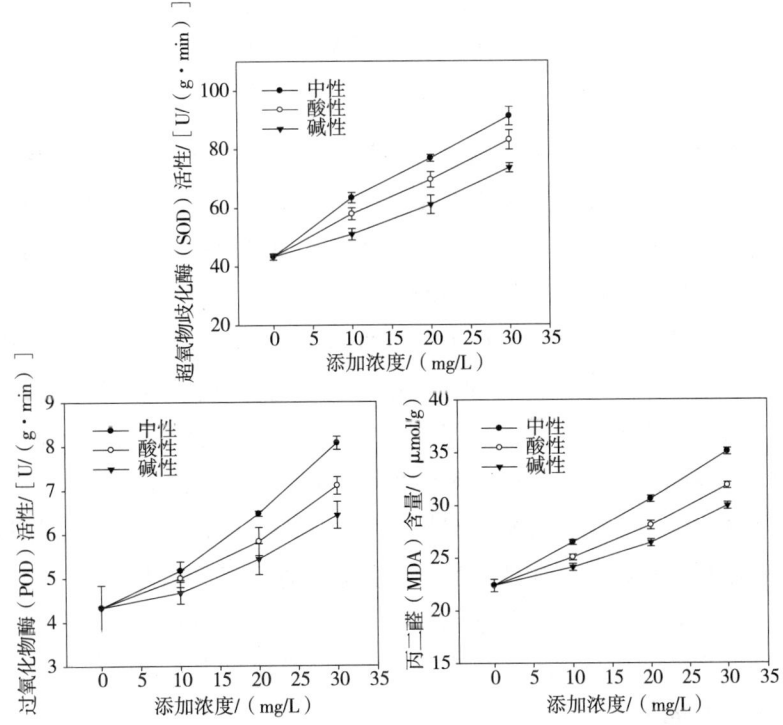

图 2-3 花生根系分泌物对叶片抗氧化酶和膜脂过氧化的影响

注：图中数据为 3 个重复的平均值，竖线代表标准误。

四、花生根系分泌物的 GC-MS 分析

对花生（花育 16 号，苗期与花期）根系分泌物中化感作用较强的中性组分进行了气相色谱-质谱联用（GC-MS）分析，其气相色谱图见图 2-4。将质谱图和标准图谱核对后共检测出 2,4-二甲基苯甲醛、月桂酸、豆蔻酸、软脂酸、油酸和硬脂酸 6 种主要成分。

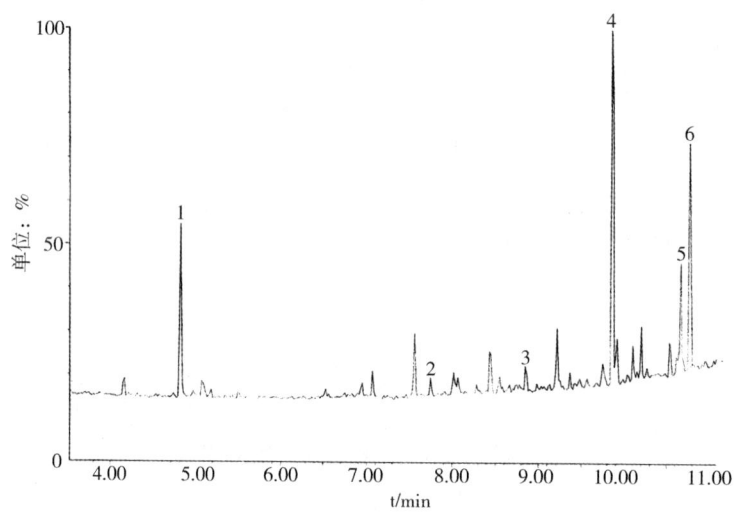

1—2,4-二甲基苯甲醛；2—月桂酸；3—豆蔻酸；4—软脂酸；5—油酸；6—硬脂酸。

图 2-4　花生根系分泌物中性组分气相色谱图

在花生根系分泌物化感作用较强的中性组分中，鉴定出的主要成分大多属于脂肪酸类物质。现有的大量研究表明，酚酸、脂肪酸和黄酮类物质均能产生化感作用，特别是酚酸和黄酮类物质已成为公认的化感物质（王树起等，2007）。本研究发现的 2,4-二甲基苯甲醛、月桂酸、豆蔻酸、软脂酸、油酸和硬脂酸 6 种物质是否均具有化感作用及其化感作用的强弱还有待于进一步研究。

花生根系分泌物可以抑制花生种子胚根的伸长和幼苗的生长，证明了花生根系分泌物自毒作用的存在。中性、酸性和碱性组分均含有抑制花生植株生长的化感物质，本研究发现花生根系分泌物的中性组分化感抑制作用相对最强，研究结果与 Tang 和 Young（1982）对 Bigalta 稀树草原牧草的研究结论一致。然而 Hao 等（2007）报道西瓜根系分泌物的中性组分化感抑制作用最弱。作物根系不同，分泌物成分不同。目前经鉴定的化感物质种类很多，如酚酸类、类黄酮、香豆素、萜类、类固醇、单宁、生物碱等（Rice，1984）。不同种类的作物根系分泌物中的化感物质不尽相同，即使是同一植株在不同发育阶段甚至在不同环境条件下，其分泌物中的化感物质也会发生变化（Yu and Matsui，1994）。

SOD 和 POD 是消除细胞内过多活性氧伤害的两种重要的酶。过多的活性氧可以使

细胞膜的不饱和脂肪酸或脂质发生过氧化反应，从而损伤膜结构（Foyer et al., 1994; Mehdy, 1994; Scandalios, 1993）。在本研究中，用根系分泌物处理花生幼苗后，花生体内的活性氧含量很可能增加。SOD 和 POD 的活性随着分泌物添加浓度的增加而增加，意味着处理后花生叶片的过氧化物含量增加。膜脂过氧化的产物 MDA 含量增加，进一步表明处理后活性氧和膜损害的加强。有研究报道，花生根系分泌物引起的膜结构的受损很可能会导致胞内离子流失的增加，抑制对矿质元素的吸收，打破水分平衡，甚至抑制光合作用，所有这些都会阻碍幼苗的生长（Malanga and Puntarulo, 1995; Privalle and Fridovich, 1987）。

在受到活性氧的轻微胁迫时，作为应激反应 SOD 和 POD 的活性增强，以保护组织应对更强的胁迫（Malanga and Puntarulo, 1995; Privalle and Fridovich, 1987）。在本研究中，随着根系分泌物添加浓度的增加，SOD 和 POD 的活性增强，表明在受到活性氧胁迫时，花生植株的抗氧化能力增强，然而仍不能消除过多的活性氧带来的伤害，导致花生叶片细胞膜的过氧化（Shalata and Tal, 1998）。Yu 等（2003）研究了黄瓜根系分泌物、水提物和化感物质对黄瓜抗氧化酶的影响，他们发现经化感物质处理后，黄瓜体内的 SOD 和 POD 活性显著增强。Baziramakenga 等（1995）用化感物质苯甲酸和肉桂酸处理大豆幼苗，发现当苯甲酸和肉桂酸的处理浓度低于 150 μmol/L 时，大豆体内的 SOD 和 POD 活性增强，然而当浓度达到 200 μmol/L 时，大豆体内的 POD 活性下降。Politycka（1996）研究发现，用肉桂酸和苯甲酸的衍生物处理黄瓜后，根系的 POD 活性下降。Yu 等（2003）推测，抗氧化酶活性下降很可能是活性氧的胁迫太强，抑制了抗氧化酶对活性氧的清除，从而导致活性氧的累积。

本项研究证明了花生根系能释放化感物质到根际对自身的生长发育产生毒害作用，这些化感物质主要通过抑制胚根的生长、损伤细胞膜的结构来抑制花生植株的生长。推测连作条件下花生根系分泌物的积累很可能是导致连作花生减产、品质下降的主要原因之一。花生根系分泌物中具有自毒作用的化感物质的确定及化感作用的强弱、在根际的含量及动态变化、对花生产量和品质的影响等有待于进一步研究。

第二节 花生根系分泌物对土壤微生物的化感作用

现有研究认为，花生连作障碍主要是由土壤微生物区系的变化、土壤酶活性的变化、土壤速效养分的变化、病虫害加重等几个因素引起的，其中，土壤微生物区系的变化是引起花生连作障碍的主要因子（封海胜等，1993a，1994）。随着花生连作年限的增加，土壤及根际的真菌数量显著增加，细菌和放线菌显著减少，根际土壤中的芽孢细菌显著增多（封海胜等，1993a）。对大豆、水稻、棉花等作物的研究表明，连作条件下土壤微生物区系的变化与根系分泌物有着极密切的关系（鞠会艳等，2002;

赵华等，2006；吴玉香等，2007；黄奔立等，2007）。植物根系在生命活动过程中向外界环境分泌的各种有机化合物即为根系分泌物（root exudate），不同作物根系分泌物的种类及同种作物在不同生育期根系分泌物的种类和数量都有差异，根系分泌物对植物和周围微生物的生长发育产生促进或抑制作用的现象称为化感作用（Blum et al.，1999；Yu et al.，2003；金婷婷等，2007；Hao et al.，2007）。连作花生土壤微生物区系的变化是否与花生根系分泌物对微生物的化感作用密切相关呢？采用连续收集法提取到花生植株的根系分泌物（花育16号，苗期与花期），并就花生根系分泌物对花生根腐镰刀菌和花生固氮菌的化感作用进行了初步研究，旨在探讨花生连作条件下微生物区系产生变化的原因，为减轻花生连作障碍、提高花生的产量和品质提供一定的科学依据。

花生根系分泌物对根腐病原菌菌丝生长的影响：将收集到的花生根系分泌物中性、酸性和碱性组分的浓缩液，用去离子水稀释成 5 mg/L、10 mg/L 和 20 mg/L 3个浓度梯度的溶液。将 PDA 培养基经高压灭菌 30 min 后于超净工作台上转移到直径 9 mm 的培养皿中，每皿含 15 mL PDA 培养基。吸取过微孔膜的不同浓度系列花生根系分泌物溶液 2 mL 加入装有 15 mL PDA 培养基的培养皿中，迅速摇匀。以添加 2 mL 灭菌去离子水的处理作为对照。置于 37 ℃恒温培养箱中检定 24 h，留待接菌用。用直径 0.5 cm 的打孔器打取带根腐病原菌菌种的培养基柱（菌饼），然后用接种针挑取菌饼放于带根分泌物的培养基平面上。每个培养皿中放 3 个菌饼，注意菌饼间的距离要适当，以不影响菌落的生长为宜。于 25 ℃恒温培养箱中培养 2 d 后开始测定菌落直径，3 d 后再次测量。

花生根系分泌物对固氮菌生长的影响：将 YMA 培养基经高压灭菌 30 min 后于超净工作台上转移到直径 9 mm 的培养皿中，每皿含 15 mL YMA 培养基。吸取过微孔膜的不同浓度系列花生根系分泌物溶液 2 mL 加入装有 15 mL YMA 培养基的培养皿中，迅速摇匀。以添加 2 mL 灭菌去离子水的处理作为对照。置于 37 ℃恒温培养箱中检定 24 h，留待接菌用。用微量移液器吸取 5 μL 带固氮菌菌种的 YMA 培养液点于带根系分泌物的培养基平面上，外形呈圆形，每个培养皿中点 3 下，注意菌落间的距离要适当，以不影响菌落的生长为宜。于 25 ℃恒温培养箱中培养 4 d 后开始测定菌落直径，7 d 后再次测量。

用处理与对照菌落直径的差异表示花生根系分泌物对根腐镰刀菌和固氮菌化感作用的相对强弱，即：

较 CK（%）=（处理直径－对照直径）/对照直径×100

一、花生根系分泌物对根腐镰刀菌菌丝生长的影响

花生根系分泌物中性、酸性和碱性组分对根腐镰刀菌菌丝生长的影响见表 2-1。从表 2-1 中可以看出，这 3 种组分对根腐镰刀菌菌丝的生长均存在一定的化感促进作

用,并随着添加浓度的增加,促进作用增强。在同一添加浓度下,不同处理的花生根腐镰刀菌直径的大小为:中性组分＞酸性组分＞碱性组分,中性组分的化感促进作用表现最强,培养 3 d 后,只有中性组分处理的根腐镰刀菌直径与对照处理的差异达到了显著水平($P<0.05$)。随着处理时间的延长,菌丝生长对花生根系分泌物表现出了一定的耐受性,培养 3 d 后与培养 2 d 时相比,对菌丝生长的促进速度明显降低,与对照的差距减小。

表 2-1 花生根系分泌物对根腐镰刀菌 36194 的化感作用

添加浓度	处理	2 d		3 d	
		平均直径 /cm	较 CK/%	平均直径 /cm	较 CK/%
5 mg/L	CK	3.13a	0	4.03b	0
	中性组分	3.37a	+7.67	4.20a	+4.22
	酸性组分	3.33a	+6.39	4.13ab	+2.48
	碱性组分	3.13a	0	4.07b	+0.99
10 mg/L	CK	3.13b	0	4.03b	0
	中性组分	3.63a	+15.97	4.40a	+9.18
	酸性组分	3.53b	+12.78	4.20ab	+4.22
	碱性组分	3.50b	+11.82	4.13b	+2.48
20 mg/L	CK	3.13b	0	4.03b	0
	中性组分	3.83a	+22.36	4.67a	+15.88
	酸性组分	3.70b	+18.21	4.33b	+7.44
	碱性组分	3.60b	+15.02	4.27b	+5.96

注:同一添加浓度各处理的数值若所标字母不同则差异显著($P<0.05$),下同。

二、花生根系分泌物对固氮菌生长的影响

花生根系分泌物的中性、酸性和碱性组分对固氮菌生长的影响见表 2-2。除酸性和碱性组分在较低添加浓度(5 mg/L)处理下对固氮菌的生长表现出一定的促进作用外,其他处理下,这 3 种组分对固氮菌的生长均存在一定的化感抑制作用,并随着添加浓度的增加,抑制作用增强。3 种组分对固氮菌生长的抑制作用都很明显,在添加浓度较高情况下,处理与对照的差异大都达到了显著水平($P<0.05$)。在同一添加浓度下,不同处理的固氮菌直径的大小为:中性组分＜酸性组分＜碱性组分,中性组分的化感抑制作用相对更强些。随着处理时间的延长,在较高添加浓度处理下(20 mg/L),培养 7 d 后与培养 4 d 时相比,对固氮菌生长的影响没有明显变化;但在较低添加浓度处理下,对固氮菌生长的抑制作用有减弱的趋势。

表 2-2　花生根系分泌物对固氮菌 14046 的化感作用

添加浓度	处理	4 d		7 d	
		平均直径/cm	较 CK/%	平均直径/cm	较 CK/%
5 mg/L	CK	0.93ab	0	1.03ab	0
	中性组分	0.83b	−10.75	0.97b	−5.83
	酸性组分	0.93ab	0	1.05ab	+1.94
	碱性组分	0.97a	+4.30	1.08a	+4.85
10 mg/L	CK	0.93a	0	1.03a	0
	中性组分	0.73b	−21.51	0.85c	−17.48
	酸性组分	0.77b	−17.20	0.90c	−12.62
	碱性组分	0.83ab	−10.75	1.00ab	−2.91
20 mg/L	CK	0.93a	0	1.03a	0
	中性组分	0.70b	−24.73	0.77b	−25.24
	酸性组分	0.73b	−21.51	0.83b	−19.42
	碱性组分	0.77b	−17.20	0.87b	−15.53

连作条件下花生根系分泌物的积累及其对土壤微生物的化感作用，很可能是导致连作花生减产、品质下降的主要原因之一。花生根系分泌物对花生根腐镰刀菌菌丝的生长在一定浓度范围内表现出明显的化感促进作用，与前人发现的连作花生田中致病真菌数量增多的研究结论相呼应，初步说明花生连作后根系分泌物的积累是导致土壤中病原菌增多的原因之一（徐瑞富和王小龙，2003）。随着处理时间的延长，花生根系分泌物对根腐镰刀菌菌丝生长的化感促进作用有减弱的趋势，可能是根腐镰刀菌对花生根系分泌物产生了一定的耐受性，也可能与花生根系分泌物中有机酸的积累导致 pH 值降低，从而不利于根腐镰刀菌的生长有关（张淑香等，2000）。花生连作后土壤中有益菌数量减少，本研究发现当培养基中花生根系分泌物添加浓度较高时，对固氮菌 14046 的生长存在显著的化感抑制作用，并且这种抑制作用并不随着处理时间的延长而减弱，初步说明花生根系分泌物的积累与土壤中有益菌的减少有关。

第三节　连作对花生根系分泌物化感作用的影响

花生是我国主要的油料作物，对连作较为敏感，随着连作年限的增加，可减产 8%～32%，且品质下降（王才斌等，2007；郑亚萍等，2008）。花生连作现象非常普遍，如山东省每年有连作田 23 万～27 万 hm²，由连作造成的减产在 15 万 t 以上。以往研究发现，花生连作障碍与土壤微生物区系、酶活性、物理和化学性质等因素相关（孙秀山等，2001）。封海胜等（1993a）研究发现，随着花生连作年限的增加，土壤及根际的真菌数量显著增加，细菌和放线菌显著减少，根际土壤中的芽孢细菌显著增多。近年来有研究发现，作物根系分泌物的化感作用与作物的连作障碍亦存在密切关系（喻景权和松井佳久，1999；Huang et al.，2006；周凯等，2009；Yu and Matsui，1994；Sampietro et al.，2006）。植物根系在生命活动过程中向外界环境分泌的各种有机化合物，即根系分泌物（root exudate），对植物和周围微生物的生长发育产生促进或抑制作用的现象称为化感作用（allelopathy），当根系分泌物的受体和供体同属于一种植物而产生的抑制作用称为植物的自毒作用（autotoxicity）（Yu et al.，2000）。笔者曾研究了花生苗期和花期的根系分泌物对花生固氮菌和根腐镰刀菌生长的影响，发现花生根系分泌物对土壤微生物存在一定的化感作用（刘苹等，2009）。

不同作物根系分泌物的种类不同，即使是同种作物在不同生育期和不同环境条件下根系分泌物的种类和数量也都有差异，但不同连作年限的花生根系分泌物的化感作用是否不同尚不清楚。本试验研究了不同连作年限花生（鲁花11号）植株结荚期的根系分泌物对花生根腐镰刀菌和固氮菌生长、花生种子发芽、幼苗生长与发育、细胞膜脂过氧化和抗氧化酶活性的影响，旨在探讨花生结荚期根系分泌物的化感作用及连作对花生根系分泌物化感作用的影响，从而为阐明花生连作障碍的成因提供新的理论依据。

花生根系分泌物的提取：试验在山东省花生研究所试验农场进行。土壤为棕壤、沙壤土，pH值约为6.5。以池栽方式通过不同茬口处理对大田花生连作进行了模拟，除了连作年限不同外，其他栽培管理措施包括土壤类型、浇水、施肥等都相同。连作年限为2～5年，与玉米的轮作为对照，花生品种为"鲁花11号"（$Arachis\ hypogaea$ L. cv. Luhua 11）。于花生结荚时对连作年限为3年、5年和轮作处理的花生植株进行了取样，每个处理取6株，用清水冲掉根系上附着的泥土，洗净后再用去离子水冲洗3遍，然后按照连作年限的不同分别培养在盛有霍格兰营养液（用去离子水配制）的塑料盆中，用气泵向营养液中通气，将XAD-4树脂包裹在尼龙网中置于盆中以吸附根系分泌物。XAD-4树脂购自美国Sigma公司，使用前先将新购买的树脂用热水冲洗几遍，再通过索氏提取器用丙酮、乙腈、乙醚3种溶剂分别连续抽提24 h以除掉杂质，将树脂保存在色谱纯甲醇中备用。每3 d更换1次营养液，1周后将树脂取出，用200 mL甲醇洗脱吸附在树脂上的根系分泌物。将洗脱液于60℃减压蒸发出甲醇后，加入蒸馏水50 mL左右，用100 mL乙醚萃取3次，再将萃取液于40℃减压蒸发出乙醚，冷冻干燥后称重，取100 mg用4 mL去离子水溶解，得到根系分泌物的浓缩液，用去离子水稀释成10 mg/L、20 mg/L、30 mg/L的溶液后用于微生物试验、发芽试验和盆栽试验，方法同前。处理20 d后测量植株的高度、茎叶鲜重、根系鲜重和主茎第4片展开叶的叶绿素含量，生长指标的测定采用常规方法，叶绿素含量的测定采用活体叶绿素仪（SPAD-502）法，每盆中3株幼苗的平均值作为1个重复。测量完后，将主茎第4片展开叶立即保存在液氮中，留待进一步分析抗氧化酶分析和细胞膜脂过氧化分析用。

化感作用效应敏感指数（RI）采用Williamson和Richardson（1988）的方法，$RI = 1 - C/T\ (T \geqslant C)$，$RI = T/C - 1$，$(T < C)$，$C$为对照值，$T$为处理值。当$RI > 0$时，

表示促进作用，当 $RI < 0$ 时，表示抑制作用。RI 绝对值的大小代表化感（自毒）作用强弱。

一、连作花生根系分泌物对根腐镰刀菌菌丝生长的影响

花生结荚期根系分泌物对根腐镰刀菌菌丝生长存在促进作用（表 2-3），并随着浓度和连作年限的增加，促进作用相应增强，对根腐镰刀菌的化感指数介于 0.018～0.161。添加浓度为 10 mg/L 时，轮作处理与对照的菌落直径差异不显著，添加浓度达到 30 mg/L 时，各处理与对照的菌落直径差异均达到极显著水平（$P < 0.01$）。

根系分泌物添加浓度较低时，与轮作花生相比，连作 3 年时对根系分泌物的促进作用无显著影响。当添加浓度达到 30 mg/L 时，培养 3 d 后连作处理与轮作处理的差异达到显著水平（$P < 0.05$）；连作 5 年比连作 3 年时的化感作用明显增强，差异达显著水平（$P < 0.05$）。随着处理时间的延长，培养 3 d 后与培养 2 d 时相比，对根腐镰刀菌生长的促进作用有减弱的趋势。

表 2-3　花生根系分泌物对根腐镰刀菌 36194 的化感作用

处理	根系分泌物浓度	菌落直径 /cm		化感指数 RI	
		2 d	3 d	2 d	3 d
CK		3.13±0.15a	4.03±0.06c	0	0
轮作	10 mg/L	3.20±0.10a	4.11±0.05bc	0.021	0.018
连作 3 年		3.27±0.06a	4.18±0.03ab	0.041	0.036
连作 5 年		3.31±0.09a	4.24±0.03a	0.052	0.049
CK		3.13±0.15c	4.03±0.06c	0	0
轮作	20 mg/L	3.30±0.10bc	4.23±0.08b	0.051	0.046
连作 3 年		3.40±0.02ab	4.34±0.05ab	0.078	0.071
连作 5 年		3.53±0.05a	4.43±0.09a	0.112	0.089
CK		3.13±0.15c	4.03±0.06d	0	0
轮作	30 mg/L	3.46±0.08b	4.35±0.04c	0.095	0.070
连作 3 年		3.58±0.06ab	4.48±0.07b	0.126	0.100
连作 5 年		3.74±0.08a	4.64±0.08a	0.161	0.131

二、连作花生根系分泌物对固氮菌生长的影响

花生结荚期根系分泌物对固氮菌的生长存在抑制作用（表 2-4），并随浓度和连作年限的增加，抑制作用增强，对固氮菌的化感指数介于 -0.307～-0.048。当添加浓度为 10 mg/L 和 20 mg/L 时，轮作处理与对照的菌落直径差异不显著；当添加浓度达到 30 mg/L 时，各处理与对照的菌落直径差异均达到极显著水平（$P < 0.01$）。

与轮作花生相比，连作 3 年时对根系分泌物的抑制作用没有显著影响，当连作年

限达到 5 年时（根系分泌物浓度 30 mg/L）与轮作处理的差异达显著水平（$P < 0.05$）。连作 5 年与连作 3 年相比，根系分泌物对固氮菌的抑制作用基本没有显著差异。随着处理时间的延长，培养 7 d 后与培养 4 d 时相比，根系分泌物对固氮菌生长的抑制作用有减弱的趋势。

表 2-4 花生根系分泌物对固氮菌 14046 的化感作用

处理	根系分泌物浓度	菌落直径 /cm		化感指数 RI	
		4 d	7 d	4 d	7 d
CK		0.93±0.06a	1.03±0.06a	0	0
轮作	10 mg/L	0.87±0.06a	0.98±0.03ab	−0.071	−0.048
连作 3 年		0.83±0.06a	0.93±0.06bc	−0.107	−0.097
连作 5 年		0.77±0.06b	0.89±0.02c	−0.179	−0.142
CK		0.93±0.06a	1.03±0.06a	0	0
轮作	20 mg/L	0.82±0.08ab	0.92±0.07ab	−0.125	−0.110
连作 3 年		0.78±0.08b	0.88±0.08b	−0.161	−0.145
连作 5 年		0.70±0.10b	0.83±0.06b	−0.250	−0.194
CK		0.93±0.06a	1.03±0.06a	0	0
轮作	30 mg/L	0.77±0.06b	0.88±0.03b	−0.179	−0.148
连作 3 年		0.71±0.02bc	0.82±0.03bc	−0.239	−0.210
连作 5 年		0.65±0.01c	0.77±0.06c	−0.307	−0.258

三、连作花生根系分泌物对种子发芽的影响

花生结荚期根系分泌物对花生胚根的生长存在抑制作用（表 2-5），并随着浓度和连作年限的增加，抑制作用增强。当浓度达到 30 mg/L 时，处理与对照的种子根长差异均达到极显著水平（$P < 0.01$）；当浓度为 10 mg/L 时，仅连作 5 年的处理与对照的种子根长差异达到显著水平（$P < 0.05$）。与轮作花生相比，连作 3 年时对根系分泌物的化感抑制作用没有显著影响，但当连作年限达到 5 年时，根系分泌物的抑制作用明显加强，与轮作的差异达到极显著水平（$P < 0.01$）。

表 2-5 花生根系分泌物对花生种子胚根生长的影响

处理	根系分泌物浓度					
	10 mg/L		20 mg/L		30 mg/L	
	根长 /cm	化感指数 RI	根长 /cm	化感指数 RI	根长 /cm	化感指数 RI
CK	3.97±0.11a	0	3.97±0.11a	0	3.97±0.11a	0
轮作	3.95±0.09a	−0.005	3.75±0.06ab	−0.055	3.26±0.09b	−0.179
连作 3 年	3.82±0.07ab	−0.038	3.52±0.08bc	−0.113	3.15±0.12b	−0.207
连作 5 年	3.63±0.08b	−0.086	3.38±0.12c	−0.149	2.93±0.06c	−0.262

四、连作花生根系分泌物对幼苗生长和叶片叶绿素含量的影响

花生结荚期根系分泌物对花生幼苗生长和叶片叶绿素含量的影响见表 2-6。由表 2-6 可知，花生结荚期根系分泌物对花生幼苗的苗高、茎叶鲜重、根系鲜重、叶片叶绿素含量均存在一定抑制作用，并随着添加浓度和连作年限的增加，抑制作用增强。处理与对照的差异大多达到显著水平。与轮作处理相比，连作 3 年各处理的苗高与其差异不显著，叶片叶绿素含量仅在根系分泌物浓度 30 mg/L 时与轮作处理差异显著，茎叶鲜重、根鲜重显著降低（$P < 0.05$）。当连作年限达到 5 年时，4 个指标与轮作的差异均达到极显著水平（$P < 0.01$）。连作 5 年与连作 3 年相比，除苗高差异基本不显著外，其他 3 个指标的差异大都达显著水平。对根系生物量的抑制作用最为明显，可能是因为根系是第一个与分泌物接触的器官，首先受到损害。

表 2-6 花生根系分泌物对花生幼苗生长和叶片叶绿素含量的影响

指标	处理	根系分泌物浓度					
		10 mg/L		20 mg/L		30 mg/L	
		测量值	化感指数 RI	测量值	化感指数 RI	测量值	化感指数 RI
苗高 /cm	CK	13.33±0.76a	0	13.33±0.76a	0	13.33±0.76a	0
	轮作	12.83±0.29a	−0.038	12.40±0.79ab	−0.070	11.90±0.26b	−0.108
	连作 3 年	12.50±0.50a	−0.063	11.93±0.51bc	−0.105	11.30±0.46bc	−0.153
	连作 5 年	12.07±0.31b	−0.095	11.10±0.53c	−0.168	10.77±0.64c	−0.193
茎叶鲜重 /g	CK	5.25±0.12a	0	5.25±0.12a	0	5.25±0.12a	0
	轮作	5.04±0.06b	−0.040	4.80±0.06b	−0.086	4.53±0.08b	−0.138
	连作 3 年	4.96±0.04bc	−0.055	4.44±0.14c	−0.154	4.18±0.07c	−0.205
	连作 5 年	4.70±0.06d	−0.106	4.17±0.13d	−0.206	3.86±0.09d	−0.265
根系鲜重 /g	CK	3.81±0.10a	0	3.81±0.10a	0	3.81±0.10a	0
	轮作	3.55±0.04b	−0.068	3.23±0.06b	−0.153	2.91±0.09b	−0.236
	连作 3 年	3.37±0.08c	−0.114	2.99±0.06c	−0.215	2.67±0.04c	−0.300
	连作 5 年	3.19±0.09d	−0.163	2.68±0.06d	−0.295	2.45±0.06d	−0.356
叶绿素相对含量 SPAD	CK	46.83±1.55a	0	46.83±1.55a	0	46.83±1.55a	0
	轮作	45.37±1.86ab	−0.031	43.70±2.01ab	−0.067	41.43±1.93b	−0.115
	连作 3 年	43.63±0.90bc	−0.068	40.83±1.33b	−0.128	38.30±0.75c	−0.182
	连作 5 年	41.70±1.85c	−0.110	37.53±1.92c	−0.199	35.53±1.33d	−0.241

五、连作花生根系分泌物对叶片抗氧化酶和膜脂过氧化的影响

花生结荚期根系分泌物对花生幼苗叶片的抗氧化酶系统存在一定促进作用（表 2-7）。连作和轮作处理下，SOD、POD、CAT 活性与对照相比极显著增强（$P < 0.01$），

膜脂过氧化产物 MDA 含量极显著增加（$P < 0.01$），随着添加浓度和连作年限的增加，这种促进作用增强。连作处理与轮作处理的差异大都达显著水平，连作 5 年时的化感作用比连作 3 年时极显著增强（$P < 0.01$）。

表 2-7　花生根系分泌物对花生叶片抗氧化酶活性和膜脂过氧化的影响

指标	处理	根系分泌物浓度					
		10 mg/L		20 mg/L		30 mg/L	
		测量值	化感指数 RI	测量值	化感指数 RI	测量值	化感指数 RI
SOD 活性 / [U/(g·min)]	CK	41.20±0.99d	0	41.20±0.99d	0	41.20±0.99d	0
	轮作	48.75±1.26c	0.155	58.43±0.91c	0.295	67.67±1.50c	0.391
	连作 3 年	53.58±1.30b	0.231	65.50±1.19b	0.371	78.72±0.66b	0.477
	连作 5 年	60.41±1.91a	0.318	72.71±1.28a	0.433	89.10±1.41a	0.538
POD 活性 / [U/(g·min)]	CK	4.13±0.25c	0	4.13±0.25d	0	4.13±0.25d	0
	轮作	4.77±0.21bc	0.133	5.23±0.35c	0.210	6.17±0.15c	0.330
	连作 3 年	5.10±0.26b	0.190	5.97±0.50ab	0.307	7.03±0.35b	0.412
	连作 5 年	5.53±0.42a	0.253	6.40±0.36a	0.354	7.93±0.21a	0.479
CAT 活性 / [U/(g·min)]	CK	0.56±0.02c	0	0.56±0.02d	0	0.56±0.02d	0
	轮作	0.61±0.09bc	0.082	0.73±0.02c	0.241	0.84±0.02c	0.340
	连作 3 年	0.69±0.02ab	0.189	0.86±0.03b	0.353	0.97±0.03b	0.428
	连作 5 年	0.77±0.03a	0.277	0.96±0.04a	0.420	1.20±0.03a	0.537
MDA 含量 / (μmol/g)	CK	22.14±0.68d	0	22.14±0.68d	0	22.14±0.68d	0
	轮作	24.31±0.72c	0.089	26.75±0.58c	0.172	30.40±1.09c	0.272
	连作 3 年	26.19±1.09ab	0.155	29.48±0.61b	0.249	32.70±0.88b	0.323
	连作 5 年	27.63±1.00a	0.199	31.41±0.79a	0.295	36.32±0.73a	0.390

花生结荚期根系分泌物对土壤微生物存在化感作用。对大豆、水稻、棉花等作物的研究表明，连作条件下土壤微生物区系的变化与根系分泌物有极密切关系（鞠会艳等，2002；赵华等，2006；吴玉香等，2007）。以往的研究表明，花生苗期和花期根系分泌物中的酸性、碱性和中性组分对花生根腐镰刀菌菌丝的生长起化感促进作用，对固氮菌的生长起化感抑制作用（刘苹等，2009）。本研究中得到相似结论，表明结荚期根系分泌物与花生连作土壤中有害菌的积累和有益菌的减少有关。在同样添加浓度下，根系分泌物对固氮菌的化感作用强度大于根腐镰刀菌，初步说明花生结荚期根系分泌物对土壤中有益菌的减少贡献更大些。

花生结荚期根系分泌物可以抑制花生种子胚根的伸长和幼苗的生长发育，并降低叶片叶绿素含量，证明花生根系分泌物自毒作用的存在。西瓜、黄瓜、大豆、豌豆、番茄和草莓等植物根系分泌物也具有自毒作用（Hao et al., 2007; Yu et al., 2003; Baziramakenga et al., 1995）。黄瓜是一种连作障碍明显的蔬菜作物，连续种植时黄瓜生长受到明显抑制作用而造成减产。Yu 和 Matsui（1994）的研究证明，黄瓜根系分泌物中的苯甲酸、对羟基苯甲酸、2,5-二羟基苯甲酸、苯丙烯酸等10种酚酸物质具有生物毒性。当黄瓜连续种植时，根系分泌释放的酚酸物质积累达到一定浓度，就会抑制下茬黄瓜的生长。从本研究结果可以推测，花生结荚期根系分泌物中含有化感物质，花生多年连作，土壤中化感物质累积到一定程度后，会对花生种子的发芽和植株生长发育产生抑制作用，是导致花生连作障碍的原因之一。

对黄瓜、大豆等作物的研究表明，化感物质和自毒物质可以增加细胞膜的透性，引起细胞内离子流失并抑制细胞对矿质元素的吸收，从而阻碍作物的生长（Baziramakenga et al.，1994）。当植物遭受环境胁迫时，活性氧代谢失衡和膜脂过氧化是导致细胞膜结构受损的主要原因（Jagtap and Bhargava，1995）。很多研究报道了抗氧化酶系统对环境胁迫的响应，然而关于抗氧化酶对化感物质响应的研究报道还较为少见（Koca et al.，2006；Madhava Rao and Sresty，2000）。SOD、POD 和 CAT 是消除细胞内过多活性氧伤害的 3 种重要的酶。过多的活性氧可以使细胞膜的不饱和脂肪酸或脂质发生过氧化反应，从而损伤膜结构（Foyer et al.，1994；Mehdy，1994）。在受到活性氧的轻微胁迫时，作为应激反应 SOD、POD 和 CAT 的活性增强，以保护组织应对更强的胁迫（Malanga and Puntarulo，1995；Privalle and Fridovich，1987）。本研究中，随着根系分泌物添加浓度的增加，SOD、POD 和 CAT 的活性增强，表明在受到活性氧胁迫时花生植株的抗氧化能力增强，但仍不能消除过多活性氧带来的伤害，导致花生叶片细胞膜过氧化（Shalata and Tal，1998）。膜脂过氧化的产物 MDA 含量增加，进一步表明花生植株经花生根系分泌物处理一段时间后膜损害加强。

连作使花生结荚期根系分泌物化感作用的强度发生变化，连作年限越长，化感作用相对更强。鞠会艳等（2002）、战秀梅等（2004）研究表明，连作会改变作物根系分泌物的化感作用和主要成分。低浓度连作大豆根分泌物对半裸镰孢菌和粉红粘帚菌生长的促进作用明显大于轮作大豆，差异达显著水平。在重茬大豆根系分泌物中检测到异黄酮，而在正茬大豆根系分泌物中没有检测到该物质。可见，作物根系分泌物化感作用与连作障碍相互影响，根系分泌物的化感作用是导致作物连作障碍的原因之一，反过来连作又会影响根系分泌物化感作用的强弱。连作后花生结荚期根系分泌物成分和含量是否发生变化有待进一步研究。

花生结荚期根系分泌物与连作花生土壤中有害菌的积累和有益菌的减少有关，对花生种子的发芽和幼苗的生长发育存在抑制作用，花生连作年限的增加可以增强根系分泌物的化感作用。连作花生结荚期根系分泌物化感物质在土壤中的累积，很可能是导致花生连作减产、品质下降的原因之一。连作花生结荚期根系分泌物中化感物质的确定及化感作用的强弱、在根际的含量及动态变化、对花生产量和品质的影响等有待进一步研究。

第四节　连作对不同抗性花生品种根系分泌物成分和土壤中化感物质含量的影响

根系分泌物是土壤中化感物质来源的重要途径，不同作物、不同品种根系分泌物的种类不同，即使是同种作物，在不同生育期和不同环境条件下根系分泌物的种类和数量也都有差异（吴凤芝和赵凤艳，2003）。连作会改变作物根系分泌物的化感作用和主要成分。鞠会艳等（2002）研究表明，低浓度连作大豆根分泌物对半裸镰孢菌和粉红粘帚菌生长的促进作用明显大于轮作大豆，差异达显著水平。重茬种植条件下，大豆根系分泌的酚酸物质的种类和数量都显著增加（战秀梅等，2004），在重茬大豆根分泌物中检测到异黄酮，而在正茬大豆根系分泌物中没有检测到该物质。

前期研究了不同连作年限花生植株结荚期的根系分泌物对花生根腐镰刀菌和固氮菌生长、花生种子发芽、幼苗生长与发育、细胞膜脂过氧化和抗氧化酶活性等的影响，结果表明连作使花生结荚期根系分泌物化感作用的强度发生了变化，连作年限越长，化感作用相对更强（刘苹等，2011）。但是连作后花生根系分泌物的成分到底有没有发生变化？发生了怎样的变化？不同花生品种的根系分泌物是否对连作的响应相同？还需要进一步研究。现有研究表明，根系发达、生育期相对较长的大花生品种对连作障碍的抗性较强，而生育期较短的珍珠豆型小花生品种适应性较差，对连作障碍的抗性较差（郑亚萍等，2008）。为此，试验以山东省花生生产中常用的 2 个品种大花生鲁花 11 号和小花生鲁花 12 号为试验材料，连续收集不同种植年限 2 个花生品种苗期和花期的根系分泌物，采用气相色谱-质谱（GC-MS）联用的方法鉴定主要成分，并采用液相色谱法（HPLC）对连作花生土壤中酚酸（醛）类化感物质的含量进行了测定，旨在探讨连作对不同抗性花生品种根系分泌物和土壤中化感物质含量的影响，为进一步阐明花生连作障碍的机理提供理论支撑。

土壤中化感物质含量的检测：对轮作处理、2 个花生品种连作 3 年和连作 5 年花生收获后土壤中酚酸（醛）类化感物质苯甲酸、对羟基苯甲酸、邻苯二甲酸、肉桂酸、2,5-二甲基苯甲醛和 2,6-二叔丁基苯酚的含量，采用 HPLC 法进行了检测。用土钻取 $0 \sim 30$ cm 表层土壤，过 2 mm 筛后储存于 4 ℃冰箱中备用。称 20 g 鲜土于离心管中，加入 25 mL 2 mol/L NaOH 振荡 24 h 后，以 5 000 r/min 离心 15 min，将上清液用滤纸过滤，将滤液用 5 mol/L 的盐酸酸化至 pH 值 2.5，2 h 后离心除去胡敏酸，然后将上清液用乙酸乙酯萃取 5 次，收集萃取液并于 40 ℃减压蒸发至干，将残留物溶解在 5 mL 80% 色谱甲醇中，进行 HPLC 测定（重复 3 次），结果按照烘干土重换算。高压液相色谱仪为美国 Waters 2695 型，检测柱为 Waters×Terra^{TM}RP18（4.6 mm × 250 mm），流动相为 1% 醋酸水溶液与甲醇的混合液，流速 1 mL/min，检测波长为 255 nm，样品采用标准品色谱保留时间进行定性，以峰面积进行定量计算分析。苯甲酸、对羟基苯甲酸、邻苯二甲酸、肉桂酸、2,5- 二甲基苯甲醛和 2,6- 二叔丁基苯酚的标准品均为国产分析纯，6 种物质检测方法的回收率分别是 96.4%、97.2%、95.8%、96.7%、94.5% 和 94.9%。花生根系分泌物的提取和成分鉴定方法同前。

一、连作对鲁花 11 号根系分泌物的影响

大花生品种鲁花 11 号根系分泌物的气相色谱图分析结果显示（图 2-5），轮作处理下苗期共鉴定出 11 种根系分泌物成分，花期鉴定出 8 种（表 2-8）。根系分泌物主要包括酚酸类物质：2,4- 二叔丁基苯酚、2,6- 二叔丁基苯酚、肉桂酸、对羟基苯辛酸和 2,6- 二叔丁基 -4- 丙酰基苯酚；长链脂肪酸类物质：豆蔻酸、棕榈酸和硬脂酸；醛类物质：2,4- 二甲基苯甲醛、2,5- 二甲基苯甲醛；醇类物质：丙三醇；有机酸：乳酸。苗期时棕榈酸、硬脂酸和对羟基苯辛酸的相对含量较高，连作 5 年后对羟基苯辛酸的相对含量增幅较大，从 18.44% 上升到 31.43%，而棕榈酸和硬脂酸的相对含量下降。花期时棕榈酸和硬脂酸的相对含量较高，连作 5 年后棕榈酸的相对含量从 35.17% 提高到 40.04%，硬脂酸的相对含量没有明显变化；轮作条件下花期根系分泌物中的醛类物质主要是 2,4- 二甲基苯甲醛，连作 5 年后则以 2,5- 二甲基苯甲醛为主。总体来看，鲁花 11 号连作 5 年后根系分泌物的成分变化不大，相对含量变化较大。

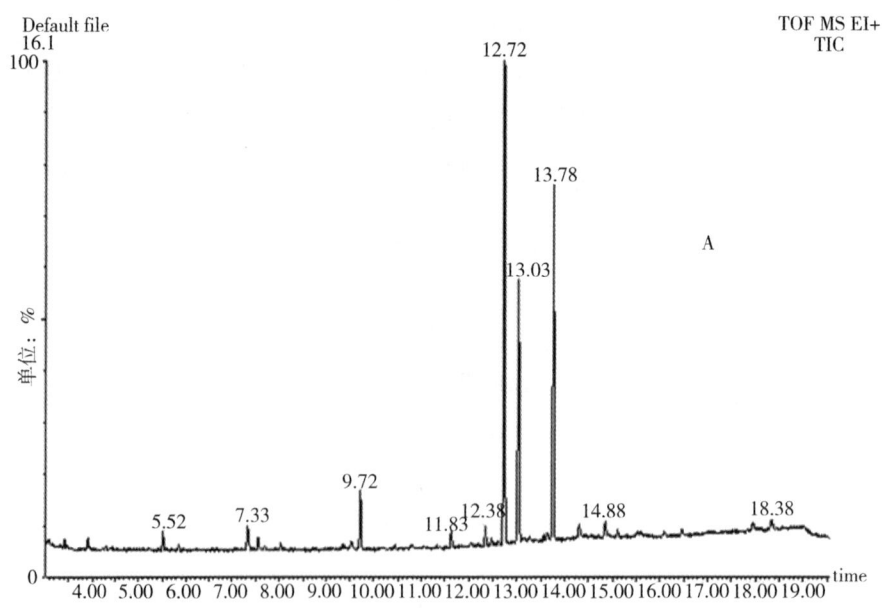

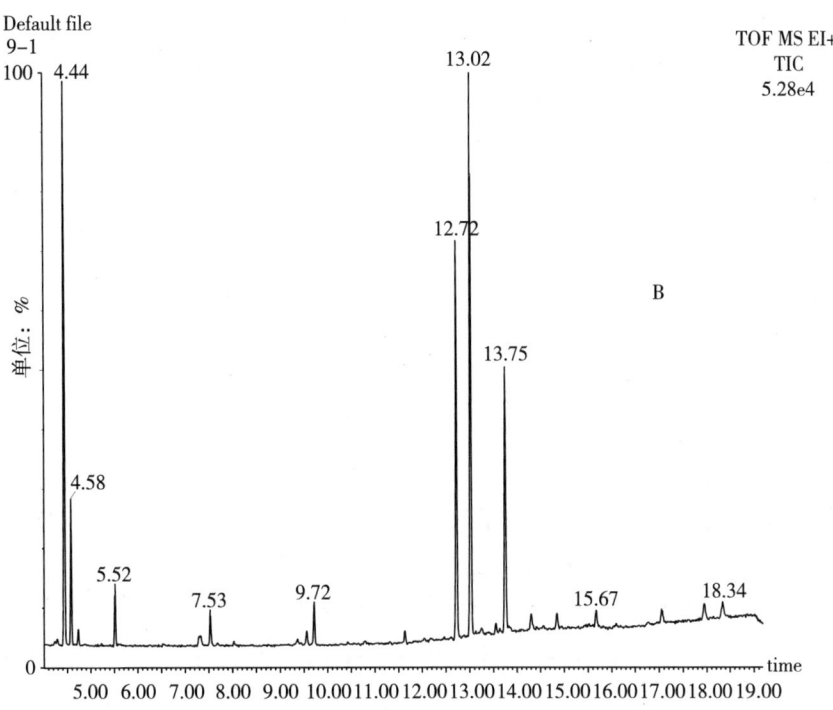

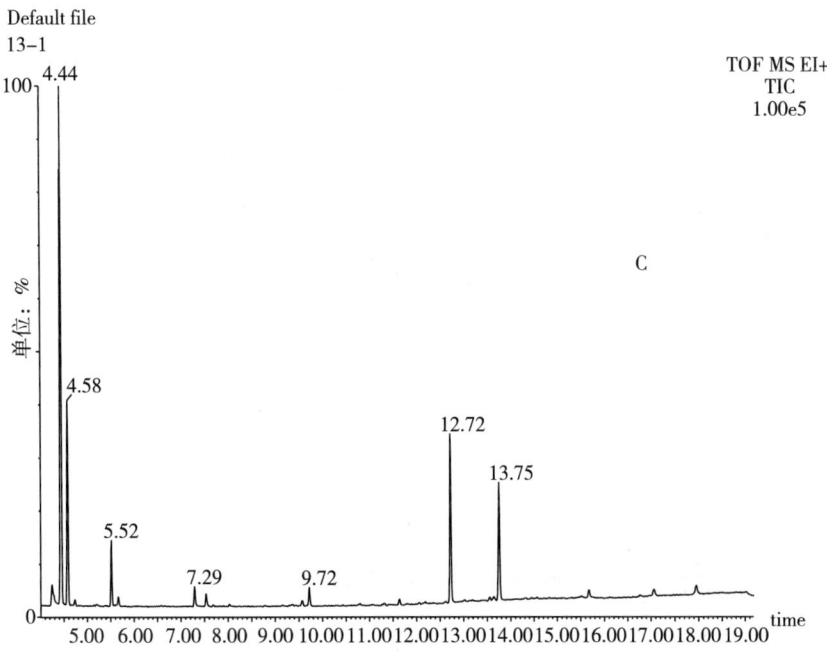

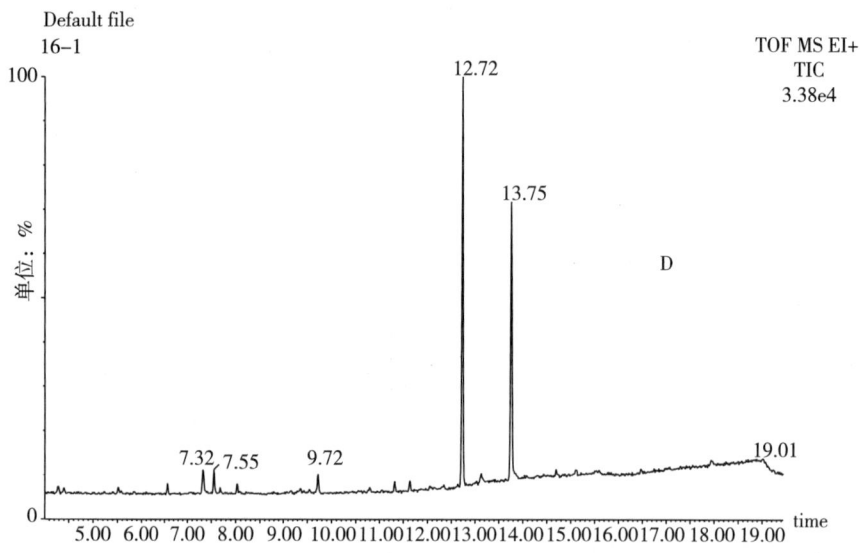

A—苗期，轮作；B—苗期，连作；C—花期，轮作；D—花期，连作。

图 2-5　鲁花 11 号轮作和连作 5 年处理苗期、花期根系分泌物的气相色谱图

表 2-8　连作 5 年对鲁花 11 号根系分泌物的影响

化合物名称	保留时间 /min	苗期相对含量 /%		花期相对含量 /%	
		轮作	连作	轮作	连作
乳酸	5.52	2.51	6.25	14.12	0.82
2,4- 二甲基苯甲醛	7.29	—	—	5.26	—
2,5- 二甲基苯甲醛	7.33	2.78	1.58	—	6.54
丙三醇	7.53	1.84	4.52	3.36	6.35
2,4- 二叔丁基苯酚	9.56	1.32	1.54	0.88	0.62
2,6- 二叔丁基苯酚	9.72	6.31	5.36	4.61	5.27
豆蔻酸	11.63	2.02	1.37	1.33	1.41
肉桂酸	12.35	2.19	—	—	—
棕榈酸	12.72	31.23	22.32	35.17	40.04
对羟基苯辛酸	13.02	18.44	31.43	—	—
硬脂酸	13.75	24.26	17.56	31.24	32.16
2,6- 二叔丁基 -4- 丙酰基苯酚	18.35	1.49	1.48	—	—

二、连作对鲁花 12 号根系分泌物的影响

小花生品种鲁花 12 号根系分泌物的气相色谱图分析结果显示（图 2-6），轮作处理下苗期共鉴定出 10 种根系分泌物成分，花期鉴定出 9 种（表 2-9），苗期时比鲁花 11 号少了肉桂酸，花期时比鲁花 11 号多鉴定出 1 种成分己六醇，其他主要成分与鲁花 11 号相同。连作 5 年后，鲁花 12 号苗期根系分泌物主要成分减少了 2 种：2,4- 二甲基苯甲醛和 2,6- 二叔丁基 -4- 丙酰基苯酚，棕榈酸和硬脂酸的相对含量各增加了近 1 倍，而对

羟基苯辛酸的相对含量由 13.53% 降至 2.13%；花期时连作与轮作相比，根系分泌物成分多了肉桂酸，醛类物质由以 2,4- 二甲基苯甲醛为主转变为以 2,5- 二甲基苯甲醛为主，已六醇的相对含量连作后大幅增加，由 0.25% 上升到 34.27%，而棕榈酸和硬脂酸的相对含量降低。总体来看，鲁花 12 号连作 5 年后根系分泌物的成分和相对含量均发生了一定的变化。

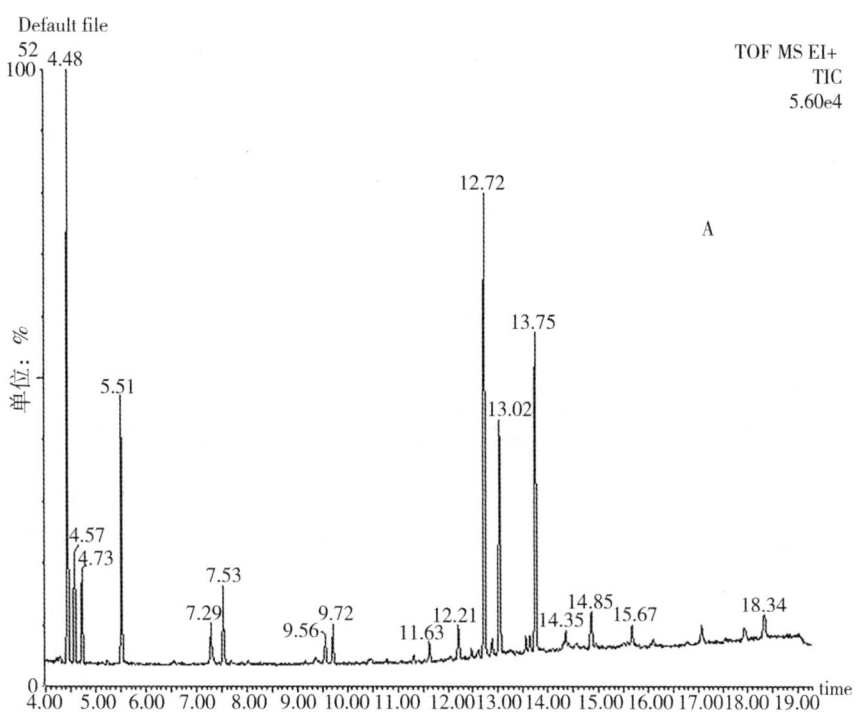

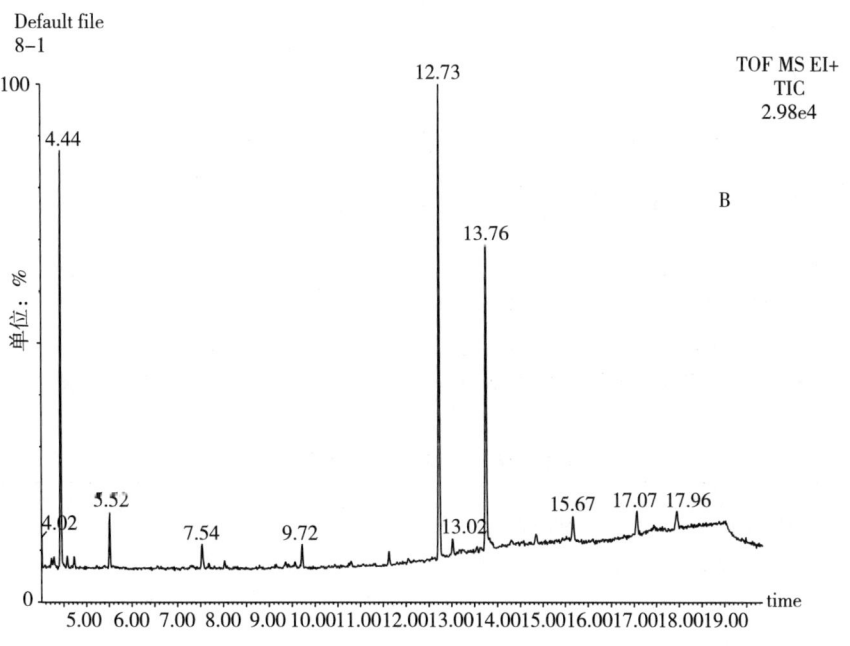

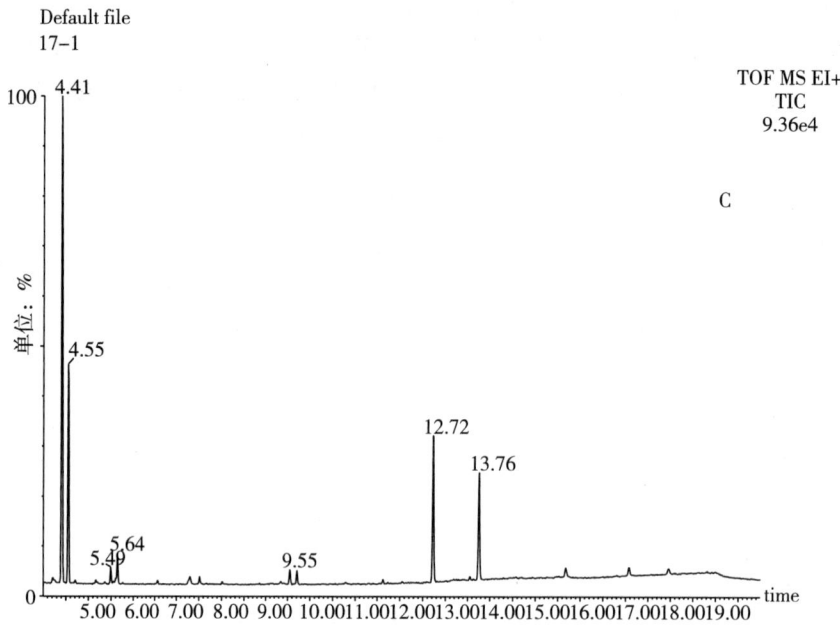

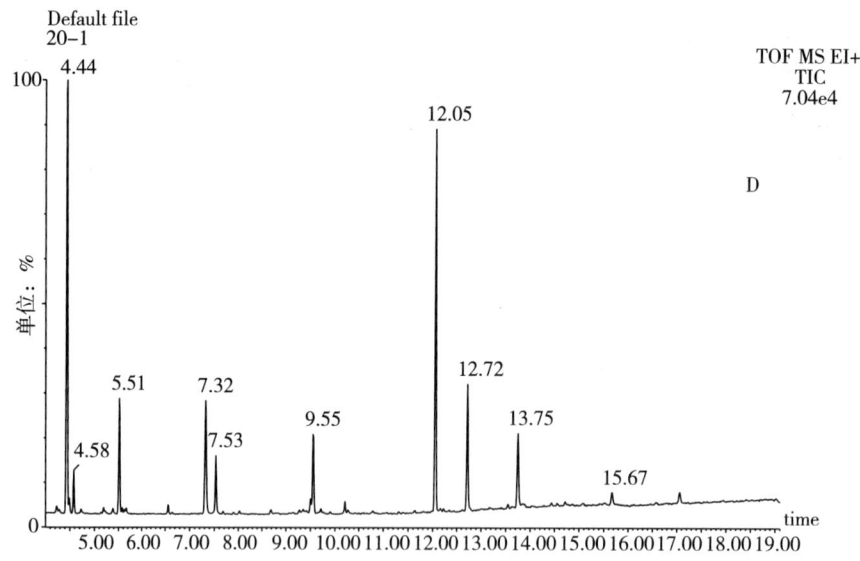

A—苗期，轮作；B—苗期，连作；C—花期，轮作；D—花期，连作。

图 2-6　鲁花 12 号轮作和连作 5 年处理苗期、花期根系分泌物的气相色谱图

表 2-9　连作 5 年对鲁花 12 号根系分泌物的影响

化合物名称	保留时间 /min	苗期相对含量 /%		花期相对含量 /%	
		轮作	连作	轮作	连作
乳酸	5.52	14.24	7.63	4.21	11.43

续表

化合物名称	保留时间/min	苗期相对含量/%		花期相对含量/%	
		轮作	连作	轮作	连作
2,4-二甲基苯甲醛	7.29	3.57	—	2.33	—
2,5-二甲基苯甲醛	7.33	—	—	—	10.04
丙三醇	7.53	4.75	3.64	2.24	7.54
2,4-二叔丁基苯酚	9.56	2.27	0.66	4.35	9.13
2,6-二叔丁基苯酚	9.72	3.61	3.43	4.04	0.84
豆蔻酸	11.63	1.63	1.51	1.17	0.63
己六醇	12.05	—	—	0.25	34.27
肉桂酸	12.35	—	—	—	0.53
棕榈酸	12.72	22.51	42.42	37.41	12.74
对羟基苯辛酸	13.02	13.53	2.13	—	—
硬脂酸	13.75	17.91	32.71	31.05	8.23
2,6-二叔丁基-4-丙酰基苯酚	18.35	2.12	—	—	—

三、连作对土壤中化感物质含量的影响

在鲁花11号、鲁花12号不同种植年限土壤中均检测到了苯甲酸、对羟基苯甲酸、邻苯二甲酸、肉桂酸、2,5-二甲基苯甲醛和2,6-二叔丁基苯酚这6种酚酸（醛）类化感物质（表2-10）。除苯甲酸的含量变化没有明显的规律外，其他5种物质在2个花生品种连作后均在土壤中呈现出累积的趋势，方差分析结果显示连作5年后的含量均显著高于轮作处理（$P < 0.05$）。邻苯二甲酸的含量相对最高，其次为对羟基苯甲酸、2,6-二叔丁基苯酚和2,5-二甲基苯甲醛，肉桂酸的含量相对最低。大花生品种鲁花11号连作后土壤中积累的化感物质总量高于小花生品种鲁花12号。

表2-10 鲁花11号、鲁花12号不同连作年限土壤中酚酸（醛）类化感物质的含量

单位：mg/kg 干土

处理	苯甲酸	对羟基苯甲酸	邻苯二甲酸	肉桂酸	2,5-二甲基苯甲醛	2,6-二叔丁基苯酚
鲁花11号						
轮作	4.53a±0.21	1.20c±0.12	2.80c±0.24	0.75c±0.14	0.92c±0.15	1.23c±0.18
连作3年	3.24b±0.32	2.38b±0.21	3.52b±0.32	1.27b±0.27	1.32b±0.17	2.05b±0.22
连作5年	3.67b±0.18	3.25a±0.27	4.73a±0.34	1.92a±0.19	2.04a±0.24	2.86a±0.23
鲁花12号						
轮作	4.53a±0.21	1.20c±0.12	2.80c±0.24	0.75c±0.14	0.92c±0.15	1.23c±0.18
连作3年	3.04c±0.34	2.14b±0.23	3.38b±0.29	1.12b±0.15	1.24b±0.16	1.94b±0.21
连作5年	3.45b±0.26	3.07a±0.26	4.41a±0.31	1.62a±0.26	1.97a±0.23	2.43a±0.31

作物根系分泌物的种类很多，不同的培养方法、收集方式、提取溶剂、鉴定方法等都有可能得到不同的结果。袁云云等（2011）从沙培花生营养液中收集到花生根系分泌物，经 GC-MS 检测鉴定出丁二酸、柠檬酸、十二酸、十四烷酸、十六烷酸、硬脂酸、邻苯二甲酸、油酸、2,6- 二异丙基对苯酚、2,4- 二甲基苯甲醛和苯甲酸 11 种根系分泌物质。王小兵等（2011）采用改进的根系分泌物循环收集系统，利用 GC-MS 鉴定结构，发现花生根系分泌物中主要含有丙三醇、苯甲酸、3,5- 二甲基苯甲醛、苯乙酮、硬脂酸、棕榈酸和乳酸 7 种物质。本研究对 2 个连作障碍抗性不同花生品种、不同生育时期的根系分泌物进行了收集鉴定，鉴定出的成分中，脂肪酸类物质、乳酸、丙三醇、醛类物质与已报道的结果一致，2,4- 二叔丁基苯酚、2,6- 二叔丁基苯酚、肉桂酸、对羟基苯辛酸和 2,6- 二叔丁基 -4- 丙酰基苯酚等几种物质未见有报道，表明在收集鉴定方法一致的情况下，品种和生育时期也会影响花生根系分泌物的成分和含量，连作障碍不同抗性花生品种的根系分泌物主要成分和分泌量存在一定的差异。轮作处理下，连作障碍抗性较差的品种鲁花 12 号苗期时比抗性较强的品种鲁花 11 号根系分泌物成分中少了肉桂酸，花期时比鲁花 11 号多鉴定出 1 种成分己六醇；鲁花 11 号和鲁花 12 号这两个品种，苗期根系分泌物的成分种类都要多于花期；同一花生品种不同生育时期、不同花生品种同一生育时期根系分泌物各成分的相对含量亦不同。

现有研究表明，花生连作多年后土壤生态环境会发生明显的变化，如土壤养分缺乏、微生物失衡、酶活性下降、病原菌积累等。土壤生态环境的改变直接影响花生根系的生长发育，可能会进一步影响根系分泌物的分泌。以往的研究多关注于根系分泌物对土壤微生物种类、分布、土壤养分变化及养分吸收的影响等方面，而连作后对作物根系分泌物的影响少见报道。本研究的结果表明，连作障碍抗性较强花生品种鲁花 11 号连作 5 年后根系分泌物的成分变化不大，相对含量变化较大；连作障碍抗性较差花生品种鲁花 12 号连作 5 年后根系分泌物的成分和相对含量均发生了一定的变化；而且两个花生品种在苗期和花期对连作的响应也不尽相同。鲁花 11 号连作后最显著的变化是根系分泌的对羟基苯辛酸的量明显增加，鲁花 12 号连作后最显著的变化是根系分泌的长链脂肪酸类物质棕榈酸和硬脂酸以及醇类物质己六醇的量明显增加。脂肪酸类物质是目前研究较多、活性较强的一类化感物质，很多植物的根系分泌物中均检测到脂肪酸及其衍生物，如小麦、玉米、大豆、水稻、茄子等。豆蔻酸是茄子根系分泌物中特征性的化感物质（周宝利等，2010），豆蔻酸、软脂酸和硬脂酸等多种脂肪酸对藻类的生长均具有一定的抑制作用（高云霓等，2011）。先前的研究表明，豆蔻酸、软脂酸和硬脂酸的混合物在土壤中累积到较高浓度时，会对花生植株的生长和土壤酶活性产生化感抑制作用（Liu et al., 2012）。对羟基苯辛酸和己六醇，以及它们在土壤中被微生物分解转化的产物是否对花生具有化感作用还有待于进一步研究。但是不难推断出，花生根系分泌物的化感作用与连作障碍是相互影响的，花生根系分泌物的化感作用是导致花生连作障碍的原因之一，反过来连作又会影响花生根系分泌物的分泌，进而影响化感作用的强弱。而且，连作障碍不同抗性花生品种根系分泌物对连作响应存在差异，这是否为小花生品种对连作障碍抗性较差的主要原因之一，有待进一步研究。

本研究的结果表明，连作对花生根系分泌物化感作用影响的另一条重要途径是通过连作后土壤中化感物质的累积实现的。本研究从花生根系分泌物中检测出了3种酚酸（醛）类物质，即肉桂酸、2,5-二甲基苯甲醛，2,6-二叔丁基苯酚，先前报道的花生根系分泌物成分苯甲酸、邻苯二甲酸及常见化感物质对羟基苯甲酸在土壤中含量的检测结果表明，除苯甲酸的含量变化没有明显的规律外，其他5种物质在2个花生品种连作3~5年后均在土壤中呈现出累积的趋势。连作障碍抗性较强的大花生品种鲁花11号连作后土壤中积累的化感物质的总量高于连作障碍抗性较差的小花生品种鲁花12号，可能与大花生品种较小花生品种生长周期长、根系发达、生物量大有关。李培栋等（2010）研究得到了相似的结论，他们研究了南方红壤区不同连作年限花生土壤中酚酸物质的种类、含量，结果发现连作花生土壤中对羟基苯甲酸、香草酸和香豆酸的含量随着连作年限的增加而增加，连作10年后3种酚酸总量达11.09 mg/kg干土，显著高于连作3年和连作6年的土壤，而土壤中香豆酸和苯甲酸含量比较低，且变化没有规律。酚酸能使土壤微生物群落结构改变、病原真菌富集、微生物群落环境恶化，而恶化的微生物群落结构使土壤中的酚酸物质降解缓慢，造成酚酸物质积累，积累的酚酸不仅继续改变微生物群落结构，而且会抑制花生生长，提高花生发病率，如此恶性循环，产生花生连作障碍（Li et al., 2014）。

第五节　花生根系分泌物的化感互作效应

前期研究发现花生根系分泌物的化感作用与花生连作障碍有着密切关系，并且鉴定出了花生根系分泌物的主要成分（刘苹等，2009；Liu et al., 2010；刘苹等，2011；Liu et al., 2012）。植物的化感作用是释放的所有化感物质综合作用的结果。Einhellig（1995）认为几乎所有植物的化感作用是两种或两种以上物质相互作用的结果。在本研究中，通过培养皿培养的方法重点研究了花生根系分泌物中3种酚酸类物质即苯甲酸、对羟基苯甲酸和邻苯二甲酸对花生种子发芽、花生炭疽病菌和固氮菌的影响（试验方法同前），旨在探讨花生连作后土壤中酚酸类物质的累积与花生连作障碍间的关系，为花生连作障碍机理的研究提供一定的理论依据。

一、3种酚酸对花生种子发芽的影响

（一）酚酸类物质的独立作用

花生根系分泌物中3种酚酸类物质对花生种子发芽的影响见图2-7。当3种物质单独添加时，在较低添加浓度（0.25 mmol/L、0.50 mmol/L）时，苯甲酸、对羟基苯甲酸、邻苯二甲酸对花生种子根的生长均表现出一定的促进作用，但是与对照的差异没有达到显著水平。随着添加浓度的增加，对根长的影响转为抑制作用，并随着添加浓度的增加，抑制作用逐渐增强。3种物质对花生种子发芽的抑制作用由强到弱的顺序为：苯甲酸＞对羟基苯甲酸＞邻苯二甲酸。

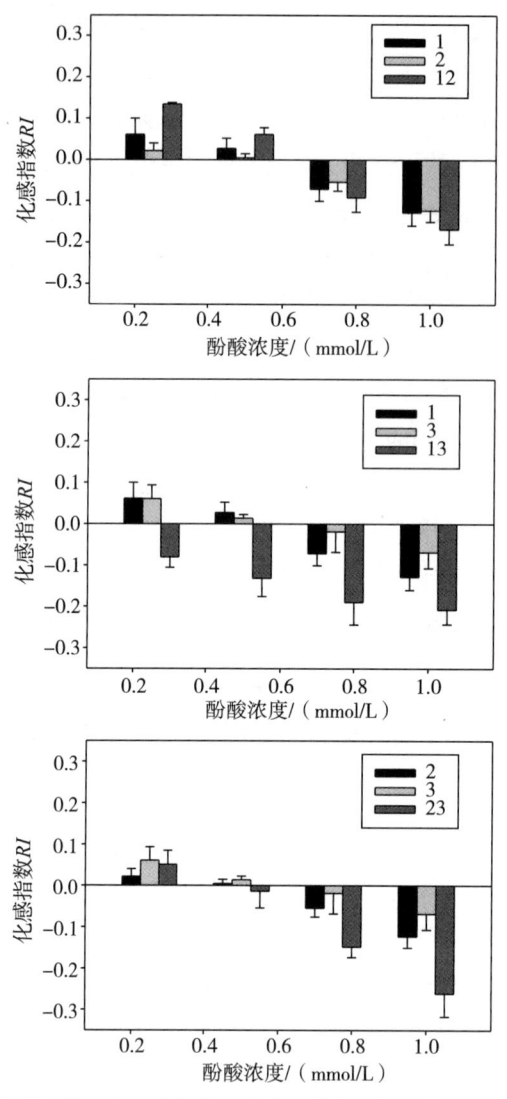

图2-7　3种酚酸对花生种子发芽的化感作用及其互作效应

注：1. 苯甲酸；2. 对羟基苯甲酸；3. 邻苯二甲酸。

（二）酚酸类物质的互作效应

当3种物质两两添加时对种子发芽的化感效应表现出了与单独添加时相似的趋势，低浓度时促进，高浓度时抑制，但苯甲酸与邻苯二甲酸共同作用时对种子胚根生长一直起抑制作用（图2-7）。互作时与它们单独添加时的化感强度发生了变化。当苯甲酸与对羟基苯甲酸、邻苯二甲酸共同作用时，对种子发芽的化感效用均有增强的趋势。当对羟基苯甲酸和邻苯二甲酸互作时，当添加浓度为0.25 mmol/L、0.50 mmol/L时，化感效应介于两者之间；当添加浓度为0.75 mmol/L、1.00 mmol/L时，化感效应得到了增强。

二、花生根系分泌物对花生炭疽病菌的影响

(一)酚酸类物质的独立作用

花生根系分泌物中3种主要成分对花生炭疽病菌的影响见图2-8。当3种物质单独添加时,苯甲酸、邻苯二甲酸对炭疽病菌的生长均表现出抑制作用,并随着添加浓度

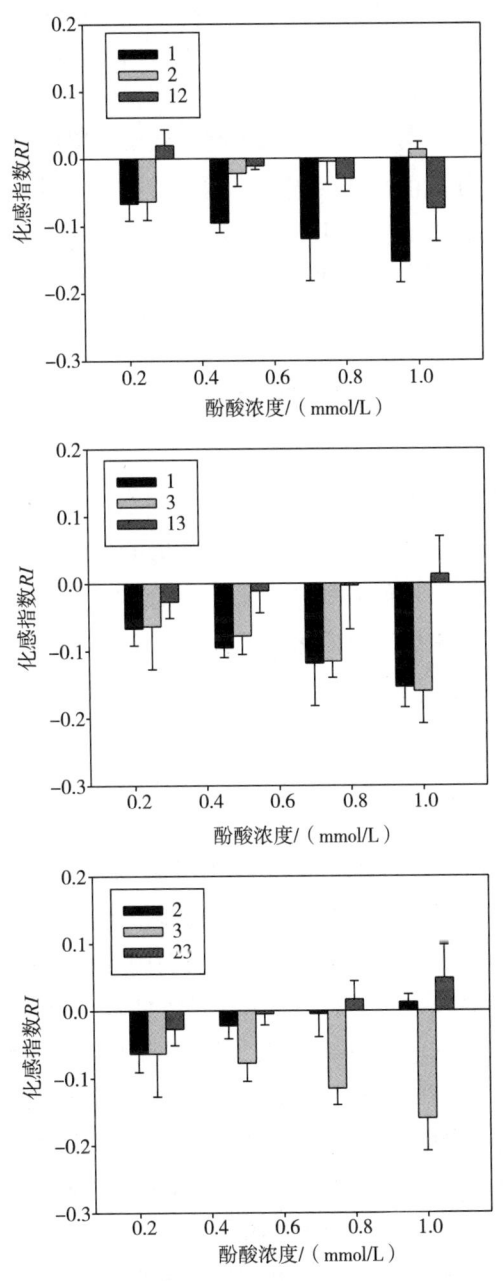

图2-8 3种酚酸对炭疽病菌生长的化感作用及其互作效应

注:1.苯甲酸;2.对羟基苯甲酸;3.邻苯二甲酸。

的增加，抑制作用逐渐增强，各浓度处理与对照的差异大都达到了显著水平。对羟基苯甲酸在低添加浓度时对炭疽病菌的生长起抑制作用，随着添加浓度的增加转为微弱的促进作用。苯甲酸和邻苯二甲酸对炭疽病菌的化感强度相似，对羟基苯甲酸对炭疽病菌的化感强度相对较弱。

（二）酚酸类物质的互作效应

当3种物质两两添加时对炭疽病菌化感效应的性质和强度，与它们单独添加时相比均发生了变化（图2-8）。当苯甲酸与对羟基苯甲酸互作时，在低浓度处理下（0.25 mmol/L）对炭疽病菌的生长起促进作用，随着浓度的增加转为抑制作用并逐渐增强。当苯甲酸与邻苯二甲酸、对羟基苯甲酸和邻苯二甲酸互作时，对炭疽病菌表现出低浓度抑制、高浓度促进的趋势。当苯甲酸与对羟基苯甲酸、对羟基苯甲酸和邻苯二甲酸互作时，在浓度较低的情况下（0.25 mmol/L、0.50 mmol/L），对炭疽病菌生长的化感强度减弱，在其他两个添加浓度处理下化感强度介于两者之间。当苯甲酸与邻苯二甲酸共同作用时，在4个浓度处理下对炭疽病菌的化感强度均变弱。

三、花生根系分泌物对固氮菌的影响

（一）酚酸类物质的独立作用

花生根系分泌物中3种主要成分对固氮菌的影响见图2-9。当3种物质单独添加时，对固氮菌的生长表现出相似的规律，即低浓度时促进固氮菌的生长，高浓度时抑制固氮菌的生长，并随着添加浓度的增加，抑制作用逐渐增强。当邻苯二甲酸的添加浓度为1 mmol/L时，完全抑制了固氮菌的生长。3种物质对固氮菌的抑制作用由强到弱的顺序为：邻苯二甲酸＞苯甲酸＞对羟基苯甲酸。

（二）酚酸类物质的互作效应

当3种物质两两添加时对固氮菌的化感作用规律与它们单独添加时相似（图2-9），即低浓度时促进固氮菌的生长，高浓度时抑制固氮菌的生长，但化感效应的强度发生了变化，低浓度时的促进作用有增强的趋势，高浓度时的抑制作用有减弱的趋势。

花生根系分泌物中的苯甲酸、对羟基苯甲酸、邻苯二甲酸3种成分在较高添加浓度时对花生种子的发芽均产生了抑制作用，说明花生根系分泌物存在自毒作用。连作花生长势差、产量低，很可能与连作条件下花生根系分泌物积累较多，对种子发芽、幼苗生长等产生了自毒作用有关。许多研究发现，化感物质的化感作用存在浓度效应，一般在低浓度下表现为化感促进作用，高浓度下表现为化感抑制作用（董晓宁等，2009；喻景权和松井佳久，1999）。张新慧等（2008）研究发现，2,4-二叔丁基苯酚在低浓度时对啤酒花的生长表现为促进作用，而在高浓度时表现为抑制作用。在本研究所采用的浓度范围里，3种物质对花生种子胚根生长的影响表现出了相似的作用规律。

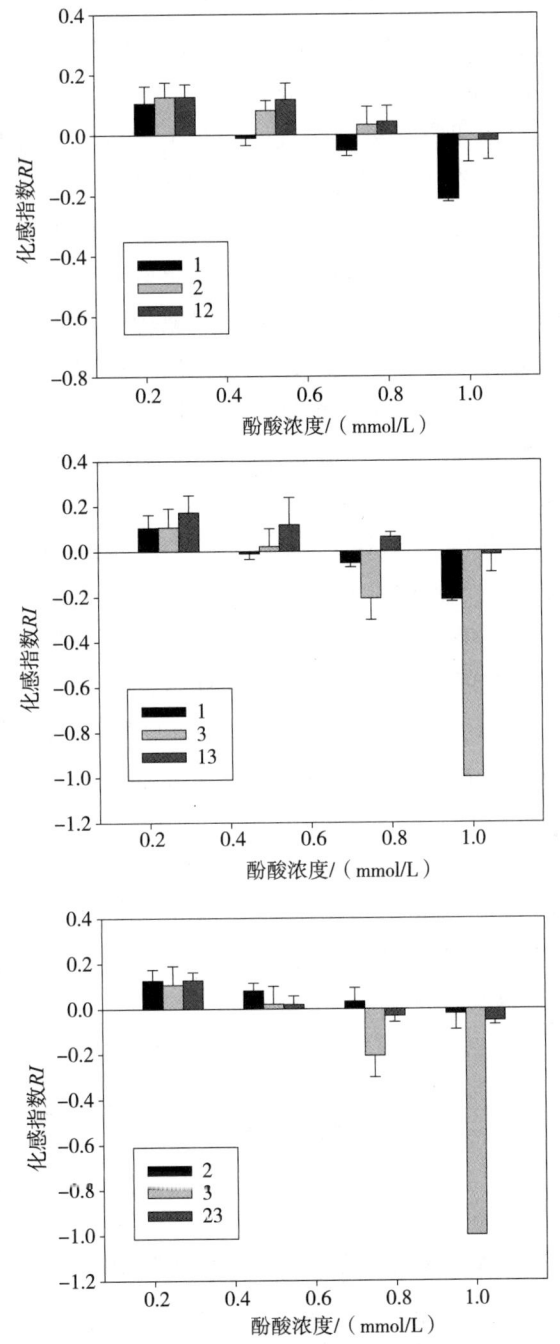

图 2-9　3 种酚酸对固氮菌生长的化感作用及其互作效应

注：1. 苯甲酸；2. 对羟基苯甲酸；3. 邻苯二甲酸。

微生物与根系分泌物之间是相互影响的，根系分泌物不仅为根际微生物提供所需的能源，而且不同根系分泌物直接影响着根际微生物的数量和种群结构（张淑香和高子勤，2000）。本项研究发现，花生根系分泌物中的苯甲酸、对羟基苯甲酸和邻苯二甲

酸对炭疽病菌的生长主要表现为抑制作用,对固氮菌的生长表现为低浓度促进、高浓度抑制。不同根系分泌物成分对微生物的影响不同,其化感效应强度也不同,可能与不同化感物质对微生物的贡献和作用机理不同有关。

本研究中互作试验的研究结果初步表明,花生根系分泌物中的两种或多种物质共同起作用时与它们单独作用时相比,对花生种子发芽和土壤微生物化感效应的性质和强度均有可能发生变化。总体来看,当3种酚酸类物质互作时对花生种子发芽的化感效应有增强的趋势,对炭疽病菌生长的化感效应有减弱的趋势,而对固氮菌生长的化感效应表现出低浓度时增强、高浓度时减弱的趋势。苯甲酸、对羟基苯甲酸、邻苯二甲酸两两互作时对种子发芽的化感作用是增效的,可能与这3种物质化学结构差别较大有关,它们对花生胚根细胞膜的作用位点不同或者是两两反应产生一些新的物质与受体细胞结合产生新的作用位点(Inderjit et al., 2002)。3种物质两两互作时对炭疽病菌和固氮菌生长的化感效应在较高浓度时均表现出拮抗作用,其作用机理有待于进一步研究。许多其他研究也表明,化感物质之间存在互作效应。何华勤等(2005)研究了5种常见的化感酚酸物质对稗草的互作效应,发现在所考察的浓度范围内香草酸与肉桂酸的作用效果是增效的。孔垂华等(1998)的研究表明,胜红蓟各化感物质之间对萝卜、番茄和绿豆幼苗的化感作用存在明显的协同作用。Lyu等(1990)在探讨阿魏酸、香草酸和对香豆酸间的协同作用对黄瓜苗磷吸收特性的影响时发现,当香草酸和对香豆酸混合使用时,一种物质会降低另一种物质的作用效果(即拮抗作用)。

花生根系分泌物存在自毒作用,花生根系分泌物的累积是导致连作花生田微生物区系发生变化的原因之一,与花生的连作障碍有着密切关系。由于大田条件下根际环境非常复杂,根系分泌物的化感物质之间又存在着互作效应,因此有必要对田间条件下花生根系分泌物的化感作用进行进一步研究。

第六节 花生叶片淋溶液及根系腐解物的化感作用

一、花生叶片淋溶液对花生幼苗生长发育的影响

植物根、茎、叶、花、果实和种子都可以产生化感物质,化感物质的释放方式取决于它的化学成分的性质,主要释放途径有4种:根系分泌、茎叶挥发、雨露淋洗和植物残体腐解等(孔垂华和胡飞,2001;张爽和潘伟,2006;韩丽梅等,2002)。前期研究发现了花生根系分泌物对自身生长发育和土壤微生物存在显著的化感作用,并分离鉴定出花生根系分泌物中具有自毒作用的化感物质,如肉桂酸、2,4-二叔丁基苯酚、邻苯二甲酸等,初步探索了花生根系分泌物化感作用与连作障碍间的关系。本节从化感物质雨露淋洗途径,进行模拟实验,研究花生叶片淋溶液对花生生长发育的影响,

即研究花生叶片淋溶液对花生种子发芽的影响、根系活力的影响以及保护性酶活性的影响,以明确雨露淋洗途径对花生生长发育的自毒作用,进一步探讨花生连作减产的原因,为缓解花生连作障碍和提高生产力提供理论依据(唐朝辉,2013)。

花生叶片淋溶液的制备:2012年8月15日,在济南饮马泉农场取处于结荚期(盆栽,花育22号)和饱果期(大田,花育22号、花育23号)的花生整株,先用自来水洗净,再用蒸馏水冲洗3遍,晾干,取叶,按1:20(W/V)、1:10(W/V)的比例用蒸馏水浸提24 h,过滤,将滤液放入4℃冰箱中备用。

发芽试验方法同前,每个培养皿加入15 mL花生叶片淋溶液。

盆栽试验方法:先选取饱满的花生种子(花育22号)催芽,到温室用营养土育苗,将石英砂先用自来水冲洗干净,然后用10%次氯酸钠消毒,再用蒸馏水冲洗干净,选取长势一致的花生苗冲洗干净,移栽到盛石英砂的塑料花盆中(每盆500 g石英砂),移栽后每盆浇100 mL营养液,培养一周进行处理,花育23号叶片1:10浸提液15 mL,花育23号叶片1:20淋溶液15 mL,对照浇15 mL蒸馏水,共3个处理(每个处理3个重复),一周后处理同第一次用量。再培养一周后测定叶绿素含量、根系活力、SOD活性、POD活性、MDA含量等指标。

(一)叶片淋溶液对种子发芽的影响

花生叶片淋溶液对种子发芽的影响见表2-11。花生叶片淋溶液在较低浓度时对种子的发芽有一定的促进作用,但与对照的差异没有达到显著水平。当浓度达到1:10时对种子胚根生长表现为化感抑制作用,与对照的差异均达到了显著水平($P<0.05$),小花生品种花育23号在饱果期的化感抑制作用强于大花生品种花育22号,对花育22号来说,饱果期叶片淋溶液的化感作用强于结荚期。

表2-11 花生叶片淋溶液对花生种子发芽(根长)的影响　　　　单位:cm

品种	生育期	1:20(叶:水)	1:10(叶:水)	CK
花育22号	结荚期	6.29a±0.99	5.03c±1.37	5.59b±0.49
	饱果期	5.70a±1.00	4.75b±2.34	5.59a±0.49
花育23号	饱果期	5.57a±1.09	3.42b±0.67	5.59a±0.49

(二)叶片淋溶液对根系活力的影响

花育23号叶片淋溶液对根系活力的影响见图2-10。从图2-10可以看出叶片淋溶液处理与对照相比,降低了根系活力,与对照的差异均达到了显著水平($P<0.05$),1:10与1:20的差异也达到了显著水平($P<0.05$),随着浓度增加,效果越来越明显。说明叶片淋溶液对根系生长发育有抑制作用。

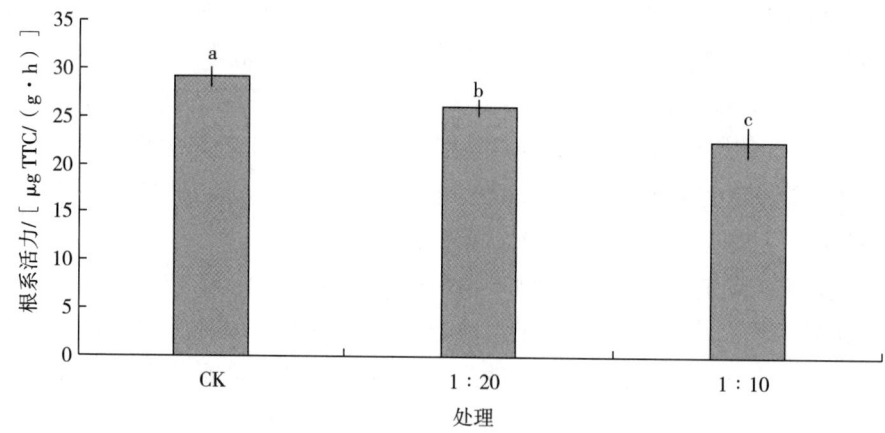

图 2-10　花育 23 号叶片淋溶液对根系活力的影响

（三）叶片淋溶液对根系抗氧化酶和膜脂过氧化的影响

花育 23 号叶片淋溶液对根系 SOD 活性的影响见图 2-11。从图 2-11 可以看出淋溶液处理后，根系 SOD 活性与对照相比活性增强，与对照均达到差异显著水平（$P < 0.05$）。

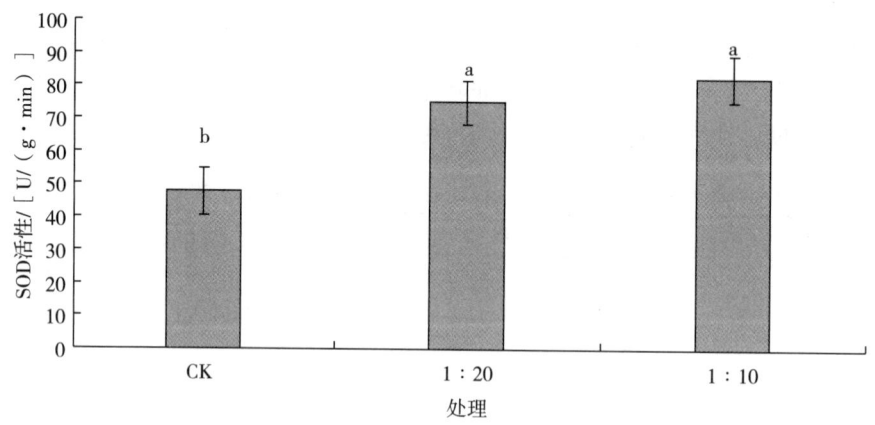

图 2-11　花育 23 号叶片淋溶液对根系 SOD 活性的影响

花育 23 号叶片淋溶液对根系 POD 活性的影响见图 2-12。从图 2-12 可以看出淋溶液处理后，根系 POD 活性与对照相比活性增强，1∶20 与对照没达到差异显著水平，1∶10 与对照达到差异显著水平（$P < 0.05$）。

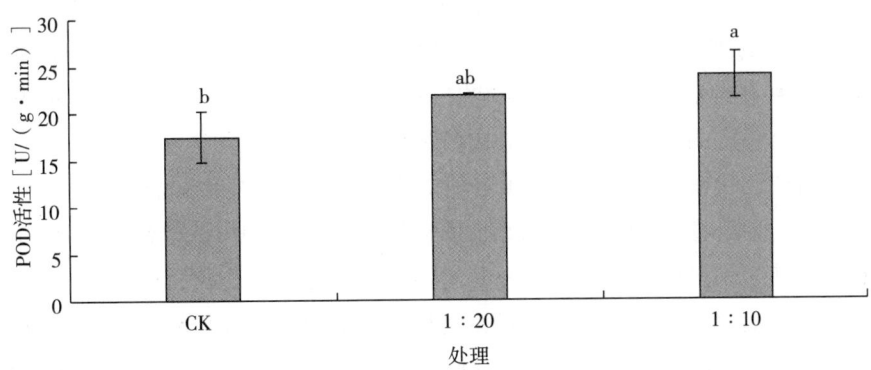

图 2-12　花育 23 号叶片淋溶液对根系 POD 活性的影响

花育 23 号叶片淋溶液对根系 MDA 含量的影响见图 2-13。从图 2-13 可以看出淋溶液处理后，根系 MDA 含量与对照相比增加，与对照均没达到差异显著水平。

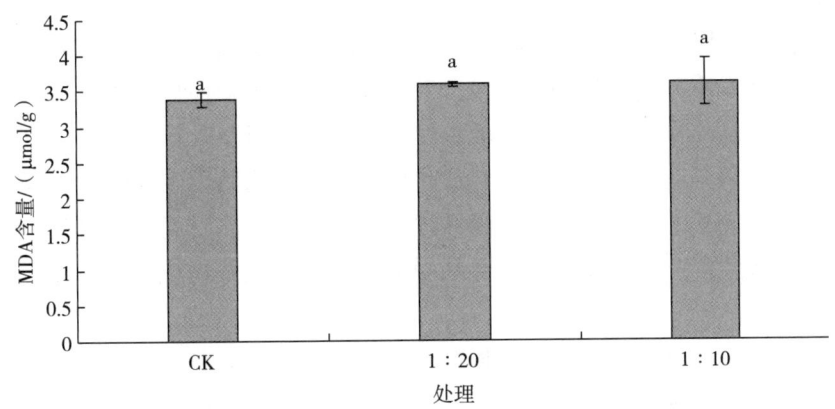

图 2-13　花育 23 号叶片淋溶液对根系 MDA 含量的影响

花生是连作障碍比较严重的作物之一，前人已经对引起花生连作障碍的土壤酶活性变化、土壤微生物区系变化、病虫害加重及各项生长生理指标的变化做过详细的研究，本研究首次从化感物质雨露淋洗途径，进行模拟实验研究花生叶片淋溶液对花生生长发育的影响，研究花生叶片淋溶液对花生种子发芽的影响、根系活力的影响以及保护性酶活性的影响，以明确雨露淋洗途径对花生生长发育的自毒作用。

试验表明，花生叶片淋溶液在较低浓度时对种子的发芽有一定的促进作用，当达到一定浓度时对其种子萌发以及幼苗发育具有一定的自毒作用，与前人的研究结果基本一致。有研究结果显示，只有当水溶液的浓度达到某一临界浓度时，才能产生化感作用，低于这一浓度植物不受损坏，且部分化感物质会产生促进植物生长的效应。袁莉等（2007）在试验中发现用苜蓿植株浓度 0.2 gDW/mL 和 0.1 gDW/mL 的提取液处理种子时，种子不萌发，提取液对种子萌发率和发芽率的抑制作用达到 100%；当提取液的浓度降低至 0.05 gDW/mL 时，种子萌发率明显上升，提取液对种子萌发率的抑制作用降到 36.4%。认为不同浓度的苜蓿提取液对苜蓿种子萌发有不同程度的抑制或促进作用，随着提取液浓度的升高，抑制作用增强，随着浓度降低而减弱甚至消失，表现出"低促高抑"的现象。周凯等（2009）研究也发现，菊花不同部位浸提液对种子萌发和幼苗生长存在抑制作用，说明植物的植株水浸提液在高浓度时，对其种子萌发和幼苗的生长具有一定的自毒作用，是造成植物连作障碍的原因之一。

根系活力能反映根系吸收养分和水分的能力大小，加入叶片淋溶液后，花生幼苗的根系活力下降，且随着淋溶液浓度的增加而下降，说明花生叶片淋溶液会损伤花生的根系，从而影响花生幼苗的生长。加入叶片淋溶液后，与对照相比，SOD和POD活性增加，MDA含量也增加，且都随着淋溶液浓度增加而增加，说明加入淋溶液后，花生幼苗的细胞膜受到损伤，细胞内活性氧自由基增加，导致MDA含量增加，诱导SOD、POD活性增加。本研究的结果表明，花生叶片淋溶液达到一定浓度时，会对种子的发芽和幼苗的生长发育产生化感抑制作用，其具体作用成分和影响机制有待于进一步研究。

二、花生根系腐解物对根腐镰刀菌和固氮菌的化感作用

在有关作物连作障碍机理的研究中，毒素学说一直为人们所重视。许多研究认为，植物根系分泌和残体分解产生的毒素是影响作物连作的重要障碍因子。目前，化感作用研究已成为揭示连作障碍机制的热点。植物主要是通过茎叶挥发、淋溶、根系分泌及植株残茬的腐解等途径，向环境中释放化感物质来影响其周围植物的生长和微生物的活性。喻景权和松井佳久（1999）研究证实，豌豆、番茄、黄瓜、西瓜和甜瓜植物根系分泌物和残茬能产生化感作用，并从中分离出一些化感物质，如邻苯二甲酸、阿魏酸、香豆酸等。

花生连作障碍现象非常普遍，也非常严重。据报道，连作1年，花生减产10%以上；连续3年连作，减产30%以上。以往的研究表明，花生根系分泌物对自身的生长发育存在自毒作用，对土壤中的致病真菌根腐镰刀菌起化感促进作用，对有益固氮菌起化感抑制作用。本书研究了不同连作年限花生（鲁花11号）根系腐解物对花生根腐镰刀菌和固氮菌的化感作用，旨在进一步探讨花生连作障碍产生的原因，为花生连作障碍机理的研究提供新的理论依据。

花生根系腐解物的制备：山东省花生研究所试验农场以池栽的方式，通过不同茬口处理对大田花生连作进行了模拟，花生品种为鲁花11号，连作年限为2~5年，设轮作对照。于花生收获后，取各处理花生健康植株的根系（直径<1 mm）洗净后，风干，粉碎。将各处理根系置于原产连作土壤（0~20 cm）中进行腐解，取各处理粉碎根系5 g，分别与相当于25 g干重的连作土混合，加入25 mL蒸馏水搅匀，置于30℃培养箱中暗培养1个月，中间及时补充等量水分。培养期结束后，用100 mL蒸馏水浸提12 h，再以6 000 r/min的速度离心20 min，取上清液，即为提取到的含有花生根系腐解物的腐解液。取腐解液3 mL、6 mL、9 mL分别稀释至50 mL，得到3个浓度系列的根系腐解液，用于微生物试验（方法同前）。

（一）不同连作年限花生根系腐解物对根腐镰刀菌菌丝生长的影响

不同连作年限花生根系腐解物对根腐镰刀菌菌丝的生长存在化感促进作用（表2-12），并随着浓度和连作年限的增加，促进作用增强。当原液添加量为3 mL时，轮作处理与对照的差异不显著，当原液添加量为6 mL和9 mL时，培养3 d后各处理与对照的差异均达到了显著水平（$P < 0.05$）。

表2-12 连作花生根系腐解物对根腐镰刀菌36194的化感作用

原液用量	处理	2 d		3 d	
		平均直径/cm	相对强度/%	平均直径/cm	相对强度/%
3 mL	CK	3.13a	0	4.03b	0
	轮作	3.22a	+2.71	4.13ab	+2.48
	连作3年	3.29a	+5.01	4.22a	+4.71
	连作5年	3.33a	+6.92	4.27a	+5.96
6 mL	CK	3.13c	0	4.03c	0
	轮作	3.33bc	+6.28	4.26b	+5.71
	连作3年	3.43ab	+9.69	4.38ab	+8.60
	连作5年	3.56a	+13.74	4.46a	+10.59
9 mL	CK	3.13c	0	4.03d	0
	轮作	3.48b	+11.29	4.40bc	+9.10
	连作3年	3.61ab	+15.34	4.52b	+12.16
	连作5年	3.77a	+20.45	4.69a	+16.29

注：相对强度（%）=（处理直径－对照直径）/对照直径×100。

与轮作花生相比，连作年限在3年时，根系腐解物的化感促进作用不显著，连作年限达到5年时，化感作用显著增强，与轮作处理的差异大都达到了显著水平（低添加浓度处理除外）。当原液添加量达到9 mL时，培养3 d后，连作5年处理的根腐镰刀菌落的直径显著大于连作3年处理的直径。随着处理时间的延长，培养3 d后与培养2 d时相比，对根腐镰刀菌生长的促进作用有减弱的趋势。

（二）不同连作年限花生根系腐解物对固氮菌生长的影响

不同连作年限花生根系腐解物对固氮菌的生长存在化感抑制作用（表2-13），并随着浓度和连作年限的增加，抑制作用增强。当原液添加量为3 mL时，轮作处理与对照的差异不显著，其他两个浓度下各处理与对照的差异均达到了显著水平（$P < 0.05$）。

与轮作花生相比，连作年限在3年时根系腐解物的化感抑制作用不显著，当连作年限达到5年时与轮作处理的差异达到了显著水平（$P < 0.05$）。连作5年与连作3年相比，根系腐解物对固氮菌的化感抑制作用没有显著差异。随着处理时间的延长，培养7 d后与培养4 d时相比，对固氮菌生长的抑制作用有减弱的趋势。

表 2-13 连作花生根系腐解物对固氮菌 14046 的化感作用

原液用量	处理	4 d		7 d	
		平均直径 /cm	相对强度 /%	平均直径 /cm	相对强度 /%
3 mL	CK	0.93a	0	1.03a	0
	轮作	0.89ab	-4.66	0.99ab	-3.88
	连作 3 年	0.85bc	-8.96	0.95bc	-7.44
	连作 5 年	0.80c	-13.62	0.90c	-12.30
6 mL	CK	0.93a	0	1.03a	0
	轮作	0.83b	-10.39	0.93b	-9.71
	连作 3 年	0.77bc	-17.56	0.87bc	-15.86
	连作 5 年	0.70c	-24.73	0.82c	-20.06
9 mL	CK	0.93a	0	1.03a	0
	轮作	0.78b	-16.49	0.89b	-13.92
	连作 3 年	0.73bc	-21.15	0.83bc	-19.09
	连作 5 年	0.68c	-27.24	0.76c	-25.89

现有研究表明，花生连作障碍与土壤微生物区系的变化密切相关。封海胜（1993a）、张思苏（1992）等研究发现，随着花生连作年限的增加，土壤及根际的真菌数量显著增加，细菌和放线菌显著减少，根际土壤中的芽孢细菌显著增多。本研究发现，花生根系腐解物在一定浓度范围内对花生根腐镰刀菌的生长表现出明显的化感促进作用，对固氮菌的生长表现出明显的化感抑制作用，与前人发现的连作花生田中致病真菌数量增多、有益细菌减少的研究结论相呼应，初步说明花生连作后根系残茬在土壤中的累积是导致土壤中微生物区系发生变化的原因之一。随着处理时间的延长，花生根系腐解物对根腐镰刀菌菌丝生长和固氮菌生长的化感作用有减弱的趋势，可能是根腐镰刀菌和固氮菌对花生根系腐解物产生了一定的适应性，也可能与基质中花生根系腐解物的分解转化有关。

花生根系连作土腐解物对根腐镰刀菌和固氮菌的化感作用较轮作土腐解物的更为强些。花生根系连作土腐解物与轮作土腐解物化感作用的差异，推测主要与腐解的介质土壤有关（战秀梅等，2004）。花生长年连作后，土壤中可能积累了一定量的化感物质，从而进一步加强了根系腐解物的化感作用。

连作条件下花生根系残茬在土壤中的累积及其腐解物对土壤微生物的化感作用，很可能是导致花生连作障碍的原因之一。结合先前的研究结果，花生根系分泌物和腐解物对花生植株生长与土壤微生物的化感作用，是导致连作花生减产、品质下降的主要原因之一。花生根系腐解物中化感物质的种类及化感作用的强弱等问题还有待于进一步研究。

第三章
化感物质对花生生长发育及根系生理特性的影响

第一节 化感物质对花生植株生育动态的影响

一、脂肪酸类化感物质对花生生长及产量的影响

前期研究发现花生根系分泌物的自毒作用与花生连作障碍有着密切关系,鉴定出了包括脂肪酸类物质在内的6种主要成分(刘苹等,2009),其中,豆蔻酸、软脂酸和硬脂酸的含量相对较高,并且发现连作花生土壤中脂肪酸类物质含量有累积的趋势。脂肪酸类化感物质是目前研究较多、活性较强的一类物质,很多植物的根系分泌物中均检测到脂肪酸及其衍生物,如小麦、玉米、大豆、水稻、茄子的根系分泌物中均分离鉴定出该类物质。豆蔻酸是茄子根系分泌物中特征性的化感物质(周宝利等,2010),豆蔻酸、软脂酸和硬脂酸等多种脂肪酸对藻类的生长均具有一定的抑制作用(高云霓等,2011)。在本研究中,以田间土壤为介质,采用盆栽试验的方法重点研究了花生根系分泌物中3种长链脂肪酸,即豆蔻酸、软脂酸和硬脂酸的混合物(质量比为1.6∶16.6∶12)对花生植株生长和产量的影响,旨在探讨花生连作后土壤中脂肪酸类物质的累积与花生连作障碍间的关系,为花生连作障碍机理的研究提供一定的理论依据。

试验设计:从田间收集未种植过花生的土壤,过2 mm筛混匀,土壤为棕壤,pH值约为6.6,有机质含量为1.32%,碱解氮、速效磷、速效钾的含量分别为71.5 mg/kg、9.73 mg/kg和234.88 mg/kg。将5 kg过筛土壤装于准备好的108个花盆中(25 cm×30 cm)。根据豆蔻酸、软脂酸和硬脂酸在花生根系分泌物中的相对含量,将豆蔻酸、软脂酸和硬脂酸(上海国药集团公司出品,分析纯)按照质量比1.6∶16.6∶12均匀混合成3份,每份的质量分别为10.8 g、21.6 g和32.4 g,先用10 mL乙醇溶解,再用蒸馏水稀释至

27 L。用稀释后的溶液处理盆中的土壤，每盆浇灌 1 L，使脂肪酸的初始含量达到 80 mg/kg 土、160 mg/kg 土和 240 mg/kg 土，对照用蒸馏水处理，每个处理设 27 个平行。处理 1 d 后，每盆种下 3 株大小一致的两叶期花生幼苗。试验在自然气候条件下进行，试验期间根据干旱程度适量补充等量水分。本试验分别在 2010 年和 2011 年的 6—8 月进行，供试花生品种为花育 16 号，取两年试验的平均值进行计算分析。

花生农艺性状的测定：处理 30 d 和 60 d 之后，当花生处于苗期和花期时，每个处理随机取样 9 盆，分别对花生的生长和生理指标进行测定。测定指标有苗高、茎叶鲜重、根系鲜重、总生物量、叶片叶绿素含量和根系活力，每盆中 3 株幼苗的平均值作为 1 个重复。用 SPAD 叶绿素仪（SPAD–502，日本）测定主茎第三片展开叶的叶绿素含量，注意确保 SPAD 仪的传感器完全覆盖住叶片。测定完根部鲜重之后，立即用 TTC 法测定根系活力。处理 3 个月之后，当花生进入结荚期时，测定每个处理余下的 9 个花盆中花生荚果的鲜重。

土壤酶活性的测定：当花生植株处于苗期和花期时，在测定花生生长和生理指标之前，先采集根系附近（离主根 2～4 cm）土壤样品，每盆随机取 3 钻（内径 2.5 cm），采样深度 0～15 cm，充分混匀后装在密封塑料袋中。立即将采集的土样于室温下风干并过 1 mm 筛。采用水杨酸比色法测定蔗糖酶活性，苯酚钠比色法测定脲酶活性，二钠苯基磷酸盐比色法测定磷酸酶活性。

（一）脂肪酸对花生植株生长的影响

当土壤中脂肪酸含量相对较低时（初始含量 80 mg/kg 土），对花生植株的生长有一定的促进作用（图 3-1），但与对照的差异没有达到显著水平（$P < 0.05$）。随着土壤中脂肪酸含量的增加，对花生植株的生长转变为抑制作用，并且含量越高抑制作用越强。当土壤中初始脂肪酸含量为 160 mg/kg 土时，苗期根系鲜重被显著抑制（$P < 0.05$），花期时茎叶鲜重、根系鲜重和总生物量均显著低于对照（$P < 0.05$）。当土壤中初始脂肪酸含量为 240 mg/kg 土时，苗期和花期时花生植株的株高、茎叶鲜重、根系鲜重、总生物量均显著低于对照处理（$P < 0.05$），其中在花期时各指标比对照分别降低 14.4%、22.0%、30.9% 和 23.7%。

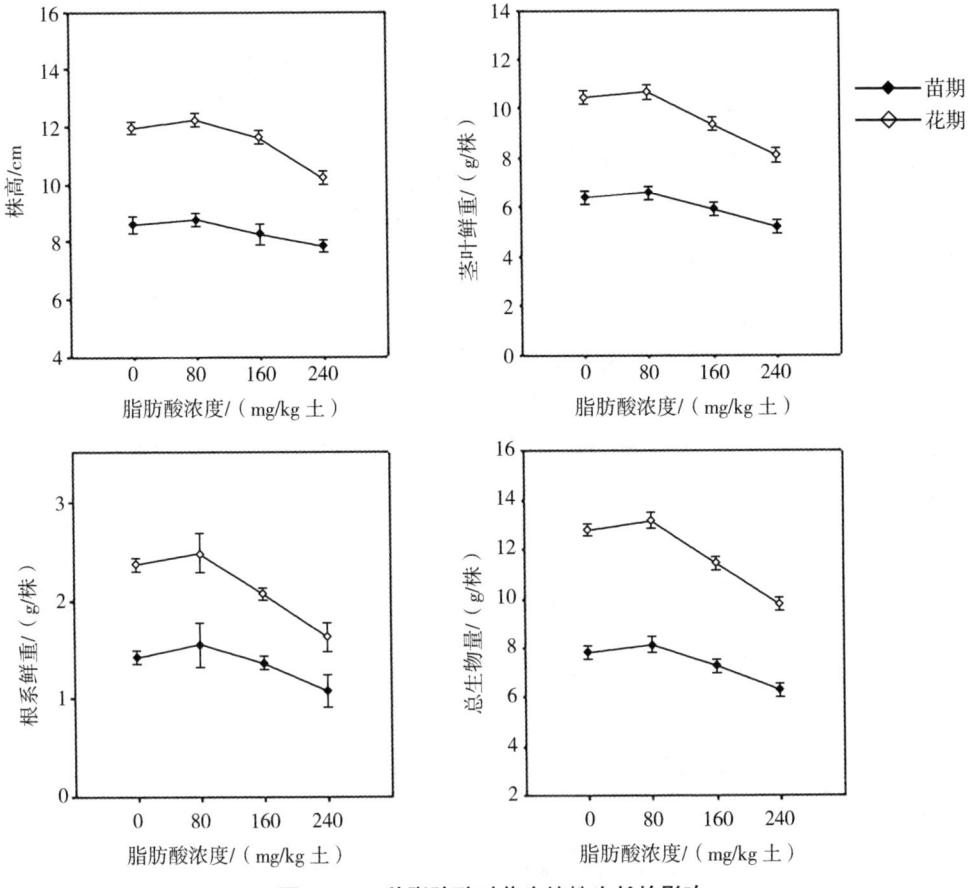

图 3-1　3 种脂肪酸对花生植株生长的影响

（二）脂肪酸对花生植株生理指标的影响

当土壤中脂肪酸初始含量为 80 mg/kg 土时，花生叶片的叶绿素含量、根系活力比对照处理增加，其中叶绿素含量在苗期和花期与对照的差异均达到了极显著水平（$P < 0.001$）（图 3-2）。和对花生生长的抑制作用规律相似，当土壤中脂肪酸初始含量为 160 mg/kg 土和 240 mg/kg 土时，在苗期和花期均显著抑制了叶片叶绿素含量和根系活力（$P < 0.001$）（图 3-2）。在最高添加量处理下，叶绿素含量、根系活力在苗期时比对照分别减少 21.0% 和 31.4%，在花期时比对照分别减少 22.7% 和 33.3%。

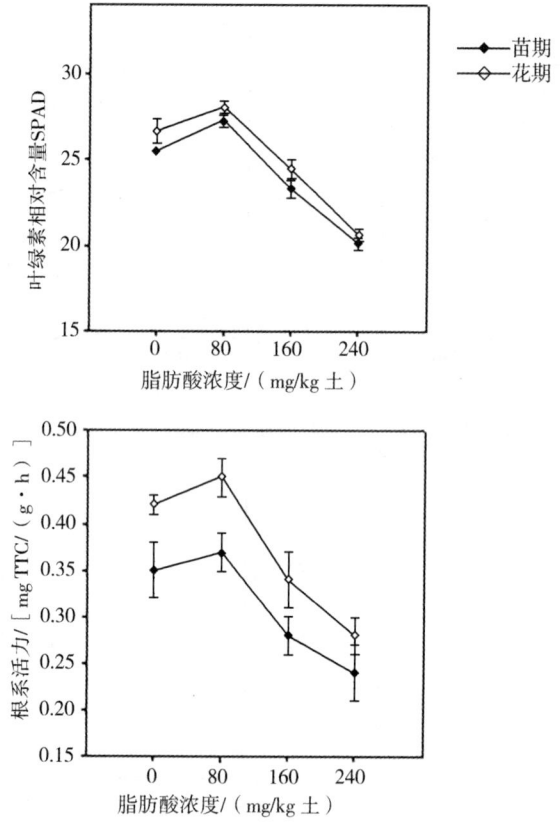

图 3-2　3 种脂肪酸对花生植株生理指标的影响

（三）脂肪酸对花生根部土壤酶活性的影响

当土壤中脂肪酸含量相对较低时（初始含量 80 mg/kg 土），蔗糖酶、脲酶和磷酸酶的活性增强，但只有磷酸酶的活性在花期时与对照处理的差异达到了显著水平（$P = 0.016$）（图 3-3）。当土壤中脂肪酸含量较高时（初始含量 160 mg/kg 土 和 240 mg/kg 土），蔗糖酶、脲酶和磷酸酶的活性降低，其中，脲酶的活性在苗期时显著低于对照（$P = 0.032$）。花期时，3 种酶的活性均显著降低（$P < 0.001$），在最高添加量处理下，蔗糖酶、脲酶和磷酸酶的活性在花期时比对照分别减少 25.3%、25.4% 和 26.1%。

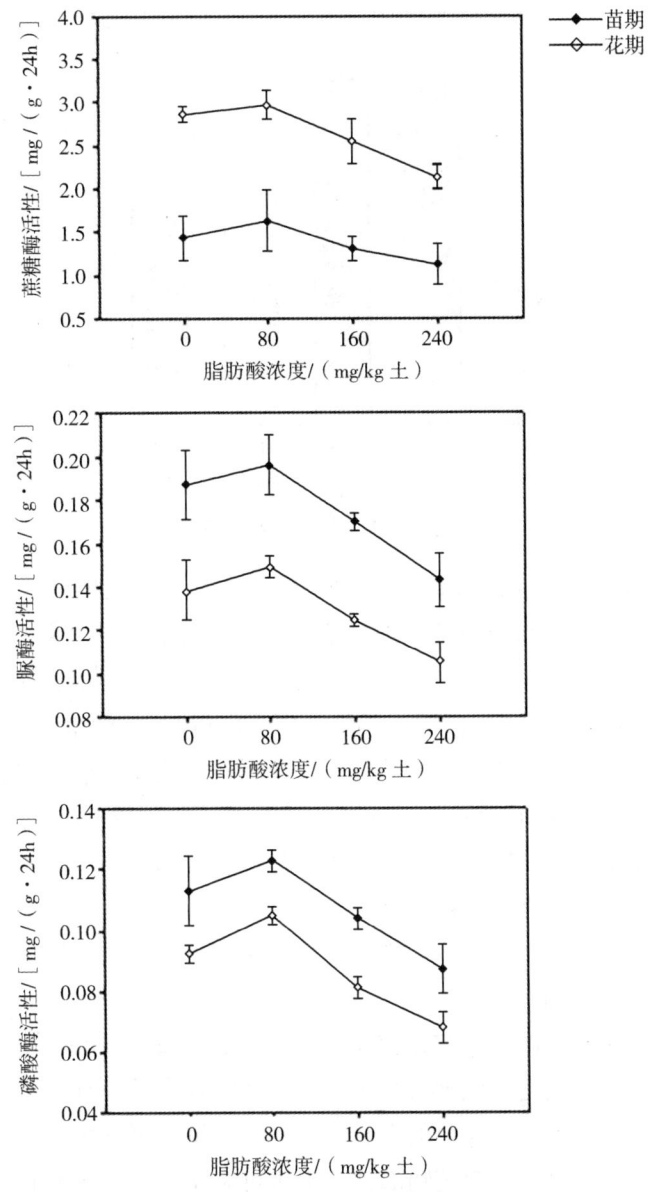

图 3-3　3 种脂肪酸对土壤酶活性的影响

（四）脂肪酸对花生产量的影响

当土壤中脂肪酸含量相对较低时（初始含量 80 mg/kg 干土），对花生的产量有一定的促进作用（图 3-4），但与对照的差异没有达到显著水平（$P = 0.14$）。当土壤中脂肪酸初始含量为 160 mg/kg 土和 240 mg/kg 土时，花生荚果的产量显著降低，比对照分别减少 15.4%（$P = 0.021$）和 22.4%（$P = 0.005$）。

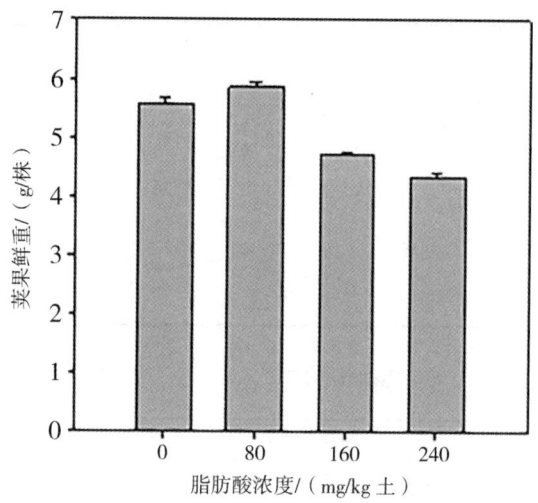

图3-4 3种脂肪酸对花生产量的影响

当土壤中豆蔻酸、软脂酸和硬脂酸的含量较低时,对花生植株的生长和产量有微弱的促进作用,可能是脂肪酸的添加量适宜,为土壤中的微生物提供了碳源,提高了根际土壤的有效养分含量,促进了花生植株的养分吸收,从而促进了生长(Qu and Wang, 2008)。当土壤中脂肪酸含量较高时,抑制了花生植株的生长和产量。以往研究表明,化感物质主要是通过影响细胞膜透性、酶活性、离子吸收、光合作用等途径对植物的生长产生影响(Baziramakenga et al., 1995)。研究中发现,土壤中脂肪酸含量较高时,显著抑制了花生植株叶片的叶绿素含量和根系活力,叶绿素在植物的光合作用中起着重要作用,叶绿素含量的降低意味着对光合作用强度的减弱,根系活力的降低又会影响植株对养分的吸收能力。推测光合产物和养分吸收的减少是导致花生植株生长和产量降低的主要原因之一。

化感物质对土壤酶活性的研究还较少。土壤酶活性通常可以反映农业管理措施的改变引起的土壤性质的变化。蔗糖酶是土壤碳循环过程中的一种重要的酶,蔗糖酶活性提高,将增加土壤中可溶性养分的含量。脲酶与土壤氮循环关系密切,参与将有机氮转变为无机氮的反应过程,为植物的生长提供可利用氮。磷酸酶有助于将土壤中的有机磷转变为无机磷。研究发现,当土壤中脂肪酸含量较低时,对蔗糖酶、脲酶和磷酸酶的活性有一定的促进作用,酶活性的提高有利于根际土壤有效养分含量的增加,从而促进花生植株的生长发育。而当土壤中脂肪酸含量较高时显著抑制了这3种酶的活性,根际土壤有效养分含量减少,从而间接地抑制花生植株的生长发育。

土壤酶主要来源于土壤微生物和植物根系的分泌物。添加的脂肪酸能影响土壤酶的活性可能与以下原因有关:第一,当脂肪酸进入土壤后,会影响土壤微生物的种类和数量(Kong et al., 2008);第二,影响植物根系的生长和分泌,土壤中脂肪酸含量的不同可能导致根系分泌物主要成分的改变(Asao et al., 2003);第三,土壤酶的活性与土壤pH值有关,而脂肪酸含量的高低会影响土壤pH值(Yao et al., 2009);第四,脂肪酸可能会直接影响土壤酶的活性，影响的大小取决于脂肪酸的种类和含量。

酚酸类物质是常见的植物化感物质，李培栋等（2010）的研究表明，南方红壤区花生的连作障碍与土壤中的对羟基苯甲酸、香豆酸和香草酸这3种酚酸类化感物质的累积有密切关系。然而，近来许多研究表明脂肪类物质也是一类重要的化感物质。芋头根系分泌的脂肪酸类物质如己二酸在和芳香酸类物质的协同作用下可以抑制芋头植株的生长（Asao et al.，2003）。He等（2009）的研究表明脂肪酸类物质和酚酸类物质均与西洋参的自毒作用有密切关系。研究证实了土壤中3种长链脂肪酸豆蔻酸、软脂酸和硬脂酸积累后会抑制花生植株的生长和产量，花生连作土壤中豆蔻酸、软脂酸和硬脂酸的累积与花生的连作障碍有着密切关系。通过生物或物理措施调控土壤中脂肪酸的含量将有助于缓解花生的连作障碍问题。花生连作土壤中脂肪酸的致毒临界含量、作用机理等问题有待于进一步研究。

二、酚酸类化感物质对花生生长及产量的影响

前期研究发现花生根系分泌物对自身生长发育和土壤微生物存在显著的化感作用，并分离鉴定出花生根系分泌物中具有自毒作用的化感物质，如肉桂酸、2,4-二叔丁基苯酚、邻苯二甲酸等，初步探索了花生根系分泌物化感作用与连作障碍间的关系。研究中采用液相色谱法对不同连作年限花生土壤中的化感物质进行了检测，发现除了在花生根系分泌物中检测到的化感物质外，还检测出苯甲酸、对羟基苯甲酸、阿魏酸、香豆酸等化感物质，并且随着连作年限的增加含量有增加的趋势。

根系是土壤与作物地上部之间进行物质、能量与信息交流的重要桥梁，一个发达强壮的根系是作物获得高产的基础条件。基于连作花生根不发达、根系营养吸收能力降低这一生长发育现象，本研究采取室内试验（灭菌石英砂为栽培介质，记作温室盆栽）与田间试验（以土壤为栽培介质，记作大田盆栽）相结合的方式，以连作花生土壤中的主要化感物质对羟基苯甲酸、肉桂酸、邻苯二甲酸对花生根系生长发育的影响为主线（供试品种为大花生品种花育22号），探索连作花生根系不发达、根系营养吸收能力降低的原因，进一步明确连作花生土壤中化感物质与连作障碍间的关系，阐明花生连作障碍的机理，为缓解花生连作障碍和提高生产力提供理论依据（唐朝辉，2014）。

前期室内试验（灭菌石英砂为栽培介质）测定对羟基苯甲酸（A）、肉桂酸（B）、邻苯二甲酸（C）和3种化感物质1:1:1混合物（D）（各处理40 mg/kg、80 mg/kg两个浓度）分别对根系生长发育的影响，翌年进行田间盆栽试验（以土壤为介质）测定对羟基苯甲酸（A）、肉桂酸（B）、邻苯二甲酸（C）和3种化感物质1:1:1混合物（D）（各处理40 mg/kg、80 mg/kg两个浓度）在田间条件下分别对花生根系生长发育、植株生育动态及产量的影响。室内和田间试验均为9个处理，每次取样3个重复。综合分析室内和田间试验得出结论。

室内试验：先选取饱满的花生种子（花育22号）催芽，用营养土育苗。将石英

砂用自来水冲洗干净后用 10% 次氯酸钠溶液浸泡 10 min，再用蒸馏水冲洗干净晾干备用。选取长势一致的处于 3 叶期的花生幼苗冲洗干净，移栽到每盆盛有 500 g 消毒石英砂的塑料花盆中，移栽后每盆浇 100 mL 营养液，一周后进行处理。试剂为国药集团化学试剂有限公司生产的分析纯的对羟基苯甲酸（A）、肉桂酸（B）、邻苯二甲酸（C）和这 3 种化感物质 1∶1∶1 混合物（D），分别配制成 2 g/L 和 4 g/L 浓度处理液各 250 mL。每个处理 20 盆分别浇入 10 mL 的 2 g/L 和 4 g/L 浓度处理液，对照浇 10 mL 蒸馏水（使其在石英砂中的含量分别达到 0 mg/kg、40 mg/kg、80 mg/kg），共 9 个处理。每隔 10 d 用 Hoagland 营养液浇灌 1 次。于苗期（出苗后 20 d）和花期（出苗后 35 d）取样测定根系扫描结构、根系吸收面积、根系活力、叶片叶绿素、根系硝酸还原酶活性、ATP 酶活性（每次取样 3 个重复）。取根系样品液氮冷冻超低温保存待测保护性酶和可溶性蛋白，取植株烘干待测植株干物质积累量、植株全氮磷钾含量和可溶性糖含量。

田间盆栽试验：取山东省农业科学院饮马泉试验农场 0～20 cm 土层土壤过筛晾干备用，用花盆装晾干土壤（每盆 18 kg），每盆施用底肥生之道复合肥（N-P_2O_5-K_2O：20-10-10）2.6 g、艳阳天复合肥（N-P_2O_5-K_2O：25-7-8）2.6 g 和商品有机肥（N-P_2O_5-K_2O：13-4-8）12.4 g 与土混匀，浇水润土后于 2013 年 5 月 12 日播种花生，每盆 3 穴，每穴两粒，覆膜，共计 120 盆备用。两周后出苗揭膜，出苗后于 2013 年 6 月 1 日每穴保留健苗 1 株，生育期间精细管理按时浇水。6 月 13 日，选取长势一致的植株，每个处理 12 盆，将国药集团化学试剂有限公司生产的分析纯的对羟基苯甲酸（A）、肉桂酸（B）、邻苯二甲酸（C）以及这 3 种化感物质和 1∶1∶1 混合物（D）分别配制成 36 mg/mL 和 72 mg/mL 的母液 250 mL，每盆取 20 mL 母液加水稀释成 2 L 浇水处理（使其在花盆中的含量分别达到 0 mg/kg、40 mg/kg、80 mg/kg），对照浇等量水，9 个处理共计 108 盆。分别于花针期（出苗后 45 d）、结荚初期（出苗后 75 d）、结荚末期（出苗后 105 d）取样测定系扫描结构、根系吸收面积、根系活力、叶绿素、根系硝酸还原酶活性、ATP 酶活性，取根系样品液氮冷冻超低温保存待测保护性酶和可溶性蛋白，取植株烘干待测植株干物质积累量、植株全氮磷钾含量和可溶性糖含量（每次取样 3 个重复）。成熟期（9 月 26 日）取样测产。

（一）酚酸类化感物质对花生主茎高度的影响

由表 3-1 可以看出，酚酸类化感物质处理花生，在各取样时期均抑制了花生植株主茎高度的生长，浓度较高时抑制作用增强。各取样时期均以 3 种物质等量混合处理对花生植株主茎高度的抑制作用最强，出苗后 45 d 两个浓度分别比对照降低 33.10% 和 40.93%，出苗后 75 d 两个浓度分别比对照降低 25.79% 和 38.40%，出苗后 105 d 两个浓度分别比对照降低 24.47% 和 31.91%。在较低添加浓度下，对羟基苯甲酸和肉桂酸的抑制作用在各取样时期差异均不显著，显著强于邻苯二甲酸的抑制作用。在较高添加浓度下，各处理对花生主茎高度生长的抑制作用均与对照达到差异显著水平。

表3-1　酚酸类化感物质对花生主茎高度的影响

处理	植株主茎高度/cm		
	出苗后45 d	出苗后75 d	出苗后105 d
CK	28.1a	34.9a	37.6a
A1	20.8c	28.9c	31.7c
A2	17.6d	26.9d	27.8d
B1	21.5c	29.2c	32.3c
B2	18.5d	27.2cd	28.3cd
C1	22.8b	31.3b	34.1b
C2	19.1cd	27.7cd	29.1cd
D1	18.8cd	25.9d	28.4cd
D2	16.6e	21.5e	25.6e

注：A、B、C和D分别代表对羟基苯甲酸、肉桂酸、邻苯二甲酸和3种化感物质1∶1∶1混合物，1与2代表浓度，1代表40 mg/kg，2代表80 mg/kg，下同。

（二）酚酸类化感物质对花生分枝数的影响

由表3-2可以看出，酚酸类化感物质处理花生，在各取样时期均减少了花生分枝数的数量，浓度较高时抑制作用增强。其中3种物质等量混合处理，出苗后45 d两个浓度分别比对照减少2个和4个，出苗后75 d两个浓度分别比对照减少3个和5个，出苗后105 d两个浓度分别比对照减少3个和6个。在较低添加浓度下，对羟基苯甲酸和肉桂酸的抑制作用在各取样时期差异均不显著，显著强于邻苯二甲酸的抑制作用。在较高添加浓度下，各处理对花生分枝数的抑制作用均与对照达到差异显著水平。

表3-2　酚酸类化感物质对花生分枝数的影响

处理	花生分枝数/个		
	出苗后45 d	出苗后75 d	出苗后105 d
CK	12a	15a	17a
A1	10b	12bc	14bc
A2	8c	10c	12cd
B1	10b	12bc	14bc
B2	9bc	10c	12cd
C1	11ab	13b	15b
C2	8c	10c	13c
D1	10b	12bc	14bc
D2	8c	10c	11d

（三）酚酸类化感物质对花生侧茎长的影响

由表 3-3 可以看出，酚酸类化感物质处理花生，在各取样时期均抑制了花生侧茎长的生长，浓度较高时抑制作用增强。各取样时期均以 3 种物质等量混合处理对花生侧茎长的抑制作用最强，出苗后 45 d 两个浓度分别比对照降低 23.65% 和 34.80%，出苗后 75 d 两个浓度分别比对照降低 25.96% 和 36.34%，出苗后 105 d 两个浓度分别比对照降低 23.69% 和 31.42%。在较低添加浓度下，对羟基苯甲酸和肉桂酸对花生侧茎的抑制作用在各取样时期差异均不显著，显著强于邻苯二甲酸的抑制作用；在较高添加浓度下，各处理对侧茎生长的抑制作用均与对照达到差异显著水平，对羟基苯甲酸、肉桂酸和邻苯二甲酸的抑制作用差异不显著。

表 3-3 酚酸类化感物质对花生侧茎长的影响

处理	花生侧茎长 /cm		
	出苗后 45 d	出苗后 75 d	出苗后 105 d
CK	29.6a	36.6a	40.1a
A1	23.2c	31.4c	32.6c
A2	19.5e	27.8d	29.1d
B1	23.8c	31.9c	33.9c
B2	19.8e	28.5d	29.6d
C1	25.4b	34.8b	36.1b
C2	21.2de	29.7c	31.4cd
D1	22.6d	27.1d	30.6d
D2	19.3e	23.3e	27.5e

（四）酚酸类化感物质对花生茎干重的影响

由表 3-4 可以看出，酚酸类化感物质处理花生，在各取样时期均抑制了花生茎干物质的重量，浓度较高时抑制作用增强。各取样时期均以 3 种物质等量混合处理对花生茎干物质的重量抑制作用最强，出苗后 45 d 两个浓度分别比对照降低 25.13% 和 31.88%，出苗后 75 d 两个浓度分别比对照降低 28.37% 和 37.37%，出苗后 105 d 两个浓度分别比对照降低 23.38% 和 38.23%。在较低添加浓度下，对羟基苯甲酸和肉桂酸对花生茎干重的抑制作用在各取样时期差异均不显著，显著强于邻苯二甲酸的抑制作用；在较高添加浓度下，各处理对花生茎干物质积累的抑制作用均与对照达到差异显著水平，对羟基苯甲酸、肉桂酸和邻苯二甲酸的抑制作用差异不显著。

表 3-4 酚酸类化感物质对花生茎干重的影响

处理	花生茎干重 /g		
	出苗后 45 d	出苗后 75 d	出苗后 105 d
CK	9.63a	12.23a	13.13a
A1	8.16c	9.26c	11.11c
A2	7.21e	8.23e	9.23e
B1	8.23c	9.37c	11.27c
B2	7.27e	8.29e	9.31e
C1	8.48b	9.98b	11.86b
C2	7.63d	8.43de	9.93d
D1	7.21e	8.76d	10.06d
D2	6.56f	7.66f	8.11f

（五）酚酸类化感物质对花生叶干重的影响

由表 3-5 可以看出，酚酸类化感物质处理花生，在各取样时期均抑制了花生叶干物质的重量，浓度较高时抑制作用增强。各取样时期均以 3 种物质等量混合处理对花生叶干物质的重量抑制作用最强，出苗后 45 d 两个浓度分别比对照降低 18.26% 和 26.96%，出苗后 75 d 两个浓度分别比对照降低 28.93% 和 42.50%，出苗后 105 d 两个浓度分别比对照降低 33.36% 和 45.00%。在较低添加浓度下，对羟基苯甲酸和肉桂酸对花生叶干物质重量的抑制作用在各取样时期差异均不显著，显著强于邻苯二甲酸的抑制作用；在较高添加浓度下，各处理对花生叶干物质积累的抑制作用均与对照达到差异显著水平，对羟基苯甲酸、肉桂酸和邻苯二甲酸的抑制作用差异不显著。

表 3-5 酚酸类化感物质对花生叶干重的影响

处理	花生叶干重 /g		
	出苗后 45 d	出苗后 75 d	出苗后 105 d
CK	8.16a	11.06a	12.11a
A1	7.01c	8.36c	8.81c
A2	6.16ef	7.01ef	7.63e
B1	7.08c	8.45c	8.85c
B2	6.18ef	7.08ef	7.68e
C1	7.31b	8.91b	9.11b
C2	6.44e	7.14e	7.84de
D1	6.67d	7.86d	8.07d
D2	5.96f	6.36f	6.66f

（六）酚酸类化感物质对花生叶绿素的影响

叶绿素是植物重要的光合色素分子，参与光合作用中光能的吸收、传递和光能的转化，在光合作用中占有重要地位，其含量高低是衡量光合能力的重要指标。

1. 酚酸类化感物质对温室盆栽花生叶绿素的影响

图 3-5 显示，不同处理花生叶片叶绿素含量变化趋势一致，花生叶绿素含量由苗期到花期整体呈下降趋势。3 种化感物质均显著降低了花生叶绿素含量，浓度较高时抑制作用增强。在出苗后 20 d 和 35 d 均以 3 种物质等量混合处理对叶绿素含量的降低幅度最大，出苗后 20 d 两个浓度分别比对照降低 26.94% 和 42.74%，出苗后 35 d 两个浓度分别比对照降低 29.05% 和 42.51%。对羟基苯甲酸和邻苯二甲酸的抑制作用在出苗后 20 d 和 30 d 差异均不显著，显著低于肉桂酸的抑制作用。

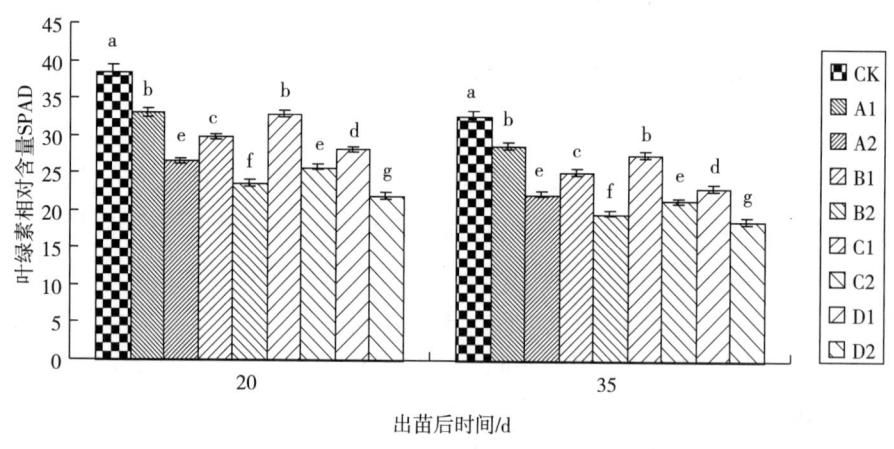

图 3-5　酚酸类化感物质对温室盆栽花生叶绿素的影响

2. 酚酸类化感物质对大田盆栽花生叶绿素的影响

图 3-6 显示，不同处理花生叶片叶绿素含量变化趋势一致，花生叶绿素含量各取样时期整体呈下降趋势。3 种化感物质均显著降低了花生叶绿素含量，浓度较高时抑制作用增强。在各取样时期均以 3 种物质等量混合处理对叶绿素含量的降低幅度最大，出苗后 45 d 两个浓度分别比对照降低 19.96% 和 26.95%，出苗后 75 d 两个浓度分别比对照降低 18.75% 和 28.37%，出苗后 105 d 两个浓度分别比对照降低 21.21% 和 35.54%。在较低添加浓度下，对羟基苯甲酸和肉桂酸对花生叶绿素抑制作用在各取样时期差异均不显著，显著强于邻苯二甲酸的抑制作用；在较高添加浓度下，各处理对花生叶绿素的抑制作用均与对照达到差异显著水平，对羟基苯甲酸、肉桂酸和邻苯二甲酸的抑制作用差异不显著。

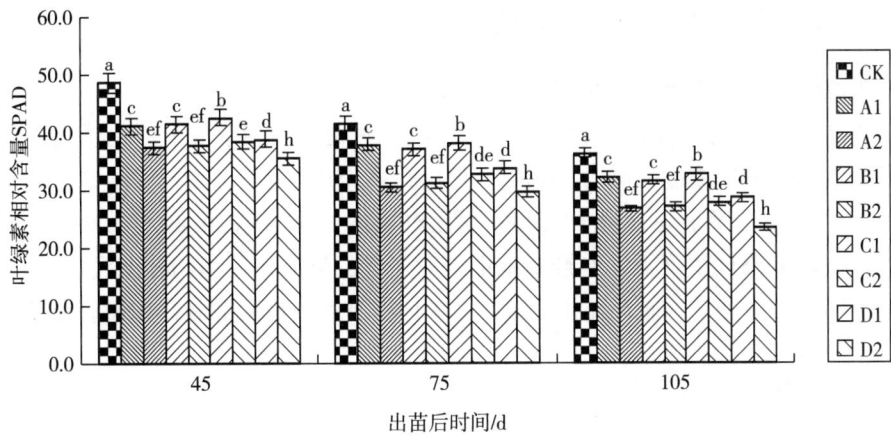

图 3-6　酚酸类化感物质对大田盆栽花生叶绿素的影响

（七）酚酸类化感物质对花生叶面积的影响

花生植株叶面积适当，叶片厚绿，持青时间长，才能使花生生长良好（樊堂群等，2007）。绿叶面积是花生进行光合作用生产干物质的基础（王才斌等，1992）。表 3-6 显示，不同处理花生叶面积变化趋势一致，花生叶面积先增加后减少。化感物质处理花生均降低了花生叶面积，浓度较高时抑制作用增强。在各取样时期均以 3 种物质等量混合处理对叶面积降低幅度最大，出苗后 45 d 两个浓度分别比对照减少 34.32% 和 51.07%，出苗后 75 d 两个浓度分别比对照减少 20.28% 和 38.55%，出苗后 105 d 两个浓度分别比对照减少 23.55% 和 37.79%。在较低添加浓度下，对羟基苯甲酸和肉桂酸对花生叶面积抑制作用在各取样时期差异均不显著，显著强于邻苯二甲酸的抑制作用；在较高添加浓度下，各处理对花生叶面积的抑制作用均与对照达到差异显著水平，对羟基苯甲酸、肉桂酸和邻苯二甲酸的抑制作用差异不显著。

表 3-6　酚酸类化感物质对花生叶面积的影响

处理	花生叶面积 /cm²		
	出苗后 45 d	出苗后 75 d	出苗后 105 d
CK	3 348.03a	4 387.55a	3 837.55a
A1	2 563.74c	3 663.67c	3 186.67c
A2	1 832.75e	2 813.75e	2 515.75e
B1	2 572.42c	3 689.68c	3 211.68c
B2	1 847.17e	2 823.17e	2 561.17e
C1	2 712.95b	3 836.84b	3 441.84b
C2	1 950.75de	2 887.75e	2 691.75e
D1	2 198.92d	3 497.92d	2 933.92d
D2	1 638.17f	2 696.17f	2 387.17f

(八)酚酸类化感物质对花生产量和产量构成因素的影响

1. 化感物质对花生产量的影响

图 3-7 田间土壤盆栽试验的结果表明,在两种处理浓度下,3 种化感物质均显著降低了花生的产量,浓度较高时对花生产量的化感作用增强。总体来看,3 种物质等量混合处理的抑制作用最强,两个浓度分别比对照减少 42.41% 和 49.56%,与对照差异极显著。在较低添加浓度下,对羟基苯甲酸对产量的抑制作用与肉桂酸没有显著差异,显著强于邻苯二甲酸;在较高添加浓度下,3 种物质对产量的抑制作用没有显著差异。

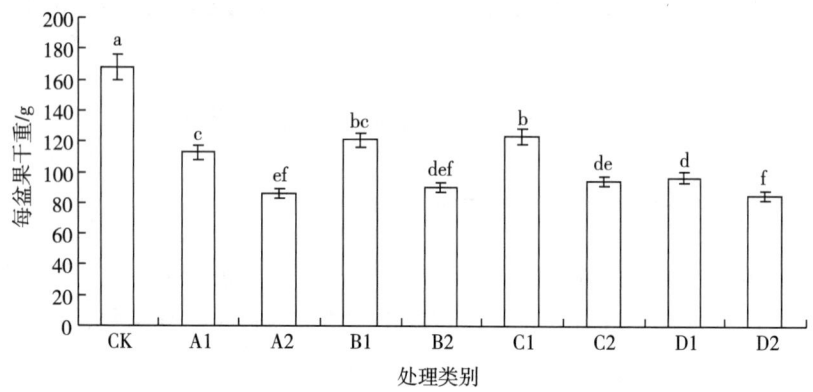

图 3-7　酚酸类化感物质对花生产量的影响

2. 酚酸类化感物质对花生产量构成因素的影响

表 3-7 表明,酚酸类化感物质处理花生,单株结果数、百果重、百仁重、饱果率和出仁率均低于对照处理,且差异达显著水平;千克果数则表现为化感物质处理显著高于对照处理。单株结果数、千克果数、饱果率和出仁率 3 种药品混合处理与对照差异最显著。在较低添加浓度下,对羟基苯甲酸对单株结果数、千克果数、饱果率和出仁率的抑制作用与肉桂酸差异不显著,但与邻苯二甲酸处理之间差异显著;在较高添加浓度下,3 种药品各处理间差异不显著。而各处理间百果重和百仁重的差异不显著可能是因为其受基因型的影响比较大。

表 3-7　酚酸类化感物质对花生产量构成因素的影响

处理	单株结果数/个	百果重/g	百仁重/g	千克果数/个	饱果率/%	出仁率/%
CK	21.9a	269.1a	101.2a	856e	68.6a	76.8a
A1	14.4c	249.3b	89.5b	936d	53.3bc	68.6c
A2	11.2ef	245.6bc	81.3c	1 132b	42.2de	58.2e
B1	14.9bc	253.4b	91.7b	967d	54.1bc	69.3c
B2	11.7def	246.4bc	82.6c	1 166b	43.8de	59.1e
C1	15.3b	255.6b	94.1b	1 068c	58.8b	72.3b
C2	12.1de	251.1b	83.7c	1 223b	45.2d	60.1de
D1	11.8d	241.3c	84.6c	1 187b	46.8d	61.3d
D2	10.8f	238.3c	78.2d	1 316a	40.6f	51.8f

第二节 化感物质对花生根系生长及超微结构的影响

一、酚酸类化感物质对花生根系长度的影响

(一)酚酸类化感物质对温室盆栽花生根系长度的影响

图 3-8 显示,不同处理花生根系长度变化趋势一致,各取样时期花生根系长度逐渐增加。酚酸类化感物质处理花生,在各取样时期均抑制了花生根系长度的生长,浓度较高时抑制作用增强。在各取样时期均以 3 种物质等量混合处理对根系长度的降低幅度最大,出苗后 20 d 两个浓度分别比对照减少 25.59% 和 38.69%,出苗后 35 d 两个浓度分别比对照减少 37.73% 和 45.22%。在较低添加浓度下,对羟基苯基酸和邻苯二甲酸对花生根系长度抑制作用在各取样时期差异均不显著,显著低于肉桂酸的抑制作用;在较高添加浓度下,各处理对花生根系长度的抑制作用均与对照达到差异显著水平,对羟基苯基酸和邻苯二甲酸对花生根系长度抑制作用在各取样时期差异均不显著,显著低于肉桂酸的抑制作用。

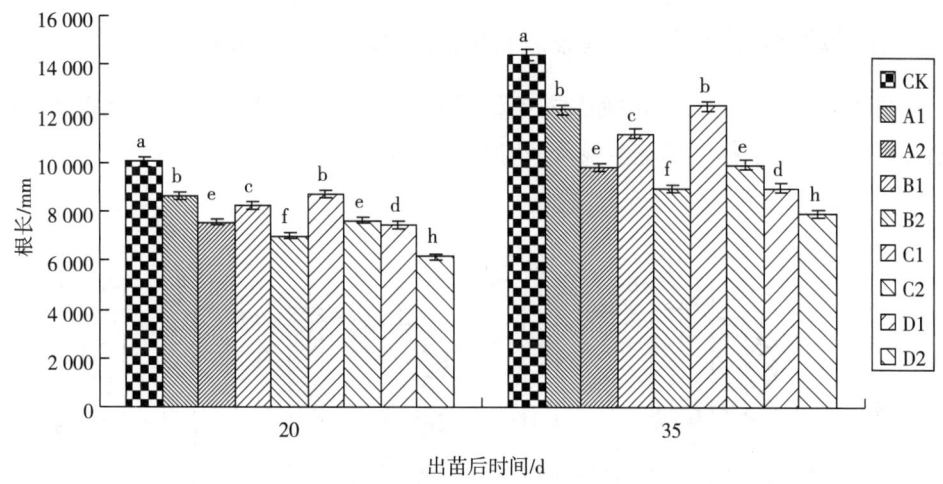

图 3-8 酚酸类化感物质对温室盆栽花生根系长度的影响

(二)酚酸类化感物质对大田盆栽花生根系长度的影响

图 3-9 显示,不同处理花生根系长度变化趋势一致,各取样时期花生根系长度逐渐减少。酚酸类化感物质处理花生,在各取样时期均抑制了花生根系长度的生长,浓度较高时抑制作用增强。在各取样时期均以 3 种物质等量混合处理对根系长度的降低幅度最大,出苗后 45 d 两个浓度分别比对照减少 27.71% 和 42.56%,出苗后 75 d 两个浓度分别比对照减少 34.29% 和 39.52%,出苗后 105 d 两个浓度分别比对照减少 36.67% 和 47.52%。在较低添加浓度下,对羟基苯甲酸和肉桂酸对花生根系长度抑制作

用在各取样时期差异均不显著，显著强于邻苯二甲酸的抑制作用；在较高添加浓度下，各处理对花生根系长度的抑制作用均与对照达到差异显著水平，对羟基苯甲酸、肉桂酸和邻苯二甲酸的抑制作用差异不显著。

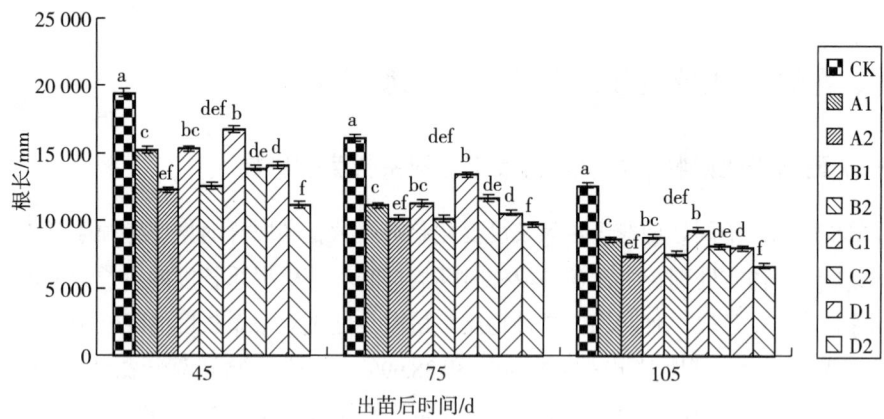

图 3-9　酚酸类化感物质对大田盆栽花生根系长度的影响

二、酚酸类化感物质对花生根系平均直径的影响

（一）酚酸类化感物质对温室盆栽花生根系平均直径的影响

从图 3-10 可以看出，不同处理花生根系平均直径变化规律与温室盆栽根系长度的变化规律相反，各取样时期花生根系平均直径减小。

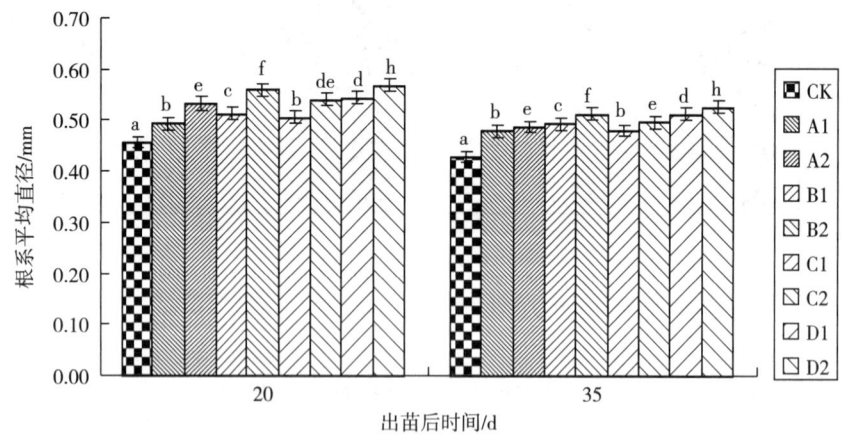

图 3-10　酚酸类化感物质对温室盆栽花生根系平均直径的影响

酚酸类化感物质处理花生，各取样时期平均直径与对照相比显著增加，浓度较高时化感作用增强。在各取样时期均以 3 种物质等量混合处理对根系平均直径的增加幅度最大，出苗后 20 d 两个浓度分别比对照增加 19.13% 和 24.69%，出苗后 35 d 两个浓度分别比对照增加 19.96% 和 23.33%。在较低添加浓度下，肉桂酸对花生根系平均直径增加作

用在各取样时期显著强于对羟基苯甲酸和邻苯二甲酸的增加作用；在较高添加浓度下，各处理对花生根系平均直径的增加作用均与对照达到差异显著水平，肉桂酸对花生根系平均直径增加作用在各取样时期显著强于对羟基苯甲酸和邻苯二甲酸的增加作用。

（二）酚酸类化感物质对大田盆栽花生根系平均直径的影响

从图 3-11 可以看出，不同处理花生根系平均直径变化规律与大田盆栽根系长度的变化规律相反，各取样时期花生根系平均直径呈递增趋势。

酚酸类化感物质处理花生，在各取样时期平均直径与对照相比显著增加，浓度较高时化感作用增强。在各取样时期均以 3 种物质等量混合处理对根系平均直径的增加幅度最大，出苗后 45 d 两个浓度分别比对照增加 18.82% 和 29.91%，出苗后 75 d 两个浓度分别比对照增加 21.11% 和 30.25%，出苗后 105 d 两个浓度分别比对照增加 22.12% 和 29.45%。在较低添加浓度下，对羟基苯甲酸和肉桂酸对花生根系平均直径增加作用在各取样时期差异均不显著，显著强于邻苯二甲酸的增加作用；在较高添加浓度下，各处理对花生根系平均直径的增加作用均与对照达到差异显著水平，对羟基苯甲酸、肉桂酸和邻苯二甲酸的抑制作用差异不显著。

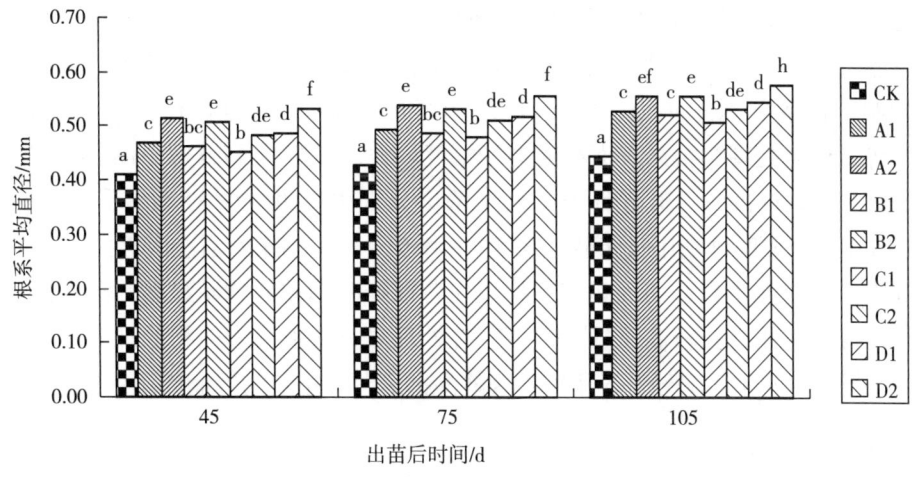

图 3-11　酚酸类化感物质对大田盆栽花生根系平均直径的影响

三、酚酸类化感物质对花生根系表面积的影响

（一）酚酸类化感物质对温室盆栽花生根系表面积的影响

图 3-12 显示，不同处理花生根系表面积变化规律与温室盆栽根系长度的变化规律一致，各取样时期花生根系表面积逐渐增加。酚酸类化感物质处理花生，在各取样时期均抑制了花生根系表面积的生长，浓度较高时抑制作用增强。在各取样时期均以 3 种物质等量混合处理对根系表面积的抑制幅度最大，出苗后 20 d 两个浓度分别比对照减少 36.84% 和 53.36%，出苗后 35 d 两个浓度分别比对照减少 29.88% 和 46.77%。在

各取样时期内，肉桂酸对花生根系表面积抑制作用在各取样时期显著强于对羟基苯甲酸和邻苯二甲酸的抑制作用，对羟基苯甲酸和邻苯二甲酸的抑制作用差异不显著。

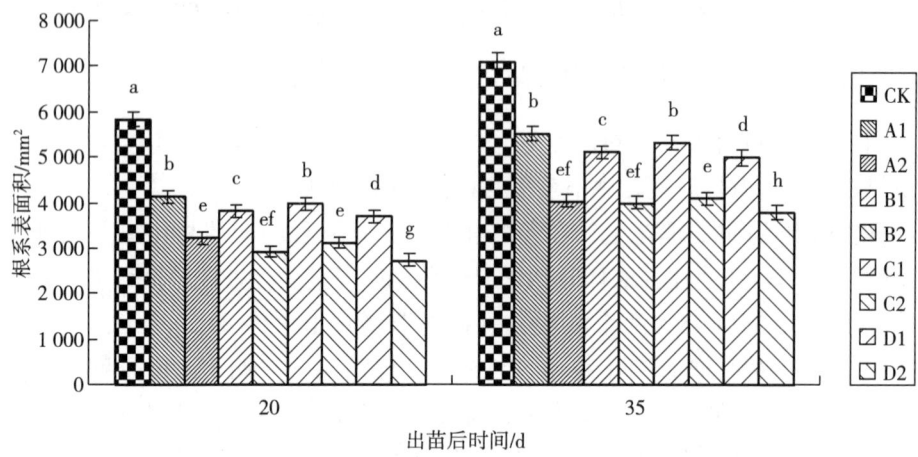

图 3-12 酚酸类化感物质对温室盆栽花生根系表面积的影响

（二）酚酸类化感物质对大田盆栽花生根系表面积的影响

图 3-13 显示，不同处理花生根系表面积变化规律与大田盆栽根系长度的变化规律一致，各取样时期花生根系表面积逐渐减少。酚酸类化感物质处理花生，在各取样时期均抑制了花生根系表面积的生长，浓度较高时抑制作用增强。在各取样时期均以 3 种物质等量混合处理对根系表面积的抑制幅度最大，出苗后 45 d 两个浓度分别比对照减少 28.53% 和 47.28%，出苗后 75 d 两个浓度分别比对照减少 31.81% 和 48.78%，出苗后 105 d 两个浓度分别比对照减少 33.91% 和 51.11%。在较低添加浓度下，对羟基苯甲酸和肉桂酸对花生根系表面积抑制作用在各取样时期差异均不显著，显著强于邻苯二甲酸的抑制作用；在较高添加浓度下，各处理对花生根系表面积的抑制作用均与对照达到差异显著水平，对羟基苯甲酸、肉桂酸和邻苯二甲酸的抑制作用差异不显著。

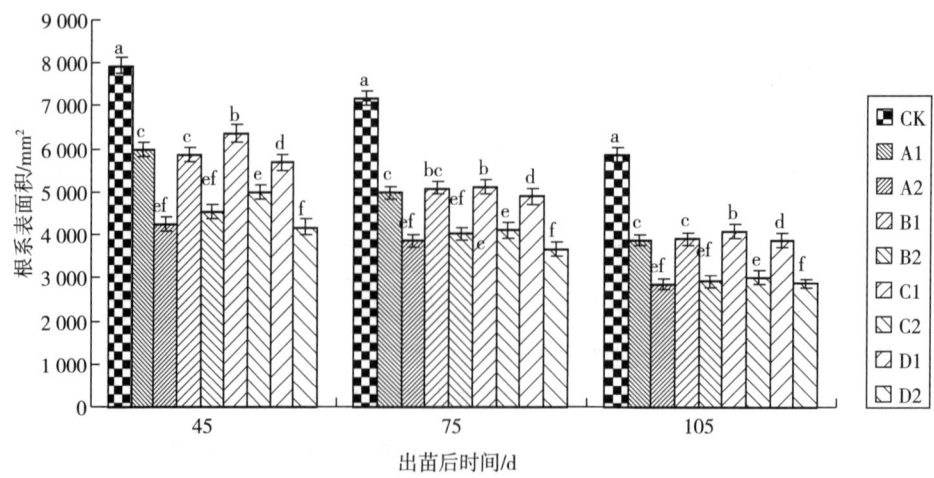

图 3-13 酚酸类化感物质对大田盆栽花生根系表面积的影响

四、酚酸类化感物质对花生根系干重的影响

由表 3-8 可以看出，酚酸类化感物质处理花生，在各取样时期均抑制了花生根系干物质的重量，浓度较高时抑制作用增强。

表 3-8　酚酸类化感物质对花生根系干重的影响

处理	花生根系干重 /g		
	出苗后 45 d	出苗后 75 d	出苗后 105 d
CK	2.11a	4.25a	3.27a
A1	1.52c	2.96c	2.37c
A2	1.08e	2.29e	1.81e
B1	1.56c	3.08c	2.43c
B2	1.11e	2.33e	1.83e
C1	1.63b	3.13b	2.76b
C2	1.22e	2.41e	1.91e
D1	1.36d	2.68d	2.03d
D2	0.93f	2.05f	1.65f

各取样时期均以 3 种物质等量混合处理对花生根系干物质的重量抑制作用最强，出苗后 45 d 两个浓度分别比对照降低 35.55% 和 55.92%，出苗后 75 d 两个浓度分别比对照降低 36.94% 和 51.76%，出苗后 105 d 两个浓度分别比对照降低 37.92% 和 49.54%。在较低添加浓度下，对羟基苯甲酸和肉桂酸对花生根系干重的抑制作用在各取样时期差异均不显著，显著强于邻苯二甲酸的抑制作用；在较高添加浓度下，各处理对花生根系干物质积累的抑制作用均与对照达到差异显著水平，对羟基苯甲酸、肉桂酸和邻苯二甲酸的抑制作用差异不显著。

五、酚酸类化感物质对花生根尖细胞超微结构的影响

由图 3-14 可知，对照花生根尖的细胞完整，膜清晰，紧贴细胞壁，细胞器丰富，细胞核、线粒体等细胞器的超微结构均呈正常状态（图 3-14A、图 3-14B）。酚酸类化感物质高浓度处理后（邻苯二甲酸、对羟基苯甲酸和肉桂酸等质量比混合，初始浓度 80 mg/kg），根细胞结构被破坏，质壁分离，细胞质、细胞器解体，液泡内陷成许多小泡散布在细胞内部，细胞空泡化，仅留下一些细胞器的残骸（图 3-14C、图 3-14D），部分细胞的细胞壁断裂，细胞间隙的细菌和真菌穿过细胞壁进入细胞内部（图 3-14E、图 3-14F）。电镜分析的结果表明，连作花生土壤中的化感物质累积到一定浓度后，会破坏与之直接接触的根尖细胞结构，影响根系的水分和养分吸收功能，同时，更容易受到病原菌的侵染，加重花生病害的发生。

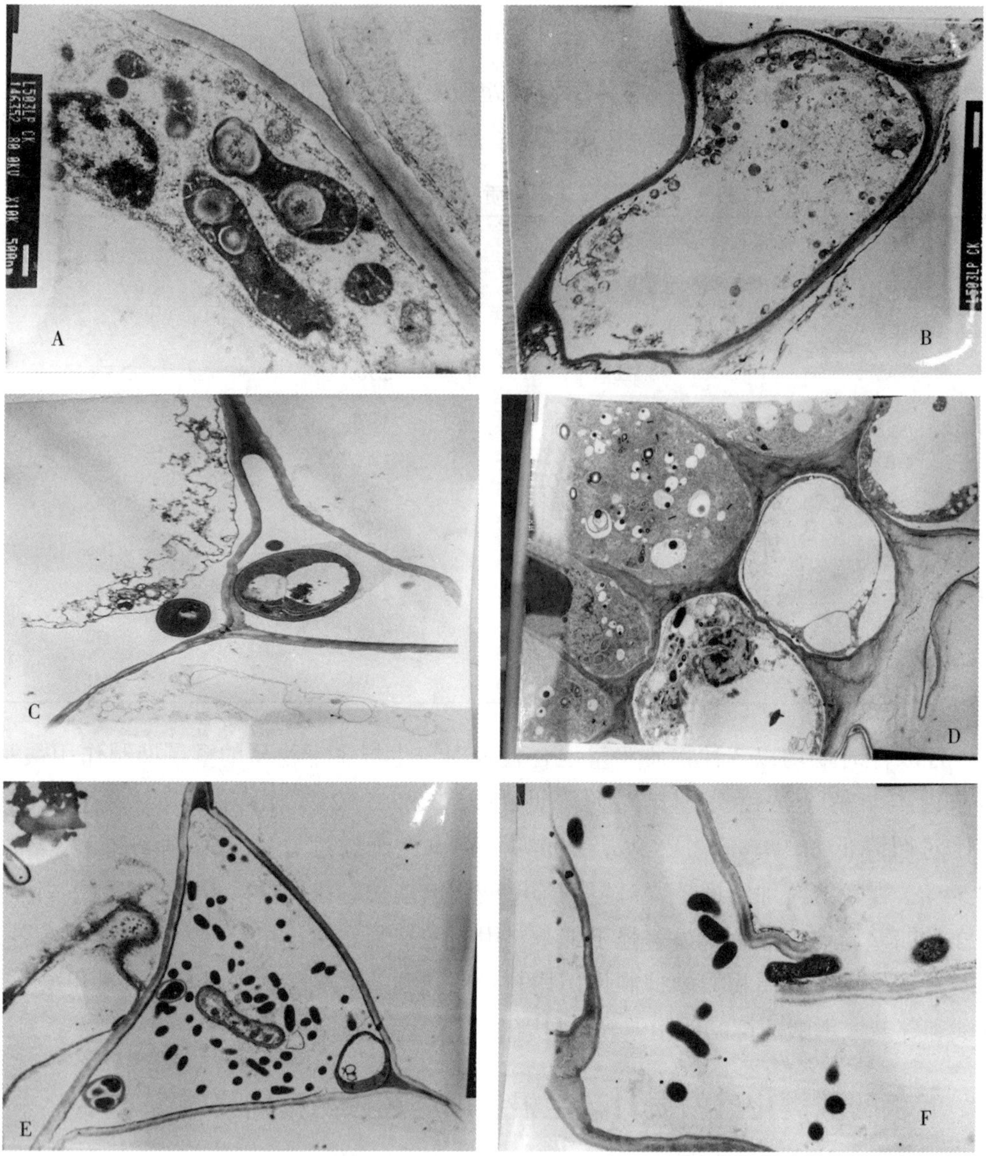

图 3-14 酚酸类化感物质对花生根尖细胞超微结构的影响

第三节 化感物质对花生根系养分吸收能力的影响

一、酚酸类化感物质对花生根系吸收面积的影响

(一)酚酸类化感物质对温室盆栽花生根系吸收面积的影响

从图 3-15 可以看出,花生根系总吸收面积由苗期到花期整体呈上升趋势,同生育

育期内化感物质处理根系总吸收面积明显降低，浓度较高时抑制作用增强；花生根系活跃吸收面积由苗期到花期整体呈上升趋势，同生育期内化感物质处理根系活跃吸收面积明显降低，浓度较高时抑制作用增强。化感物质处理花生均显著降低了花生根系吸收面积，而且随浓度的增加，花生根系吸收面积显著降低。在出苗后 20 d 和 35 d 均以 3 种物质等量混合处理对花生根系吸收面积的幅度最大与对照差异最显著，根系总吸收面积出苗后 20 d 两个浓度分别比对照降低 40.89% 和 60.04%，出苗后 35 d 两个浓度分别比对照降低 46.87% 和 64.87%；根系活跃吸收面积出苗后 20 d 两个浓度分别比对照降低 41.95% 和 66.07%，出苗后 35 d 两个浓度分别比对照降低 52.17% 和 69.11%。在较低添加浓度下，对羟基苯甲酸与邻苯二甲酸对根系吸收面积抑制作用差异不显著，但显著低于肉桂酸处理的抑制作用；在较高添加浓度下，对羟基苯甲酸、肉桂酸和邻苯二甲酸 3 种药品处理之间差异不显著。

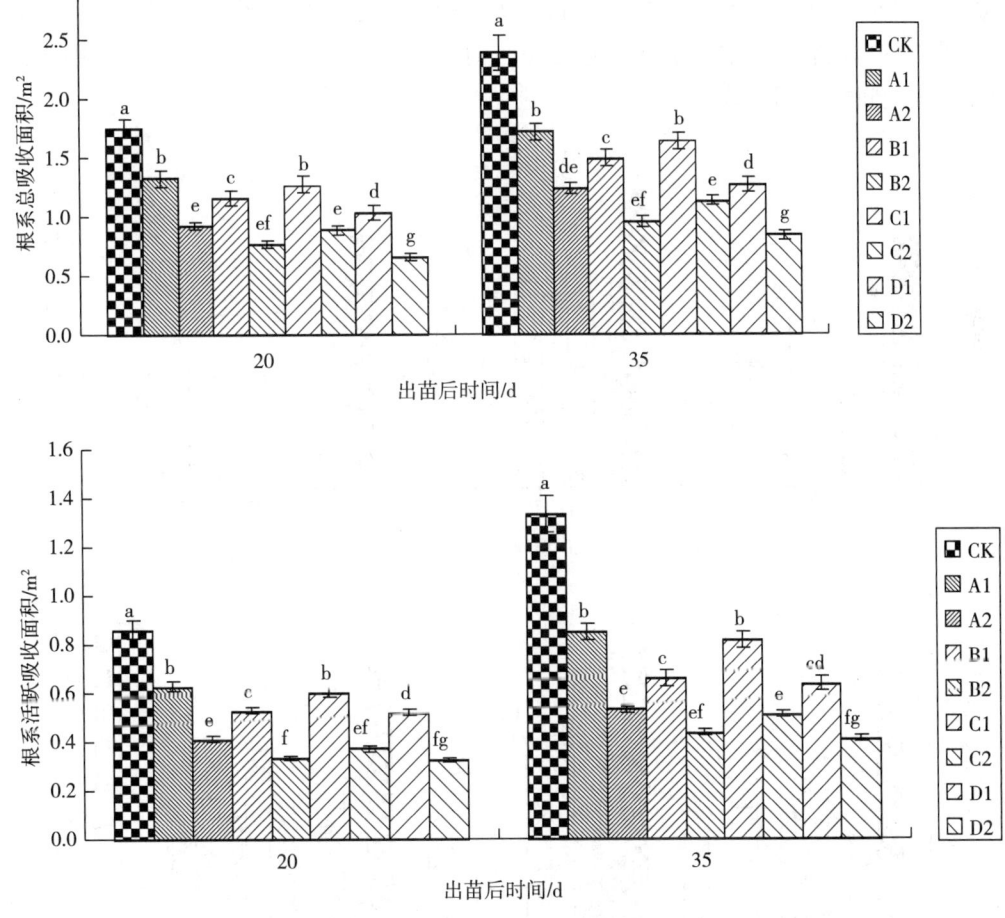

图 3-15 酚酸类化感物质对温室盆栽花生根系吸收面积的影响

（二）酚酸类化感物质对大田盆栽花生根系吸收面积的影响

由图 3-16 可以看出，花生根系总吸收面积在各个取样时期整体呈先增加后减少趋势，同生育期内化感物质处理根系总吸收面积明显降低，浓度较高时抑制作用增强；花生根系活跃吸收面积各取样时期整体呈先增加后减少趋势，同生育期内化感物质处理根系活跃吸收面积明显降低，浓度较高时抑制作用增强。化感物质处理花生均显著降低了花生根系吸收面积，在各个取样时期均以 3 种物质等量混合处理对花生根系吸收面积降低幅度最大，与对照差异最显著，根系总吸收面积苗后 45 d 两个浓度分别比对照降低 40.63% 和 60.06%，苗后 75 d 两个浓度分别比对照降低 40.75% 和 61.76%，苗后 105 d 两个浓度分别比对照降低 40.66% 和 59.52%；根系活跃吸收面积苗后 45 d 两个浓度分别比对照降低 41.95% 和 63.08%，苗后 75 d 两个浓度分别比对照降低 52.08% 和 64.22%，苗后 105 d 两个浓度分别比对照降低 46.62% 和 62.03%。在较低添加浓度下，对羟基苯甲酸与肉桂酸对根系吸收面积抑制作用差异不显著，但显著高于邻苯二甲酸处理的抑制作用；在较高添加浓度下，对羟基苯甲酸、肉桂酸和邻苯二甲酸 3 种药品处理之间差异不显著。

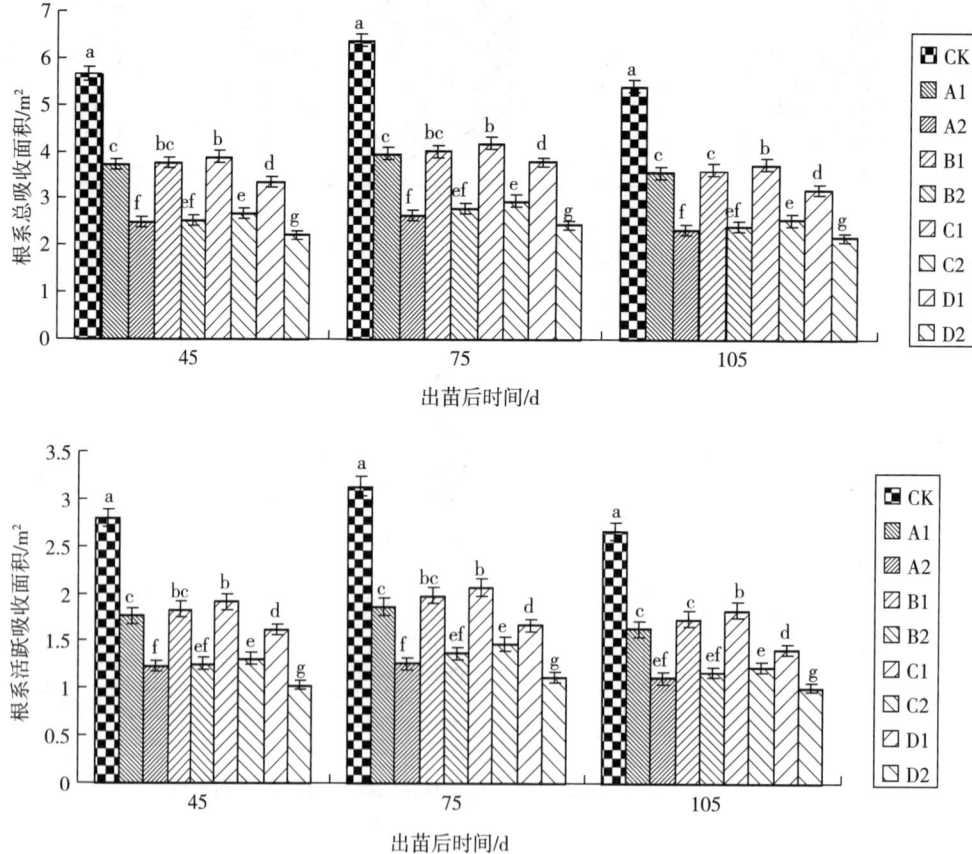

图 3-16 酚酸类化感物质对大田盆栽花生根系吸收面积的影响

二、酚酸类化感物质对花生根系活力的影响

根系活力是植物生长的重要生理指标之一,它参与呼吸作用、养料吸收、运输和转化等各个环节(李雁鸣等,1996)。

(一)酚酸类化感物质对温室盆栽花生根系活力的影响

各处理花生根系脱氢酶活性由苗期到花期整体呈上升趋势。酚酸类化感物质处理花生均显著降低了花生根系脱氢酶活性,浓度较高时抑制作用增强(图3-17)。在苗后20 d和35 d均以3种物质等量混合处理对花生根系脱氢酶活性降低幅度最大,苗后20 d两个浓度分别比对照降低47.46%和65.69%,苗后35 d两个浓度分别比对照降低51.81%和69.07%。在较低添加浓度下,对羟基苯甲酸和邻苯二甲酸的抑制作用在苗期和花期差异均不显著,显著低于肉桂酸的抑制作用,各时期分别比对照降低44.67%和46.31%;在较高添加浓度下,对羟基苯甲酸、肉桂酸和邻苯二甲酸3种药品处理之间差异不显著。

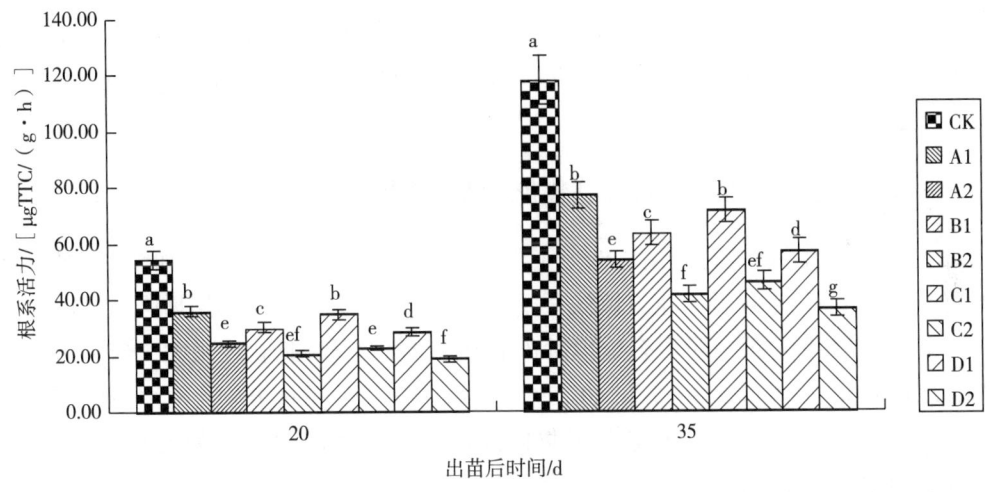

图3-17 酚酸类化感物质对温室盆栽花生根系活力的影响

(二)酚酸类化感物质对大田盆栽花生根系活力的影响

各处理花生根系脱氢酶活性在各取样时期整体呈上升趋势。酚酸类化感物质处理花生均显著降低了花生根系脱氢酶活性,浓度较高时抑制作用增强(图3-18)。在各个取样时期均以3种物质等量混合处理对花生根系脱氢酶活性降低幅度最大,根系活力苗后45 d两个浓度分别比对照降低23.99%和43.19%,苗后75 d两个浓度分别比对照降低36.37%和52.22%,苗后105 d两个浓度分别比对照降低40.64%和58.72%。在较低添加浓度下,对羟基苯甲酸和肉桂酸的抑制作用差异均不显著,显著高于邻苯二甲酸的抑制作用;在较高添加浓度下,对羟基苯甲酸、肉桂酸和邻苯二甲酸3种药品处理之间差异不显著。

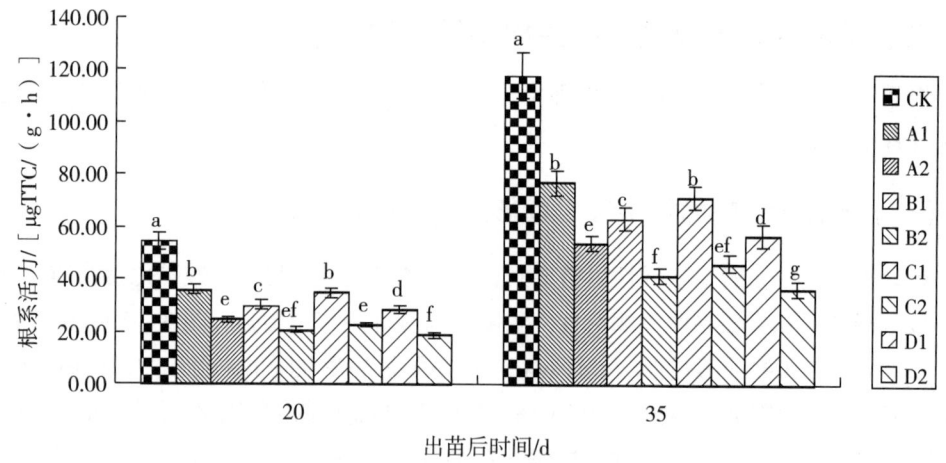

图 3-18 酚酸类化感物质对大田盆栽花生根系活力的影响

三、酚酸类化感物质对花生植株全氮的影响

花生吸收的氮素主要是硝态氮和铵态氮,铵态氮直接利用,硝态氮吸收后,在地上部经硝酸还原酶还原成铵态氮,然后与呼吸作用产生的有机酸合成氨基酸(钟增涛等,2002)。

(一)酚酸类化感物质对温室盆栽花生植株全氮的影响

图 3-19 显示,各处理花生植株全氮含量由苗期到花期整体含量增加。酚酸类化感物质处理花生均显著降低了花生植株全氮含量,浓度较高时抑制作用增强。在苗后 20 d 和 35 d 均以 3 种物质等量混合处理对花生植株全氮含量降低幅度最大,苗后 20 d 两个浓度分别比对照降低 36.85% 和 40.75%,苗后 35 d 两个浓度分别比对照降低 33.45% 和 37.29%。各取样时期,对羟基苯甲酸和邻苯二甲酸的抑制作用差异均不显著,显著低于肉桂酸的抑制作用。

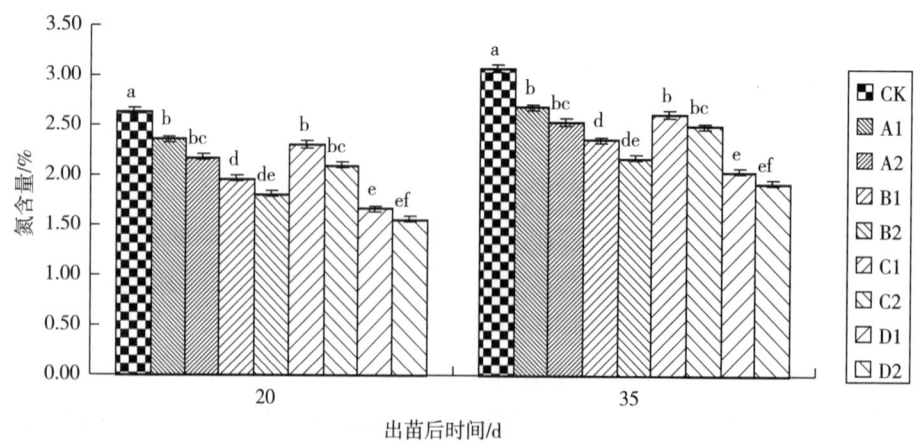

图 3-19 酚酸类化感物质对温室盆栽花生植株全氮的影响

（二）酚酸类化感物质对大田盆栽花生植株全氮的影响

图 3-20 显示，各处理花生植株全氮含量在各取样时期整体呈下降趋势。酚酸类化感物质处理花生均显著降低了花生植株全氮含量，浓度较高时抑制作用增强。

在各个取样时期均以 3 种物质等量混合处理对花生植株全氮含量降低幅度最大，植株全氮含量苗后 45 d 两个浓度分别比对照降低 22.99% 和 26.63%，苗后 75 d 两个浓度分别比对照降低 23.55% 和 28.67%，苗后 105 d 两个浓度分别比对照降低 23.03% 和 29.87%。对羟基苯甲酸和肉桂酸的抑制作用差异均不显著，显著高于邻苯二甲酸的抑制作用。

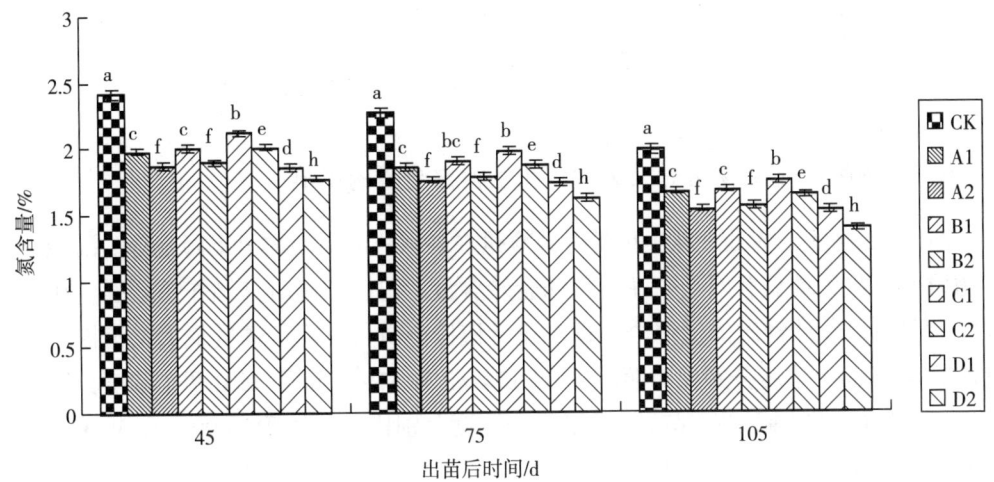

图 3-20 酚酸类化感物质对大田盆栽花生植株全氮的影响

四、酚酸类化感物质对花生植株全磷的影响

花生吸收磷最主要是以磷酸态的形式，在花生籽仁中含量较高，磷在花生生长中具有重要地位，参与有机磷化合物的合成，参与体内的各种代谢过程，促进根系发育，有利于新器官形成等（赵婷等，2011）。

（一）酚酸类化感物质对温室盆栽花生植株全磷的影响

图 3-21 显示，各处理花生植株全磷含量由苗期到花期整体含量增加。酚酸类化感物质处理花生均显著降低了花生植株全磷含量，浓度较高时抑制作用增强。在苗后 20 d 和 35 d 均以 3 种物质等量混合处理对花生植株全磷含量降低幅度最大，苗后 20 d 两个浓度分别比对照降低 33.33% 和 42.53%，苗后 35 d 两个浓度分别比对照降低 39.68% 和 47.01%。在较低添加浓度下，对羟基苯甲酸和邻苯二甲酸的抑制作用在苗期和花期差异均不显著，显著低于肉桂酸的抑制作用；在较高添加浓度下，对羟基苯甲酸、肉桂酸和邻苯二甲酸 3 种药品处理与对照均达到差异显著，肉桂酸化感作用相对较强。

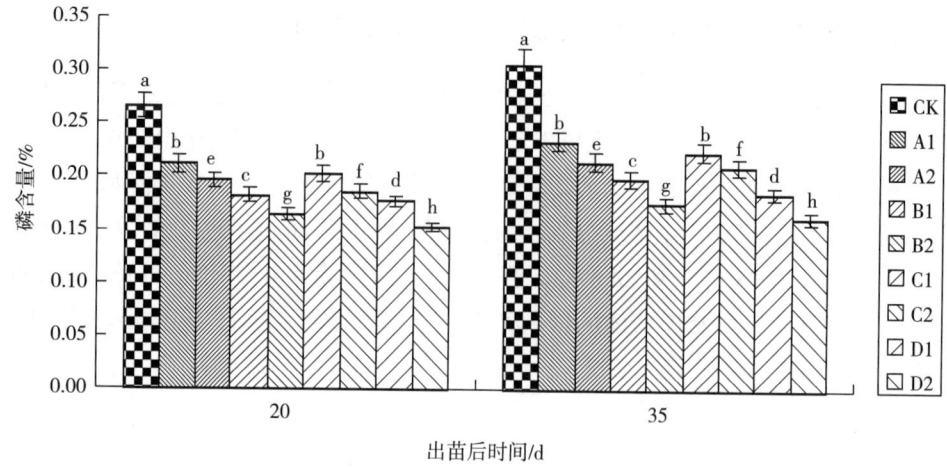

图 3-21 酚酸类化感物质对温室盆栽花生植株全磷的影响

（二）酚酸类化感物质对大田盆栽花生植株全磷的影响

图 3-22 显示，各处理花生植株全磷含量在各取样时期整体呈下降趋势。酚酸类化感物质处理花生均显著降低了花生植株全磷含量，浓度较高时抑制作用增强。在各个取样时期均以 3 种物质等量混合处理对花生植株全磷含量降低幅度最大，植株全磷含量苗后 45 d 两个浓度分别比对照降低 28.62% 和 32.57%，苗后 75 d 两个浓度分别比对照降低 28.54% 和 33.91%，苗后 105 d 两个浓度分别比对照降低 24.99% 和 39.33%。在较低添加浓度下，对羟基苯甲酸和肉桂酸的抑制作用差异均不显著，显著高于邻苯二甲酸的抑制作用；在较高添加浓度下，对羟基苯甲酸、肉桂酸和邻苯二甲酸 3 种药品处理与对照达到差异显著，对羟基苯甲酸和肉桂酸处理对植株全磷含量抑制作用相对较强。

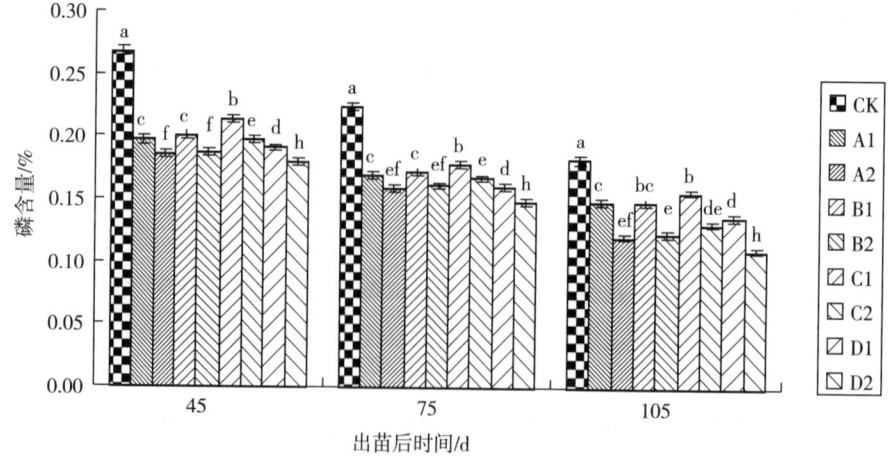

图 3-22 酚酸类化感物质对大田盆栽花生植株全磷的影响

五、酚酸类化感物质对花生植株全钾的影响

花生早期吸收钾较多,而且钾肥容易淋溶流失。研究发现,增加钾肥施用量有利于调节植物体内养分运输与分配,促进花生生殖器官的发育,使花生植株茎秆健壮,提高群体光合效率,增强抗逆性,提高荚果产量和经济效益(周可金和马成泽,2002)。

(一)酚酸类化感物质对温室盆栽花生植株全钾的影响

图3-23显示,各处理花生植株全钾含量由苗期到花期整体含量增加。酚酸类化感物质处理花生均显著降低了花生植株全钾含量,浓度较高时抑制作用增强。在苗后20 d和35 d均以3种物质等量混合处理对花生植株全钾含量降低幅度最大,苗后20 d两个浓度分别比对照降低32.58%和36.72%,苗后35 d两个浓度分别比对照降低30.81%和37.96%。在较低添加浓度下,对羟基苯甲酸和邻苯二甲酸的抑制作用在苗期和花期差异均不显著,显著低于肉桂酸的抑制作用;在较高添加浓度下,对羟基苯甲酸、肉桂酸和邻苯二甲酸3种药品处理与对照均达到差异显著,肉桂酸化感作用相对较强。

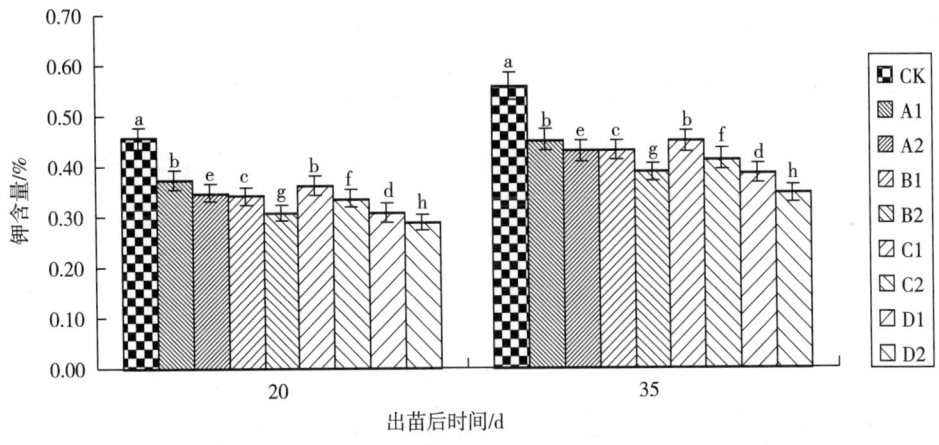

图3-23 酚酸类化感物质对温室盆栽花生植株全钾的影响

(二)酚酸类化感物质对大田盆栽花生植株全钾的影响

图3-24显示,各处理花生植株全钾含量在各取样时期整体呈上升趋势。酚酸类化感物质处理花生均显著降低了花生植株全钾含量,浓度较高时抑制作用增强。在各个取样时期均以3种物质等量混合处理对花生植株全钾含量降低幅度最大,植株全钾含量苗后45 d两个浓度分别比对照降低22.14%和32.24%,苗后75 d两个浓度分别比对照降低25.47%和33.77%,苗后105 d两个浓度分别比对照降低24.37%和33.84%。在较低添加浓度下,对羟基苯甲酸和邻苯二甲酸的抑制作用差异均不显著,显著低于肉桂酸的抑制作用;在较高添加浓度下,对羟基苯甲酸、肉桂酸和邻苯二甲酸3种药品处理与对照达到差异显著,肉桂酸处理对植株全钾含量抑制作用相对较强。

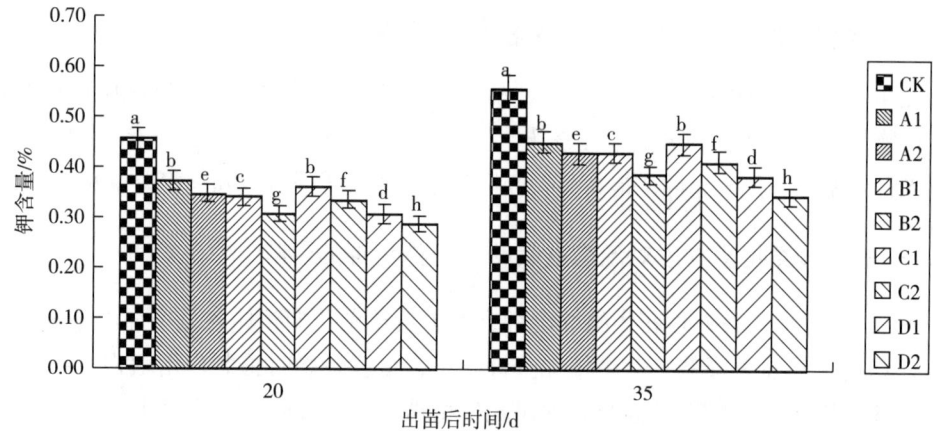

图 3-24 酚酸类化感物质对大田盆栽花生植株全钾的影响

六、酚酸类化感物质对花生根系可溶性糖含量的影响

可溶性糖是植物体内渗透调节物质之一，根系中含量较高的可溶性糖含量可以有效延缓衰老，延长根系的功能期（王娟和李德全，2001）。

（一）酚酸类化感物质对温室盆栽花生根系可溶性糖的影响

图 3-25 可以看出，花生根系可溶性糖含量由苗期到花期整体呈上升趋势。

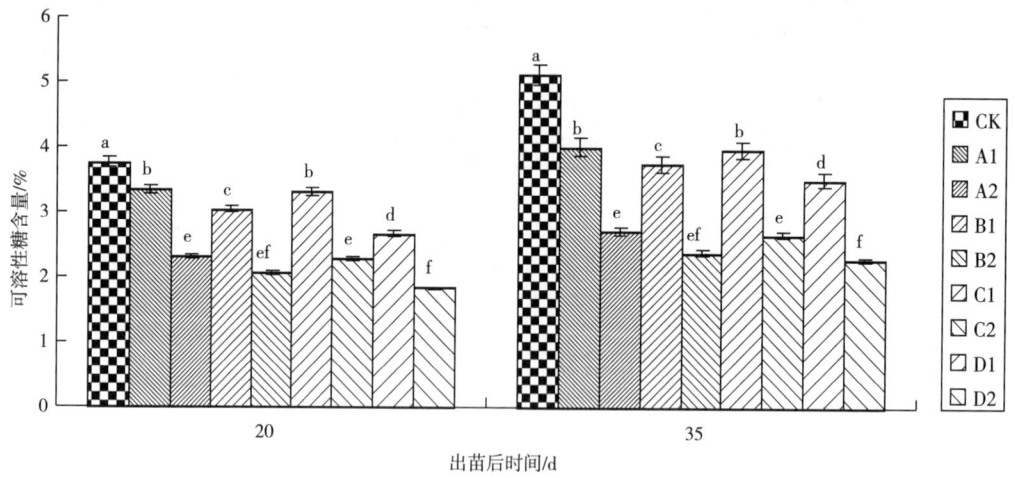

图 3-25 酚酸类化感物质对温室盆栽花生根系可溶性糖的影响

酚酸类化感物质处理花生均显著降低了花生根系可溶性糖含量，浓度较高时化感作用增强。在苗后 20 d 和 35 d 均以 3 种物质等量混合处理对花生根系可溶性糖含量降低幅度最大，苗后 20 d 两个浓度分别比对照降低 28.99% 和 51.32%，苗后 35 d 两个浓度分别比对照降低 31.57% 和 55.75%。在较低添加浓度下，对羟基苯甲酸和邻苯二甲酸的抑制作用在苗期和花期差异均不显著，显著低于肉桂酸的抑制作用，各时期分别

比对照降低 19.15% 和 26.71%；在较高添加浓度下，对羟基苯甲酸、肉桂酸和邻苯二甲酸 3 种药品处理之间差异不显著。

（二）酚酸类化感物质对大田盆栽花生根系可溶性糖的影响

图 3-26 可以看出，各处理花生根系可溶性糖含量在各取样时期整体呈下降趋势。酚酸类化感物质处理花生均显著降低了花生根系可溶性糖含量，浓度较高时化感作用增强。酚酸类在各个取样时期均以 3 种物质等量混合处理对花生根系可溶性糖含量降低幅度最大，与对照差异最显著，花生根系可溶性糖含量苗后 45 d 两个浓度分别比对照降低 30.28% 和 49.01%，苗后 75 d 两个浓度分别比对照降低 30.21% 和 54.18%，苗后 105 d 两个浓度分别比对照降低 31.98% 和 61.68%。在较低添加浓度下，对羟基苯甲酸和肉桂酸的抑制作用差异均不显著，显著高于邻苯二甲酸的抑制作用；在较高添加浓度下，对羟基苯甲酸、肉桂酸和邻苯二甲酸 3 种药品处理之间差异不显著。

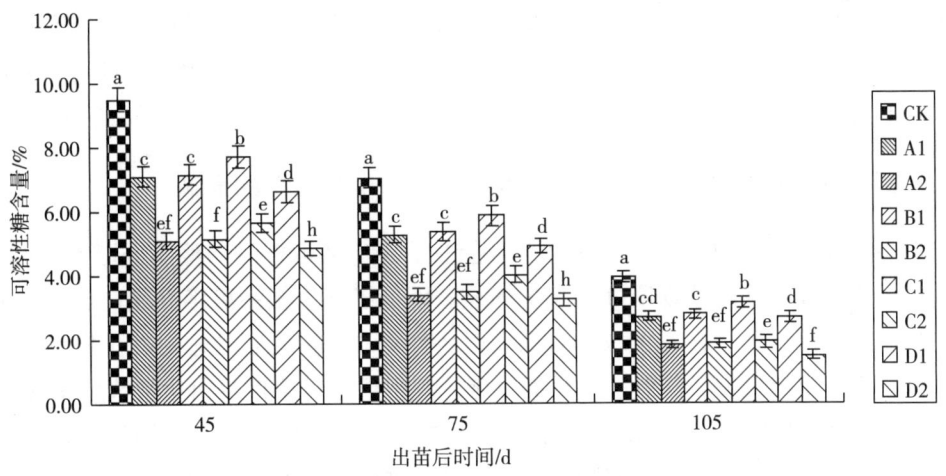

图 3-26 酚酸类化感物质对大田盆栽花生根系可溶性糖的影响

七、酚酸类化感物质对花生根系可溶性蛋白含量的影响

可溶性蛋白主要是各种酶类，是植物体内氮素存在的主要形式，其含量的多少与植物体代谢和衰老密切相关（郭峰等，2007）。根系中可溶性蛋白的含量下降会导致根系衰老（葛体达等，2005）。

（一）酚酸类化感物质对温室盆栽花生根系可溶性蛋白的影响

图 3-27 显示，花生根系可溶性蛋白含量由苗期到花期整体呈上升趋势。酚酸类化感物质处理花生均显著降低了花生根系可溶性蛋白含量，浓度较高时化感作用增强。在苗后 20 d 和 35 d 均以 3 种物质等量混合处理对花生根系可溶性蛋白含量降低幅度最大，苗后 20 d 两个浓度分别比对照降低 24.79% 和 36.99%，苗后 35 d 两个浓度分别比对照降低 22.87% 和 35.69%。在较低添加浓度下，对羟基苯甲酸和邻苯二甲酸的抑制作用在苗

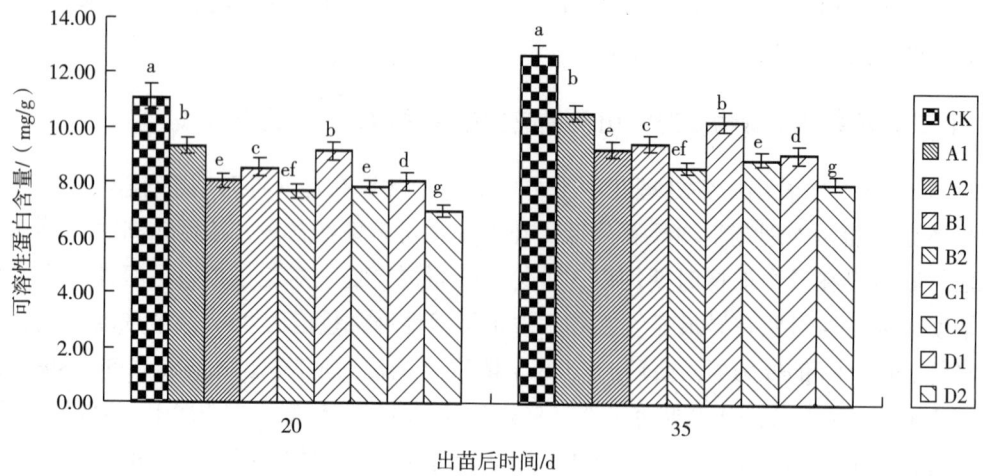

图 3-27　酚酸类化感物质对温室盆栽花生根系可溶性蛋白的影响

期和花期差异均不显著，显著低于肉桂酸的抑制作用，各时期分别比对照降低 20.56% 和 20.57%；在较高添加浓度下，对羟基苯甲酸、肉桂酸和邻苯二甲酸 3 种药品处理之间差异不显著。

（二）酚酸类化感物质对大田盆栽花生根系可溶性蛋白的影响

图 3-28 显示，各处理花生根系可溶性蛋白含量在各取样时期整体呈先增加后降低的趋势。各取样时期化感物质处理花生均显著降低了花生根系可溶性蛋白含量，浓度较高时化感作用增强。在各个取样时期均以 3 种物质等量混合处理对花生根系可溶性蛋白含量降低幅度最大，与对照差异最显著，花生根系可溶性蛋白含量苗后 45 d 两个浓度分别比对照降低 27.97% 和 63.33%，苗后 75 d 两个浓度分别比对照降低 33.14% 和 52.16%，苗后 105 d 两个浓度分别比对照降低 36.89% 和 55.82%。各时期，对羟基苯甲酸和肉桂酸的抑制作用差异均不显著，显著高于邻苯二甲酸的抑制作用。

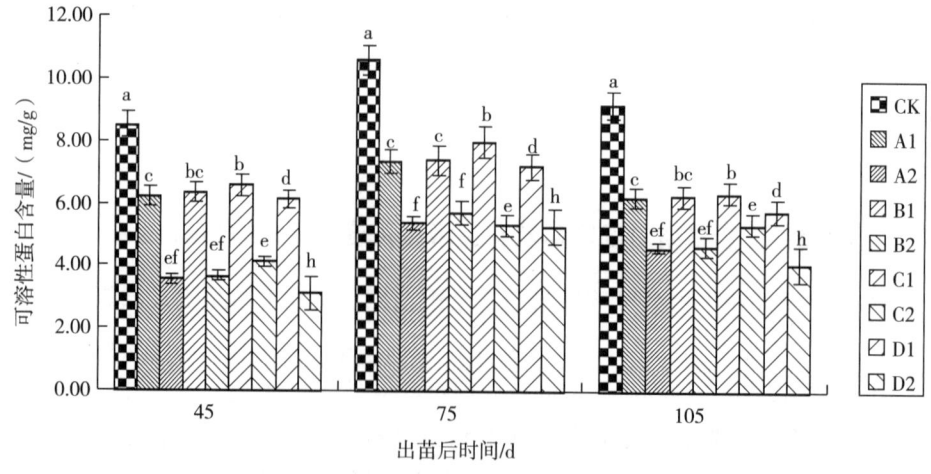

图 3-28　酚酸类化感物质对大田盆栽花生根系可溶性蛋白的影响

八、酚酸类化感物质对花生根系 ATP 酶活性的影响

ATP 酶通过水解 ATP 释放能量，在根系吸收离子中具有重要作用，与根系活力水平的高低密切相关，该酶活性的强弱直接关系根系对养分的吸收（Sklenar et al., 1994）。

（一）酚酸类化感物质对温室盆栽花生根系 ATP 酶活性的影响

图 3-29 显示，各处理花生根系 ATP 酶活性由苗期到花期整体呈上升趋势。酚酸类化感物质处理花生均显著降低了花生根系 ATP 酶活性，浓度较高时对 ATP 酶活性的化感作用增强。在苗后 20 d 和 35 d 均以 3 种物质等量混合处理对花生根系 ATP 酶活性降低幅度最大，苗后 20 d 两个浓度分别比对照降低 41.47% 和 57.48%，苗后 35 d 两个浓度分别比对照降低 31.21% 和 35.51%。在较低添加浓度下，对羟基苯甲酸和邻苯二甲酸的抑制作用在各时期差异均不显著，显著低于肉桂酸的抑制作用，各时期分别比对照降低 34.5% 和 27.14%；在较高添加浓度下，对羟基苯甲酸、肉桂酸和邻苯二甲酸 3 种药品处理之间差异不显著。

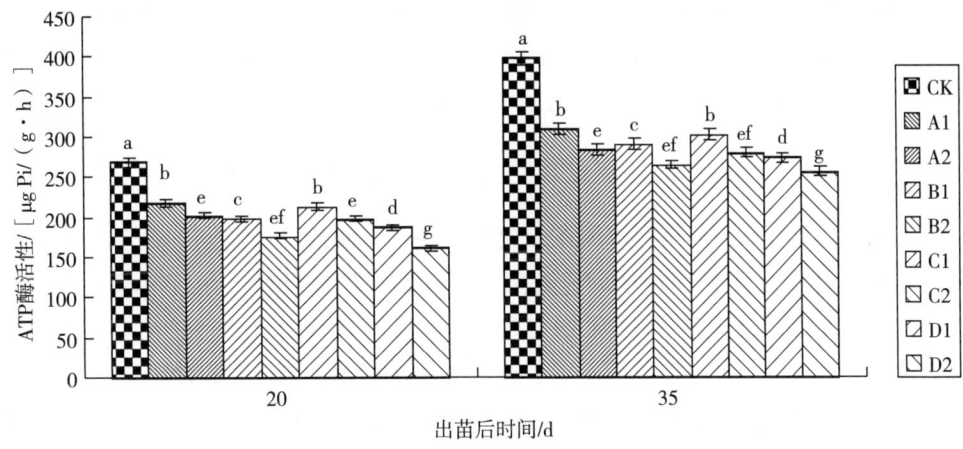

图 3-29 酚酸类化感物质对温室盆栽花生根系 ATP 酶活性的影响

（二）酚酸类化感物质对大田盆栽花生根系 ATP 酶活性的影响

图 3-30 显示，各处理花生根系 ATP 酶活性在各取样时期整体呈降低趋势。各取样时期化感物质处理花生均显著抑制了花生根系 ATP 酶活性，浓度较高时对 ATP 酶活性的化感作用增强。

在各个取样时期均以 3 种物质等量混合处理对花生根系 ATP 酶活性降低幅度最大，与对照差异最显著，ATP 酶活性苗后 45 d 两个浓度分别比对照降低 23.34% 和 45.11%，苗后 75 d 两个浓度分别比对照降低 28.18% 和 51.34%，苗后 105 d 两个浓度分别比对照降低 41.13% 和 68.03%。在较低添加浓度下，对羟基苯甲酸和肉桂酸的抑制作用差异均不显著，显著高于邻苯二甲酸的抑制作用；在较高添加浓度下，对羟基苯甲酸、肉桂酸和邻苯二甲酸 3 种药品处理之间差异不显著。

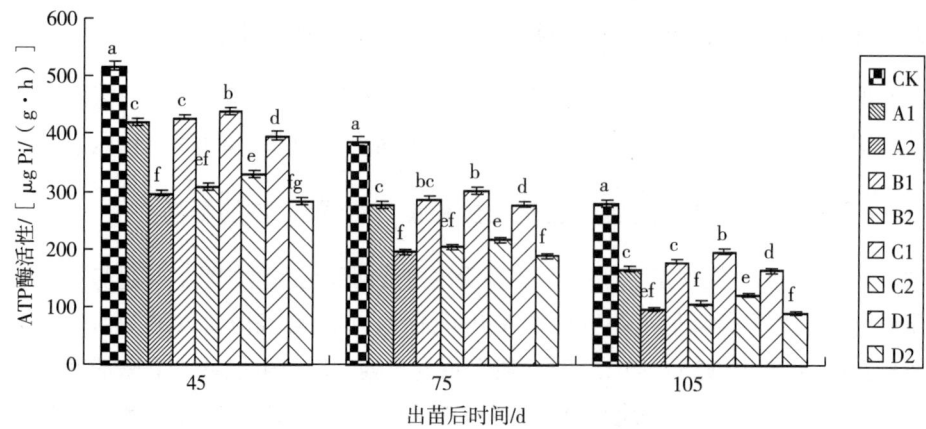

图 3-30　酚酸类化感物质对大田盆栽花生根系 ATP 酶活性的影响

九、酚酸类化感物质对花生根系 NR 活性的影响

硝态氮同化的第一步是由硝酸还原酶（NR）催化的，并且 NR 是限速酶，所以叶片中硝酸还原酶活性的高低控制着整个同化过程，同时，其活性强弱在一定程度上影响了光合作用、呼吸作用及蛋白质合成和氮代谢的强弱（刘丽等，2004）。

（一）酚酸类化感物质对温室盆栽花生根系 NR 活性的影响

图 3-31 可以看出，不同处理的花生根系硝酸还原酶活性由苗期到花期整体呈上升趋势。酚酸类化感物质处理花生均显著降低了硝酸还原酶活性，浓度较高时对 NR 活性的化感作用增强。在苗后 20 d 和 35 d 均以 3 种物质等量混合处理对花生根系硝酸还原酶活性降低幅度最大，苗后 20 d 两个浓度分别比对照降低 46.58% 和 69.13%，苗后 35 d 两个浓度分别比对照降低 46.08% 和 65.49%。对羟基苯甲酸和邻苯二甲酸的抑制作用差异均不显著，显著低于肉桂酸的抑制作用。3 种物质等量混合处理对花生根系硝酸还原酶活性抑制作用与对照差异最显著。

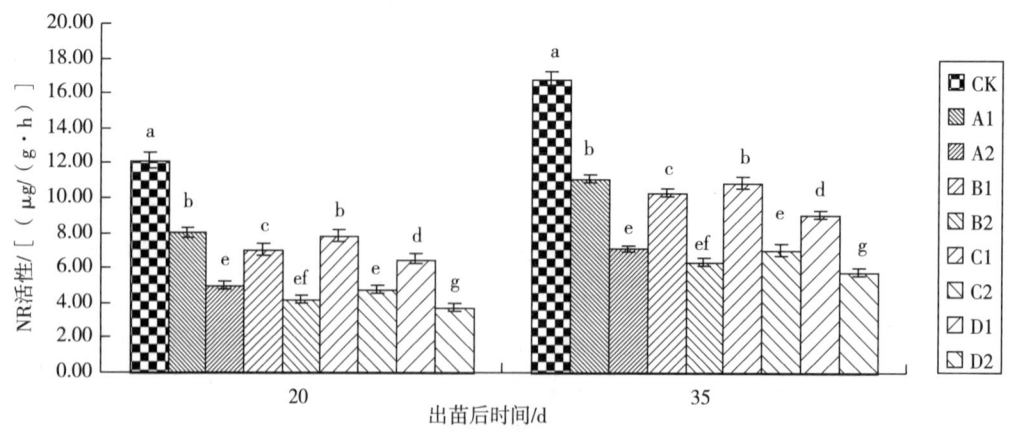

图 3-31　酚酸类化感物质对温室盆栽花生根系 NR 活性的影响

(二)酚酸类化感物质对大田盆栽花生根系 NR 活性的影响

图 3-32 显示,各处理花生根系 NR 活性在各取样时期整体呈降低趋势。各取样时期化感物质处理花生均显著抑制了花生根系硝酸还原酶活性,浓度较高时对 NR 活性的化感作用增强。在各个取样时期均以 3 种物质等量混合处理对花生根系硝酸还原酶活性降低幅度最大,与对照差异最显著,硝酸还原酶活性苗后 45 d 两个浓度分别比对照降低 27.37% 和 40.77%,苗后 75 d 两个浓度分别比对照降低 27.74% 和 38.58%,苗后 105 d 两个浓度分别比对照降低 35.12% 和 43.94%。在较低添加浓度下,对羟基苯甲酸和肉桂酸的抑制作用差异均不显著,显著高于邻苯二甲酸的抑制作用;在较高添加浓度下,对羟基苯甲酸、肉桂酸和邻苯二甲酸 3 种药品处理之间差异不显著。

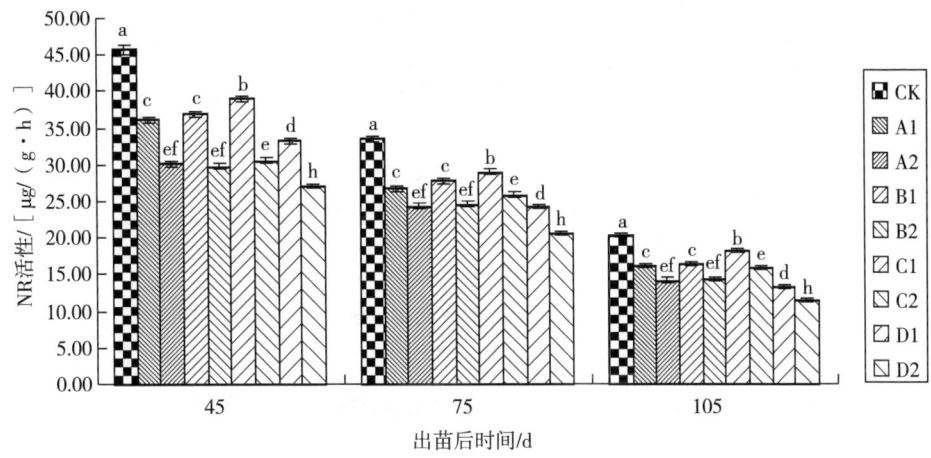

图 3-32 酚酸类化感物质对大田盆栽花生根系 NR 活性的影响

第四节 化感物质对花生根系细胞膜过氧化的影响

一、酚酸类化感物质对花生根系超氧化物歧化酶(SOD)活性的影响

SOD 是生物防御活性氧毒害的重要保护性保护酶之一,主要功能是清除超氧阴离子自由基,减轻其对细胞的伤害(杨淑慎和高俊凤,2001)。

(一)酚酸类化感物质对温室盆栽花生根系 SOD 活性的影响

由图 3-33 可以看出,花生根系 SOD 活性由苗期到花期整体呈上升趋势。酚酸类化感物质处理花生均显著提高了花生根系 SOD 活性,浓度较高时对 SOD 活性的化感作用增强。在苗后 20 d 和 35 d 均以 3 种物质等量混合处理对花生根系 SOD 活性增加幅度最大，苗后 20 d 两个浓度分别比对照增加 32.60% 和 51.62%，苗后 35 d 两个浓度分别比对照增加 42.47% 和 66.22%。在较低添加浓度下，对羟基苯甲酸和邻苯二甲酸的提高作用在苗期和花期差异均不显著，显著低于肉桂酸的增加作用，各时期分别比对照增加 22.14% 和 28.54%；在较高添加浓度下，各处理对花生根系 SOD 活性的提高作用与对照差异均达到了显著水平，3 种化感物质处理中肉桂酸对花生根系 SOD 活性的化感作用相对较强。

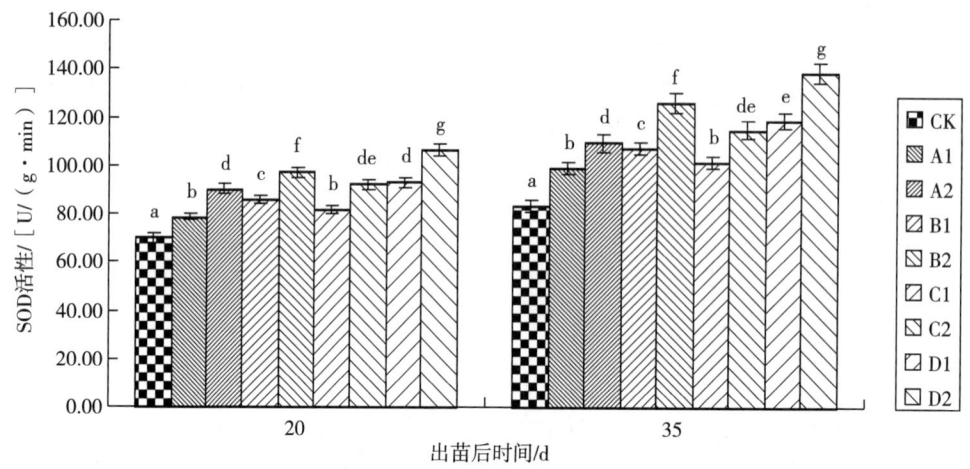

图 3-33　酚酸类化感物质对温室盆栽花生根系 SOD 活性的影响

（二）酚酸类化感物质对大田盆栽花生根系 SOD 活性的影响

由图 3-34 可以看出，各处理花生根系 SOD 活性在各取样时期整体呈降低趋势。各取样时期化感物质处理花生均显著提高了花生根系 SOD 活性，浓度较高时对 SOD 活性的化感作用增强。在各个取样时期均以 3 种物质等量混合处理对花生根系 SOD

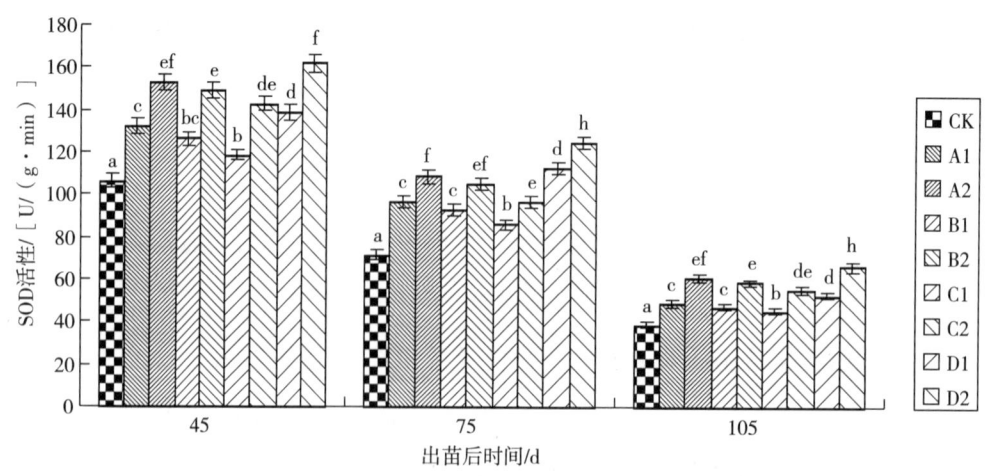

图 3-34　酚酸类化感物质对大田盆栽花生根系 SOD 活性的影响

活性增加幅度最大，与对照差异最显著，SOD 活性苗后 45 d 两个浓度分别比对照增加 23.39% 和 34.41%，苗后 75 d 两个浓度分别比对照增加 36.15% 和 42.58%，苗后 105 d 两个浓度分别比对照增加 26.52% 和 41.68%。在较低添加浓度下，对羟基苯甲酸和肉桂酸的提高作用差异均不显著，显著高于邻苯二甲酸的增加作用；在较高添加浓度下，对羟基苯甲酸、肉桂酸和邻苯二甲酸 3 种药品处理之间差异不显著。

二、酚酸类化感物质对花生根系过氧化物酶（POD）活性的影响

POD 是活性氧清除系统的关键酶，用以清除衰老过程中产生的活性氧，防止膜脂过氧化，减轻对植物的伤害或延缓衰老过程（王晓慧等，2006）。

（一）酚酸类化感物质对温室盆栽花生根系 POD 活性的影响

图 3-35 显示，花生根系 POD 活性由苗期到花期整体呈上升趋势。

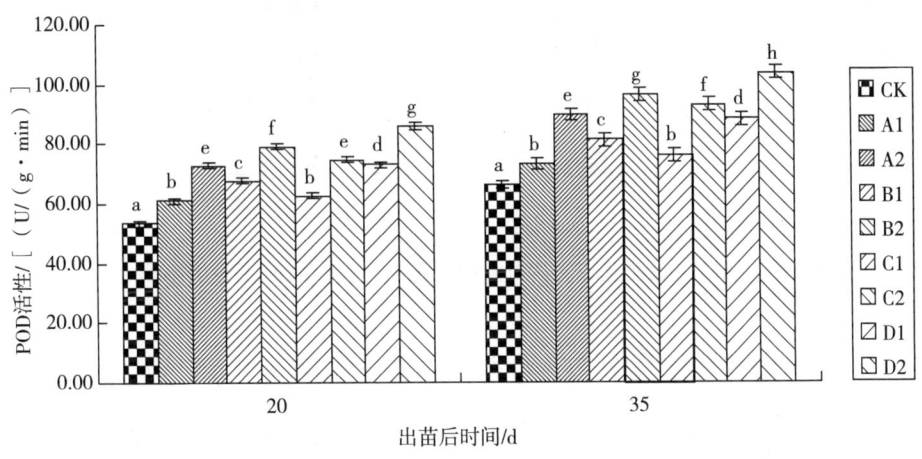

图 3-35　酚酸类化感物质对温室盆栽花生根系 POD 活性的影响

酚酸类化感物质处理花生均显著提高了花生根系 POD 活性，浓度较高时对 POD 活性的化感作用增强。在苗后 20 d 和 35 d 均以 3 种物质等量混合处理对花生根系 POD 活性增加幅度最大，苗后 20 d 两个浓度分别比对照增加 36% 和 60%，苗后 35 d 两个浓度分别比对照增加 33% 和 56%。在较低添加浓度下，对羟基苯甲酸和邻苯二甲酸的提高作用在各时期差异均不显著，显著低于肉桂酸的增加作用，各时期分别比对照增加 26% 和 23%；在较高添加浓度下，各处理对花生根系 POD 活性的提高作用与对照差异均达到了显著水平，3 种化感物质处理中肉桂酸对花生根系 POD 活性的化感作用相对较强。

（二）酚酸类化感物质对大田盆栽花生根系 POD 活性的影响

图 3-36 显示，各处理花生根系 POD 活性在各取样时期整体呈先降低后增加的趋

势。各取样时期化感物质处理花生均显著提高了花生根系POD活性，浓度较高时对POD活性的化感作用增强。在各个取样时期均以3种物质等量混合处理对花生根系POD活性增加幅度最大，与对照差异最显著，POD活性苗后45 d两个浓度分别比对照增加28.81%和49.46%，苗后75 d两个浓度分别比对照增加24.79%和42.69%，苗后105 d两个浓度分别比对照增加31.54%和43.64%。在较低添加浓度下，对羟基苯甲酸和肉桂酸的提高作用差异均不显著，显著高于邻苯二甲酸的增加作用；在较高添加浓度下，对羟基苯甲酸、肉桂酸和邻苯二甲酸3种药品处理之间差异不显著。

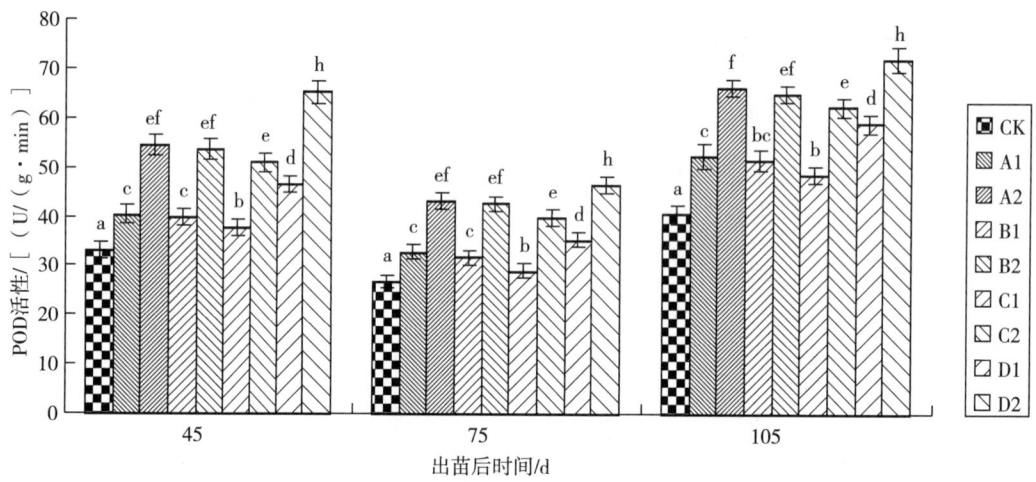

图3-36 酚酸类化感物质对大田盆栽花生根系POD活性的影响

三、酚酸类化感物质对花生根系过氧化氢酶（CAT）活性的影响

CAT是活性氧清除系统的又一关键酶，它可促使H_2O_2分解为分子氧和水，清除体内的过氧化氢，从而使细胞免于遭受H_2O_2的毒害（赵丽英等，1995）。

（一）酚酸类化感物质对温室盆栽花生根系CAT活性的影响

图3-37显示，花生根系CAT活性由苗期到花期整体呈上升趋势。化感物质处理花生均显著提高了花生根系CAT活性，浓度较高时对CAT活性的化感作用增强。在苗后20 d和35 d均以3种物质等量混合处理对花生根系CAT活性增加幅度最大，苗后20 d两个浓度分别为对照的1.96倍和2.62倍，苗后35 d两个浓度分别为对照的1.59倍和2.33倍。在较低添加浓度下，对羟基苯甲酸和邻苯二甲酸的提高作用在各时期差异均不显著，显著低于肉桂酸的增加作用；在较高添加浓度下，各处理对花生根系CAT活性的提高作用在苗期和花期与对照差异均达到了显著水平，3种化感物质处理中肉桂酸对花生根系CAT活性的化感作用相对较强。

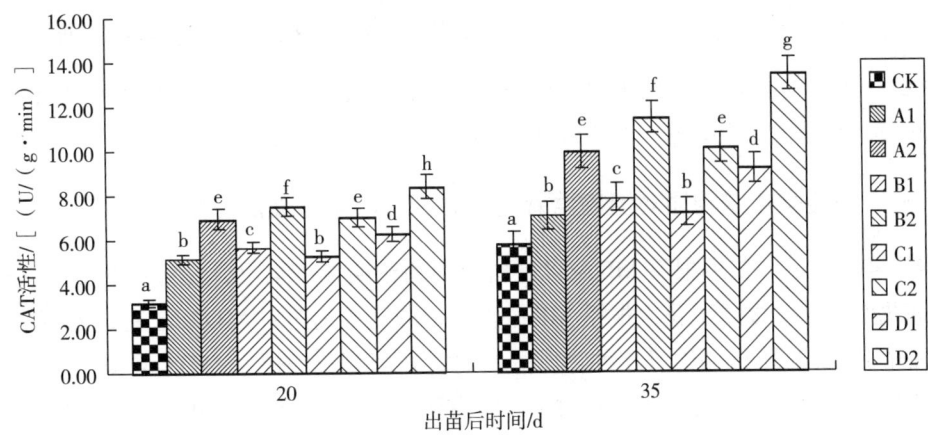

图 3-37 酚酸类化感物质对温室盆栽花生根系 CAT 活性的影响

(二) 酚酸类化感物质对大田盆栽花生根系 CAT 活性的影响

图 3-38 显示，各处理花生根系 CAT 活性在各取样时期整体呈降低的趋势。各取样时期化感物质处理花生均显著提高了花生根系 CAT 活性，浓度较高时对 CAT 活性的化感作用增强。在各个取样时期均以 3 种物质等量混合处理对花生根系 CAT 活性增加幅度最大与对照差异最显著，CAT 活性苗后 45 d 两个浓度分别为对照的 1.30 倍和 1.49 倍，苗后 75 d 两个浓度分别为对照的 1.35 倍和 1.55 倍，苗后 105 d 两个浓度分别为对照的 1.35 倍和 1.75 倍。在较低添加浓度下，对羟基苯甲酸和肉桂酸的提高作用差异均不显著，显著高于邻苯二甲酸的增加作用；在较高添加浓度下，对羟基苯甲酸、肉桂酸和邻苯二甲酸 3 种药品处理之间差异不显著。

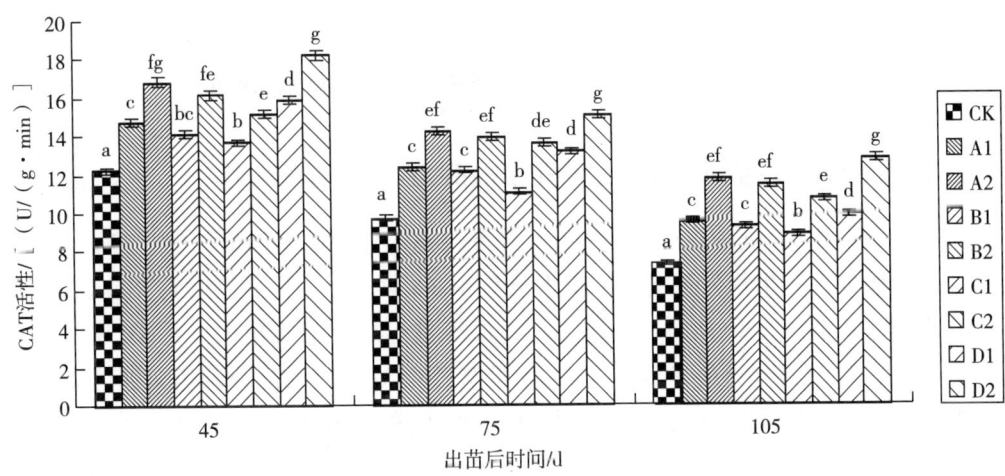

图 3-38 酚酸类化感物质对大田盆栽花生根系 CAT 活性的影响

四、酚酸类化感物质对花生根系丙二醛（MDA）含量的影响

MDA 是植物膜脂过氧化作用的最终产物，其含量高低可以反映植株抗氧化能力，是反映植株生理代谢强弱的一个重要生理指标（钟增涛等，2002）。

（一）酚酸类化感物质对温室盆栽花生根系 MDA 含量的影响

图 3-39 显示，花生根系 MDA 含量由苗期到花期整体呈上升趋势。酚酸类化感物质处理花生均显著提高了花生根系 MDA 含量，浓度较高时对 MDA 含量的化感作用增强。在苗后 20 d 和 35 d 均以 3 种物质等量混合处理对花生根系 MDA 含量增加幅度最大，苗后 20 d 两个浓度分别为对照的 1.56 倍和 1.95 倍，苗后 35 d 两个浓度分别为对照的 1.52 倍和 1.90 倍。在较低添加浓度下，对羟基苯甲酸和邻苯二甲酸的提高作用在各时期差异均不显著，显著低于肉桂酸的增加作用；在较高添加浓度下，各处理对花生根系 MDA 含量的提高作用在苗期和花期与对照差异均达到了显著水平，3 种化感物质处理中肉桂酸对花生根系 MDA 含量的化感作用相对较强。

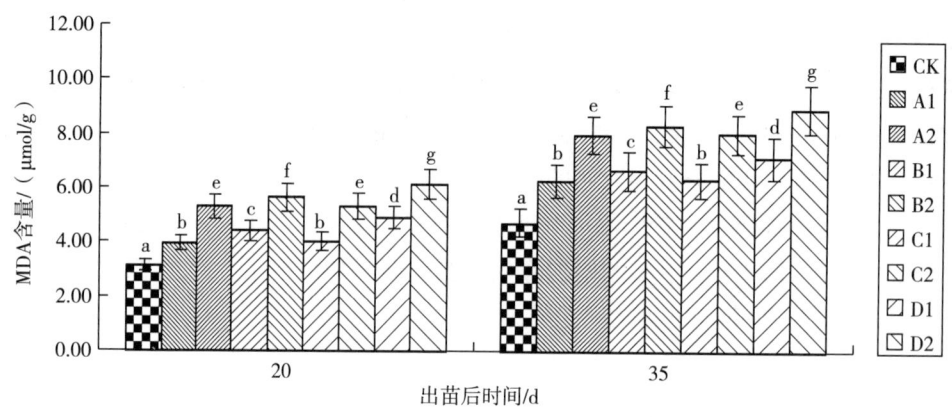

图 3-39　酚酸类化感物质对温室盆栽花生根系 MDA 含量的影响

（二）酚酸类化感物质对大田盆栽花生根系 MDA 含量的影响

图 3-40 显示，各处理花生根系 MDA 含量在各取样时期整体增加的趋势。各取样时期化感物质处理花生均显著提高了花生根系 MDA 含量，浓度较高时对 MDA 含量的化感作用增强。在各个取样时期均以 3 种物质等量混合处理对花生根系 MDA 含量增加幅度最大，与对照差异最显著，MDA 含量苗后 45 d 两个浓度分别为对照的 1.53 倍和 1.72 倍，苗后 75 d 两个浓度分别为对照的 1.54 倍和 1.76 倍，苗后 105 d 两个浓度分别为对照的 1.43 倍和 1.62 倍。在较低添加浓度下，对羟基苯甲酸和肉桂酸的提高作用差异均不显著，显著高于邻苯二甲酸的增加作用；在较高添加浓度下，对羟基苯甲酸、肉桂酸和邻苯二甲酸 3 种药品处理之间差异不显著。

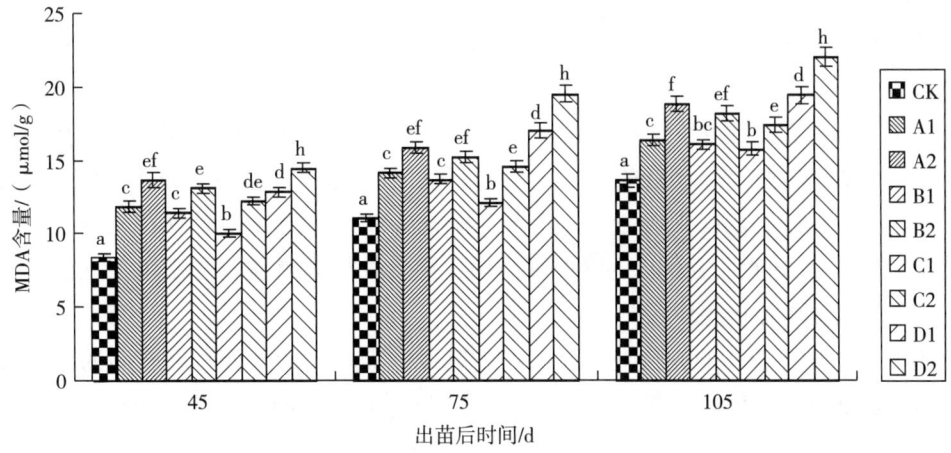

图 3-40 酚酸类化感物质对大田盆栽花生根系 MDA 含量的影响

第五节 化感物质与花生生长及根系生理特性的关系

一、化感物质与花生植株生育动态和根系生长的关系

花生植株合理的营养生长是取得较高生殖生长的前提（周录英等，2008）。花生营养体在花生整个生育过程中吸收水分、光能和养料，进行有机物的合成和转化，是干物质积累的重要器官，也是进行生殖生长的基础。因此取得花生稳定高产，必须保证花生各生育期植株健壮生长，保持充足的绿叶面积，才能取得高产。刘苹（2013）等研究发现脂肪酸含量 240 mg/kg 土时，苗期和花期花生植株的株高、茎叶重、根系重、总生物量均显著低于对照处理，其中在花期各项指标分别比对照降低 14.4%、22.0%、30.9% 和 23.7%。主茎高度在一定程度上反映花生个体生长好坏，吴正锋等（2006）报道，连作 1 年和连作 2 年的花生，主茎高度分别比生茬降低 10.9% 和 25.7%。作物获得高产稳产的关键因素是有较高的生物产量，而生物产量则在很大程度上取决于根系的发育状况，而根系的生长除受遗传因素影响外，还受环境的影响（何华和康绍忠，2002）。反映根系的发育状况指标包括根长、根平均直径、根系面积和根系生物量等（李宁等，2008）。根系的干重可以反映根系的发达程度，对维持植株地上部分生长和功能来说，参考意义更大（郭庆法等，2004）。金剑等（2004）发现，在整个生育期内，高产大豆的根长、根表面积显著高于低产大豆，各根系形态性状与产量之间关系相关性以根长最高。林国林等（2012）报道花生根系干物质呈单峰曲线。本试验研究结果显示，化感物质处理花生后，花生植株主茎高度、分枝数、侧茎长、茎叶重均降低，并与对照达到差异显著，田间盆栽试验花生根长、根系表面积在各取样时期逐渐减小，

根系平均直径反而逐渐增大，根系干物质先增加后减少，均与对照达到差异显著水平。对羟基苯甲酸、肉桂酸和邻苯二甲酸等量混合处理（D）两个处理浓度均与对照差异最显著。大田盆栽试验，在低浓度 40 mg/kg 的处理条件下，对羟基苯甲酸（A）与肉桂酸（B）处理之间差异不显著，但显著强于邻苯二甲酸（C）的抑制作用；在高浓度 80 mg/kg 的处理条件下，肉桂酸（B）在根系长度、根系平均直径方面化感作用相对较强，其他各指标 3 种药品单独处理间差异不显著。说明化感物质处理花生达到一定浓度对花生植株生长起到显著的化感抑制作用，混合处理效果显著强于单独处理，可能存在交互作用，增强化感作用。

花生功能叶片较高的光合速率是高产的基础，而较大的叶面积和较高的叶绿素含量为高产提供可靠的保障（王才斌等，2006）。叶绿素和叶面积改变会间接影响花生的产量（王才斌等，1992）。王才斌等（2007）研究发现，花生连作显著降低了花生单叶光合速率（Pn）、群体光合强度（CAP）和叶面积系数（LAI），并随着生育期推进而显著降低，叶绿素含量与 Pn 相关密切（王才斌等，2007）。甄志高等（2004）等研究发现花生连作对叶片叶绿素含量影响显著。叶绿素在植物光合作用中起着重要作用，叶绿素含量的降低意味着光合作用的减弱（Shibata et al., 2004）。刘苹等（2013）研究发现脂肪酸含量 160 mg/kg 土时，在苗期和花期均显著抑制了叶绿素含量。本试验研究发现，化感物质处理花生后，各取样时期均显著抑制了叶片叶绿素含量，也显著减少了叶片叶面积。对羟基苯甲酸、肉桂酸和邻苯二甲酸等量混合处理（D）两个处理浓度均与对照差异最显著。温室盆栽试验，在低浓度 40 mg/kg 的处理条件下，对羟基苯甲酸（A）与邻苯二甲酸（C）处理之间差异不显著，但显著低于肉桂酸（B）的抑制作用；大田盆栽试验，在低浓度 40 mg/kg 的处理条件下，对羟基苯甲酸（A）与肉桂酸（B）处理之间差异不显著，但显著强于邻苯二甲酸（C）的抑制作用。在高浓度 80 mg/kg 的处理条件下，温室盆栽肉桂酸（B）处理对叶绿素含量的化感作用相对较强。可能由于田间土壤盆栽与温室石英砂盆栽条件差异造成结果略有差异。说明化感物质处理花生达到一定浓度对花生叶片叶绿素含量和叶面积起到显著的化感抑制作用，混合处理效果显著强于单独处理，可能存在交互作用，增强化感作用。

二、化感物质与花生根系养分吸收能力的关系

根系是作物的地下部营养吸收器官，与作物的地上部构成一个完整的物质生产系统。根系也是作物的一个重要的代谢器官，根系生长得好与坏，将直接影响作物地上部分的生长发育和产量的高低。花生根系活力水平将直接影响花生个体的生长状况、营养状况及产量高低，根系活力是一种客观反映根系生命活动的生理指标（王芳等，2004）。花生连作导致植株体内营养水平降低。甄志高等（2004）报道，花生连作 1~5 年，植株硝态氮、速效磷、速效钾分别比对照降低 5.4%~20.4%、5.2%~26.9% 和 4.5%~20.9%，连作年限越长，影响越大。本研究结果发现，化感物质处理花生，花生植株根系吸收面积、活跃吸收面积、根系活力、ATP 酶活性、NR 活性与对照相比

均受到抑制作用，花生根系可溶性糖含量和可溶性蛋白含量均显著降低，花生植株全氮、磷、钾含量显著下降。对羟基苯甲酸、肉桂酸和邻苯二甲酸等量混合处理（D）两个处理浓度均与对照差异最显著。温室盆栽试验，在低浓度 40 mg/kg 的处理条件下，对羟基苯甲酸（A）与邻苯二甲酸（C）处理之间差异不显著，但显著低于肉桂酸（B）的抑制作用；大田盆栽试验，在低浓度 40 mg/kg 的处理条件下，对羟基苯甲酸（A）与肉桂酸（B）处理之间差异不显著，但显著强于邻苯二甲酸（C）的抑制作用。在高浓度 80 mg/kg 的处理条件下，大田盆栽植株全氮、磷、钾含量其他 3 种处理中对羟基苯甲酸（A）、肉桂酸（B）化感作用相对较强；温室盆栽植株全氮、磷、钾含量其他 3 种处理中肉桂酸（B）化感作用相对较强，其他各指标 3 种药品单独处理间差异不显著。说明化感物质处理花生达到一定浓度，对花生根系吸收面积、活跃吸收面积、根系活力、ATP 酶活性、NR 活性起到显著的化感抑制作用，导致花生根系可溶性糖含量和可溶性蛋白含量均显著降低，最终导致植株全氮、磷、钾含量显著减少。温室与大田试验在低浓度 40 mg/kg 处理下结果略有差异可能由栽培条件造成的，混合处理效果显著强于单独处理，可能存在交互作用，增强化感作用。

三、化感物质与花生根系细胞膜过氧化的关系

植物体衰老是结构和功能的衰退或死亡的变化过程，在植物界普遍存在（肖凯等，1994）。自由基伤害假说，植物叶片的衰老是由于细胞内的活性氧产生与清除系统之间的平衡遭到破坏，膜脂受到过氧化的伤害（Fridovich，1975）。植物体内的 SOD、POD 和 CAT 等保护性酶协同作用，清除植物体内过量的活性氧，维持植物体内活性氧代谢的平衡，从而延缓植株衰老（Liang et al.，2003）。目前花生相关的保护性酶研究主要集中在叶片上，对花生根系保护性酶研究较少，花生是无限生长习性，花生根系需要长时间保持较强的吸收能力，根系的衰老直接影响植株干物质积累和产量（肖凯等，1998；王空军等，2002；梁建生和曹显祖，1993）。刘苹等（2011）研究发现花生结荚期根系分泌物对花生叶片的抗氧化系统存在一定促进作用，SOD、POD 和 CAT 活性与对照相比极显著增强，膜脂过氧化物 MDA 含量极显著增加，随添加浓度和连作年限的增加促进作用增强。很多研究发现抗氧化酶系统对环境胁迫的响应，但关于抗氧化酶对化感物质响应的研究报道还较为少见（Koca et al.，2006；Madhava Rao and Sresty，2000）。在受到活性氧的胁迫时，作为应激反应 SOD、POD 和 CAT 活性增强，以保护组织应对更强的胁迫（Malanga and Puntarulo，1995；Privalle and Fridovich，1987）。本研究发现，化感物质处理花生，花生根系 SOD、POD 和 CAT 活性增强，MDA 含量显著增加，均与对照达到差异显著水平。对羟基苯甲酸、肉桂酸和邻苯二甲酸等量混合处理（D）两个处理浓度均与对照差异最显著。温室盆栽试验，在低浓度 40 mg/kg 的处理条件下，对羟基苯甲酸（A）与邻苯二甲酸（C）处理之间差异不显著，但显著低于肉桂酸（B）的抑制作用；大田盆栽试验，在低浓度 40 mg/kg 的处理条件下，对羟基苯甲酸（A）与肉桂酸（B）处理之间差异不显著，但显著强于邻苯二甲酸（C）的抑制作用。

在高浓度 80 mg/kg 的处理条件下，3 种药品单独处理间差异不显著。说明化感物质处理花生达到一定浓度，花生受到活性氧胁迫，作为应激反应 SOD、POD 和 CAT 活性增强，但仍不能消除过多活性氧带来的伤害，导致细胞膜过氧化，膜脂过氧化产物 MDA 含量增加。温室与大田试验在低浓度 40 mg/kg 处理下结果略有差异可能是由栽培条件造成的，混合处理效果显著强于单独处理，可能存在交互作用，增强化感作用。

四、化感物质与花生产量和产量构成因素的关系

花生荚果干物质的积累是产量形成的基础，花生荚果产量随生物学产量和经济学系数的增加而提高，高产花生生物学产量和经济学系数应兼具（杜红等，2005）。同一品种在同一生态条件下，花生产量主要取决于花生植株干物质积累的速率（杨伟强等，2009）。万书波等（2007）研究发现，连作 2 年的花生群体干物质积累速率和荚果干物质积累速率、总生物产量、荚果产量与轮作比分别降低 10.2%、10.2%、9.4% 和 9.7%，差异达到差异显著水平或极显著水平。刘苹等（2013）报道，当土壤脂肪酸初始含量为 160 mg/kg 土时，花生荚果的产量显著降低，比对照减少 15.4%。本研究结果发现，化感物质处理花生，显著降低了花生的产量，而且浓度较高时，对产量的抑制作用显著增强。单株结果数、百果重、百仁重、饱果率和出仁率均低于对照处理，千克果数大于对照处理，且均达到差异显著水平。总体来看，对羟基苯甲酸、肉桂酸和邻苯二甲酸等量混合处理（D）的抑制作用最强，两个浓度分别比对照减产 42.41% 和 49.56%，与对照差异极显著。在低浓度 40 mg/kg 的处理条件下，对羟基苯甲酸（A）与肉桂酸（B）处理之间差异不显著，但显著强于邻苯二甲酸（C）的抑制作用。在高浓度 80 mg/kg 的处理条件下，温室盆栽 SOD 活性、POD 活性、CAT 活性、MDA 含量其他 3 种处理中肉桂酸（B）化感作用相对较强；大田盆栽 3 种药品单独处理间差异不显著。说明化感物质处理花生，花生单株结果数、饱果率和出仁率受到显著的化感抑制作用，最终导致花生产量显著降低。混合处理效果显著强于单独处理，可能存在交互作用，增强化感作用。

五、栽培介质对化感作用的影响

Choesin 和 Boerner（1991）报道，田间条件下，化感物质或者自毒物质产生毒性作用的前提条件是要积累到一定的含量水平，并且与目标植物直接接触。很多研究表明，化感物质或自毒物质在土壤中存在的形式和状态受土壤微条件和土壤微生物的影响很大（Cheng et al.，1995；Inderjit et al.，1996；Inderjit，2001）。Romeo（2000）研究发现大部分化感作用的生物评价试验是在人工培养介质如蛭石、石英砂、琼脂中进行的，必然导致试验结果与田间实际情况差距较大。因此，Inderjit（2005）建议要对分离鉴定出的化感物质进入土壤后的作用进行研究。本研究结果发现，对羟基苯甲酸（A）处理花生幼苗，大田土壤盆栽试验的化感作用与温室石英砂盆栽相比显著增强，说明栽培介质对化感作用有一定的影响作用。这启示以后要综合人工培养和大田栽培来研究化感物质或自毒物质的化感作用。

第四章
化感物质对根际微生态环境及产量的影响

目前，国内外学者围绕花生连作障碍进行了大量的研究，分别从植株生长发育、土壤营养失调、病虫害为害严重、土壤酶活性下降等角度进行了研究（封海胜等，1993a；封海胜等，1993b；封海胜等，1994；孙秀山等，2001；徐瑞富和王小龙，2003），但还不够深入系统，连作障碍的机理还不十分清楚。花生根际土壤微生态环境与花生的产量密切相关。前期研究发现，花生根系分泌物的化感作用与连作障碍间有着密切关系，且连作花生土壤中化感物质随着连作年限增加有增加的趋势，并分离鉴定出花生根系分泌物中具有自毒作用的多种化感物质。基于连作花生根际土壤pH值下降、土壤养分失调、土壤微生物区系失衡、土壤酶活性下降、土传病害加重这一现象，以连作花生土壤中主要化感物质邻苯二甲酸、对羟基苯甲酸和肉桂酸对花生根际微生态环境的影响为主线，探索连作花生根际土壤养分失调、土壤微生物区系失衡、土壤酶活性下降、产量降低的原因，进一步明确连作花生土壤中主要化感物质与连作障碍间的关系，阐明花生连作障碍的机理，为研发花生连作障碍防控产品和防控生产技术提供理论支撑（李庆凯，2016a，2016b，2016c）。

本试验采取室内试验与田间试验相结合的方式，前期室内土壤培养试验，将肉桂酸（A）、邻苯二甲酸（B）、对羟基苯甲酸（C）及3种化感物质（A∶B∶C=4∶10∶7）的混合物（D）分别配制成系列梯度溶液后添加到未种植花生的土壤中，测定花生连作土壤中主要酚酸类化感物质对土壤微生态的影响。同时进行室内花生根腐病原菌致病能力的试验，采用灭菌土壤接种病原菌的方法，研究主要酚酸类化感物质及其混合物对连作花生常见土传病原菌花生根腐镰刀菌致病能力（发病率和病情指数）的影响。翌年进行田间盆栽试验（以未种植过花生的土壤为介质）测定花生连作土壤中主要酚酸类化感物质对花生根际土壤微生态的影响。综合分析室内和田间试验得出结论。

室内土壤培养试验：从饮马泉试验农场收集未种植过花生的土壤，过2 mm筛混匀。将土壤分装到玻璃瓶中，每瓶（口径6 cm，高9 cm）装100 g干土。称取一定量的分析纯肉桂酸（A）、邻苯二甲酸（B）、对羟基苯甲酸（C）及3种化感物质的混合物（D），先分别溶于少量乙醇（每升溶液5 mL乙醇）再用蒸馏水稀释配成75 mg/L、150 mg/L、300 mg/L和450 mg/L的酚酸处理液。用配置好的酚酸处理液处理上述分装好的土壤，每瓶加入20 mL酚酸处理液，使肉桂酸（A）、邻苯二甲酸（B）、对羟基苯甲酸（C）以及

3种物质混合物（D）的初始含量分别达到15 mg/kg 干土、30 mg/kg 干土、60 mg/kg 干土和90 mg/kg 干土，分别表述为A1、A2、A3、A4, B1、B2、B3、B4, C1、C2、C3、C4, D1、D2、D3、D4。对照组用等量加入同等比例乙醇的蒸馏水处理，处理后，分别用封口膜封口并留有小孔透气，保持含水量为20%（重量调节法）。每个处理15瓶，25℃黑暗培养。在处理3 d、7 d、15 d、30 d、45 d 取样，每次取样取3瓶，即3个重复。分别测定土壤微生物区系、微生物量碳、微生物量氮、微生物活性、土壤理化性质和土壤酶活性。

花生根腐病病原菌致病能力试验：从中国农业微生物菌种保藏管理中心购买花生根腐镰刀菌，将病原菌接种到煮熟且灭过菌的小麦粒上，置于25 ℃的培养箱中培养至病原菌均匀地长满每个小麦粒。选取饱满、均匀、色泽好的花生种子，经0.1%的$HgCl_2$消毒10 min 后，置于培养皿中催芽，待其发芽后，选取发芽较好的花生种子种植于基质中。从饮马泉试验农场收集未种植花生的土壤，高压灭菌锅间歇性灭菌2 h，备用。待基质中的花生处于3叶期时，将接有病原菌的小麦粒与灭菌土壤充分混匀（接菌小麦粒含量均为3%），分装到塑料小盆中，每盆装接菌土壤500 g。浇水润土后，选取长势一致的花生幼苗，移栽至接菌土壤中，每盆2株花生。

移栽7 d 后进行处理：称取一定量的分析纯肉桂酸（A）、邻苯二甲酸（B）、对羟基苯甲酸（C）以及3种化感物质的混合物（D），分别先用少量乙醇溶解（每升溶液5 mL 乙醇）再用蒸馏水稀释配制成0.3 g/L、0.6 g/L 和0.9 g/L 的酚酸处理液。用配制好的酚酸溶液处理上述花生，每盆浇灌50 mL，使肉桂酸（A）、邻苯二甲酸（B）、对羟基苯甲酸（C）以及3种物质混合物（D）的初始含量分别达到30 mg/kg 干土、60 mg/kg 干土和90 mg/kg 干土，分别表述为A1、A2、A3, B1、B2、B3, C1、C2、C3, D1、D2、D3。对照组用等量加入同等比例乙醇的蒸馏水处理，每个处理均为10盆。当对照出现病株时，分别调查各处理发病率和病情指数（每个处理随机调查5盆）。10 d 后，调查各处理剩余花生的发病情况。

田间盆栽试验：取饮马泉试验农场未种植过花生的土壤，过2 mm 筛混匀。每个花盆（口径30 cm，高25 cm）装土18 kg，装土前施用底肥生之道复合肥2.6 g、艳阳天复合肥2.6 g、商品有机肥12.4 g，将底肥与土壤混合均匀后再装盆，共计180盆，浇水润土后于2015年5月22日播种花生，每盆3穴，每穴两粒，覆膜。10 d 后出苗揭膜，6月8日每穴保留健苗1株。6月20日，选取156盆长势一致的花生。称取一定量的分析纯肉桂酸（A）、邻苯二甲酸（B）、对羟基苯甲酸（C）以及3种化感物质的混合物（D），分别先用少量乙醇溶解（每升溶液5 mL 乙醇）再用蒸馏水稀释配制成0.27 g/L、0.54 g/L 和0.81 g/L 的酚酸处理液。用配制好的酚酸溶液处理上述花生，每盆浇灌2 L，使肉桂酸（A）、邻苯二甲酸（B）、羟基苯甲酸（C）以及3种物质混合物（D）的初始含量分别达到30 mg/kg 干土、60 mg/kg 干土和90 mg/kg 干土，分别表述为A1、A2、A3, B1、B2、B3, C1、C2、C3, D1、D2、D3。对照组用等量加入同等比例乙醇的蒸馏水处理，每个处理12盆。分别于出苗后45 d（花针期）、出苗后75 d（结荚初期）、出苗后105 d（结荚末期），取样测定花生农艺性状、根际土壤微生物区系、微生物量碳、微生物量氮、微生物活性、土壤理化性质和土壤酶活性。每次取样取3

盆，即3个重复。试验在自然气候条件下进行，试验期间根据干旱程度适量补充等量水分。成熟期（9月21日）取样测产。

第一节 化感物质对花生根际土壤微生物的影响

一、化感物质对土壤微生物区系的影响

（一）化感物质对土壤细菌和放线菌数量的影响

1. 化感物质对花生根际土壤细菌和放线菌数量的影响

图4-1和图4-2显示，从花生出苗后45～105 d，花生根际土壤细菌和放线菌的数量呈先增加后降低的趋势，但结荚末期的数量要高于花针期。化感物质处理后，花生根际土壤细菌和放线菌的数量明显减少（$P < 0.05$），且随着化感物质浓度的增加而逐渐降低。3次取样，以花生出苗后45 d，根际土壤细菌和放线菌所受化感作用最强，与对照相比，高浓度的肉桂酸、邻苯二甲酸、对羟基苯甲酸和3种化感物质混合物处理（初始含量90 mg/kg）使根际土壤细菌的数量减少了50.0%、41.6%、48.8%和57.8%，使放线菌的数量降低了56.1%、48.5%、53.0%和60.6%。随着处理天数的增加，各处理对根际土壤细菌和放线菌的化感作用有逐渐减弱的趋势。

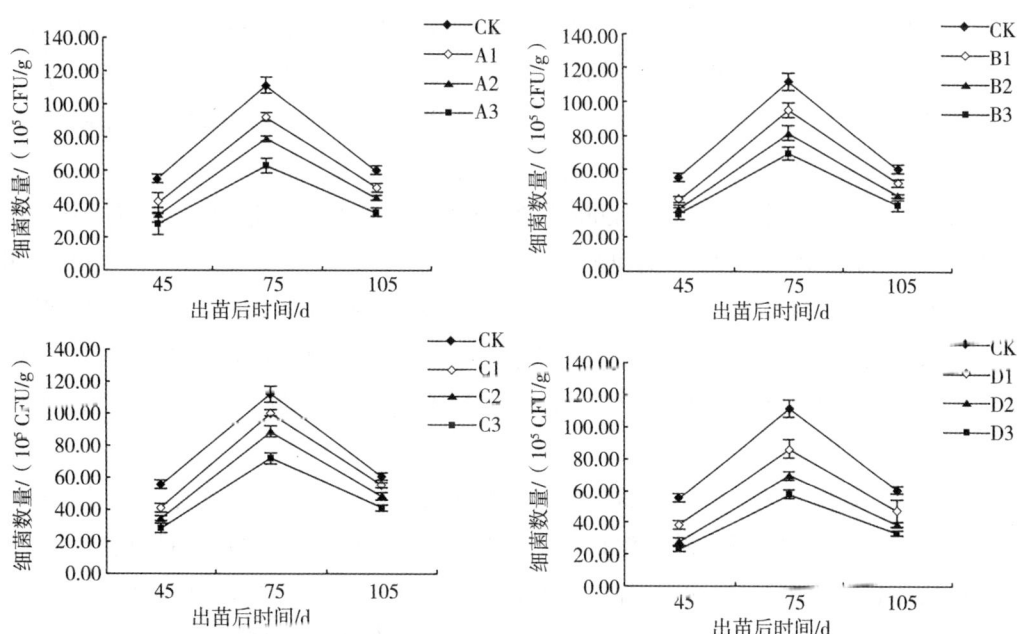

CK—对照；A—肉桂酸；B—邻苯二甲酸；C—对羟基苯甲酸；D—3种化感物质混合物（1. 30 mg/kg 干土；2. 60 mg/kg 干土；3. 90 mg/kg 干土）。

图4-1 化感物质对花生根际土壤细菌数量的影响

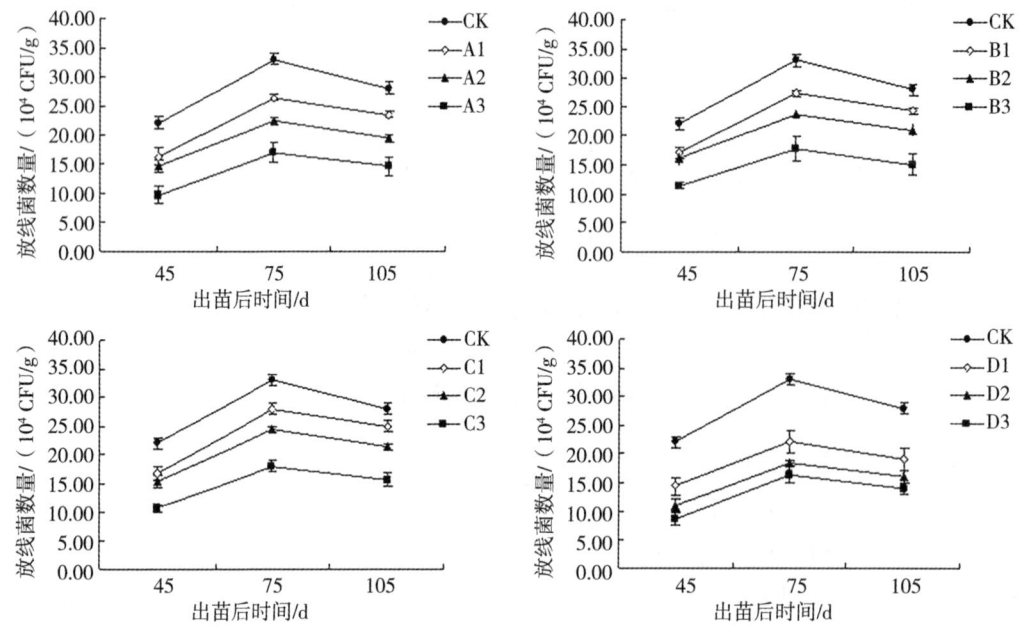

CK—对照；A—肉桂酸；B—邻苯二甲酸；C—对羟基苯甲酸；D—3 种化感物质混合物（1.30 mg/kg 干土；2.60 mg/kg 干土；3.90 mg/kg 干土）。

图 4-2　化感物质对花生根际土壤放线菌数量的影响

2. 化感物质对室内培养土壤细菌和放线菌数量的影响

由图 4-3 可以看出，化感物质处理后，在各取样时期各处理土壤中细菌均发生了明显的变化，其中，处理 A1、B1、C1、D1 均微弱地促进了细菌的生长。当化感物质的浓度升高时，土壤细菌明显受到抑制，且化感物质浓度越高，抑制作用越强。肉桂酸、邻苯二甲酸以及 3 种化感物质混合物在处理第 15 天对土壤细菌的抑制作用最强。其中，处理 A2、B2、D2 细菌数量分别比对照降低了 32.25%、16.33%、38.17%；处理 A3、B3、D3 比对照分别降低了 44.00%、26.25%、48.67%；处理 A4、B4、D4 则降低了 54.33%、40.00%、60.67%。而对羟基苯甲酸的抑制作用最强则在第 7 天，与对照相比，处理 C2、C3、C4 细菌数量分别降低了 27.40%、37.08%、47.92%，随后均逐渐减弱。此外，化感物质初始含量相同的处理之间，其土壤细菌数量的抑制作用强弱次序，前两次取样：处理 D＞处理 A＞处理 C＞处理 B；后 3 次取样：处理 D＞处理 A＞处理 B＞处理 C。

由图 4-4 可以看出，低浓度的化感物质处理 A1、B1、C1、D1 均在一定程度上促进了土壤中放线菌的增长。随着化感物质浓度的升高，放线菌的数量明显减少。当化感物质的初始含量相同时，在处理第 3 天和第 7 天，不同处理对放线菌的抑制作用强弱次序分别为：处理 D＞处理 A＞处理 C＞处理 B。在处理第 15 天、第 30 天和第 45 天则分别为：处理 D＞处理 A＞处理 B＞处理 C。对羟基苯甲酸的化感作用最强在处理第 7 天。此时，处理 C2、C3、C4 分别比对照减少了 9.04%、17.26%、23.29%。而肉桂酸、邻苯二甲酸以及3种化感物质混合物均在处理第15天。此时，处理A4、B4、D4分别比对照降低了29.07%、26.74%、37.21%。

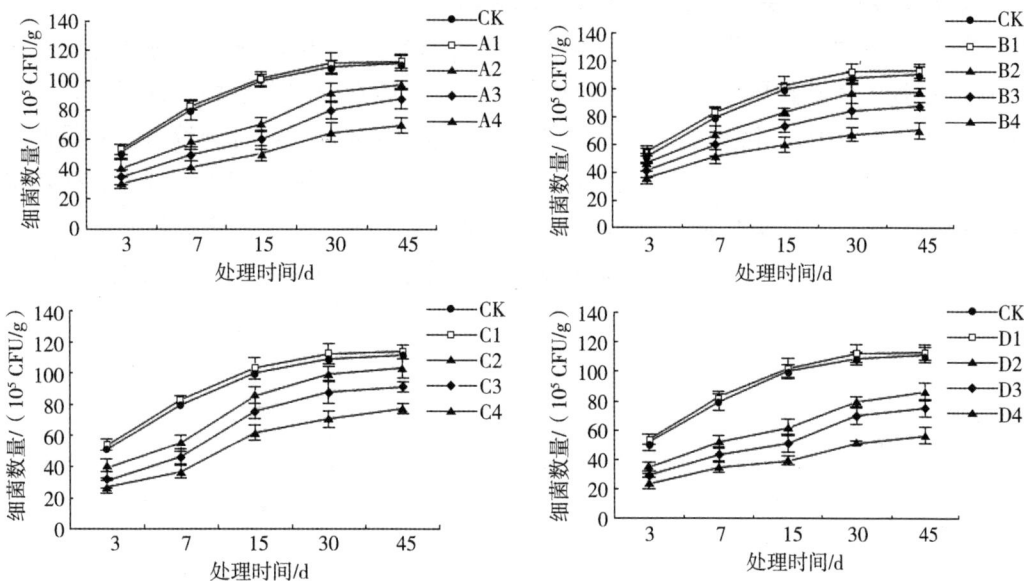

CK—对照；A—肉桂酸；B—邻苯二甲酸；C—对羟基苯甲酸；D—3种化感物质混合物（A∶B∶C=4∶10∶7）
（1. 15 mg/kg；2. 30 mg/kg；3. 60 mg/kg；4. 90 mg/kg）。

图4-3　化感物质对室内培养土壤细菌数量的影响

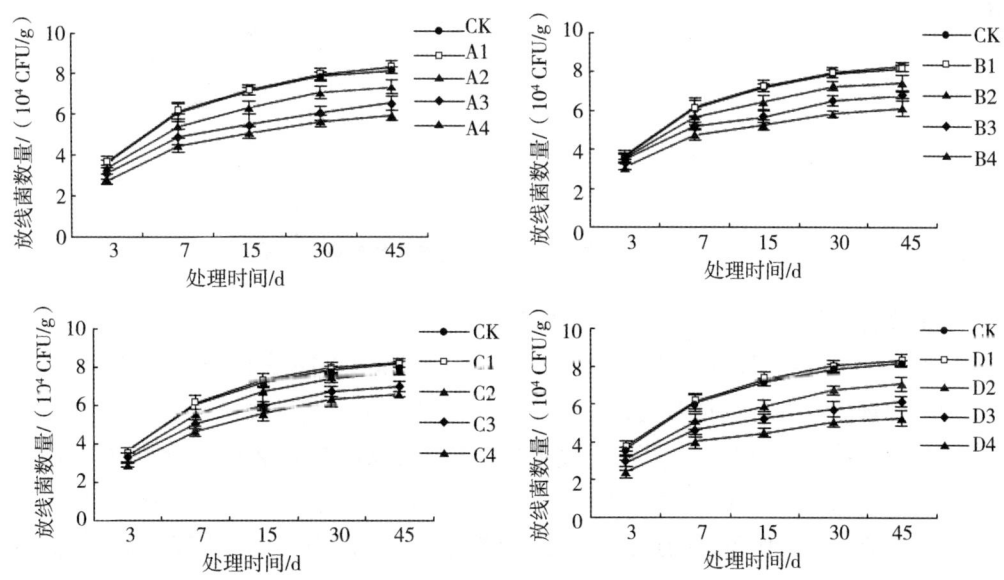

CK—对照；A—肉桂酸；B—邻苯二甲酸；C—对羟基苯甲酸；D—3种化感物质混合物（A∶B∶C=4∶10∶7）
（1. 15 mg/kg；2. 30 mg/kg；3. 60 mg/kg；4. 90 mg/kg）。

图4-4　化感物质对室内培养土壤放线菌数量的影响

（二）化感物质对土壤真菌数量的影响

1. 化感物质对花生根际土壤真菌数量的影响

图 4-5 显示，从花生出苗后 45 d 到出苗后 105 d，根际土壤真菌的数量呈逐渐增加的趋势。化感物质处理后，各处理花生根际土壤真菌的数量均受到了明显的促进作用（$P < 0.01$）。随着处理天数的增加，化感物质对花生根际土壤真菌数量的影响逐渐增强。3 次取样，以花生出苗后 105 d，各处理对根际土壤真菌的化感作用最强。此时，高浓度的肉桂酸、邻苯二甲酸、对羟基苯甲酸和 3 种化感物质混合物处理（初始含量 90 mg/kg）根际土壤真菌的数量分别为对照的 2.8 倍、2.5 倍、2.7 倍和 3.0 倍。

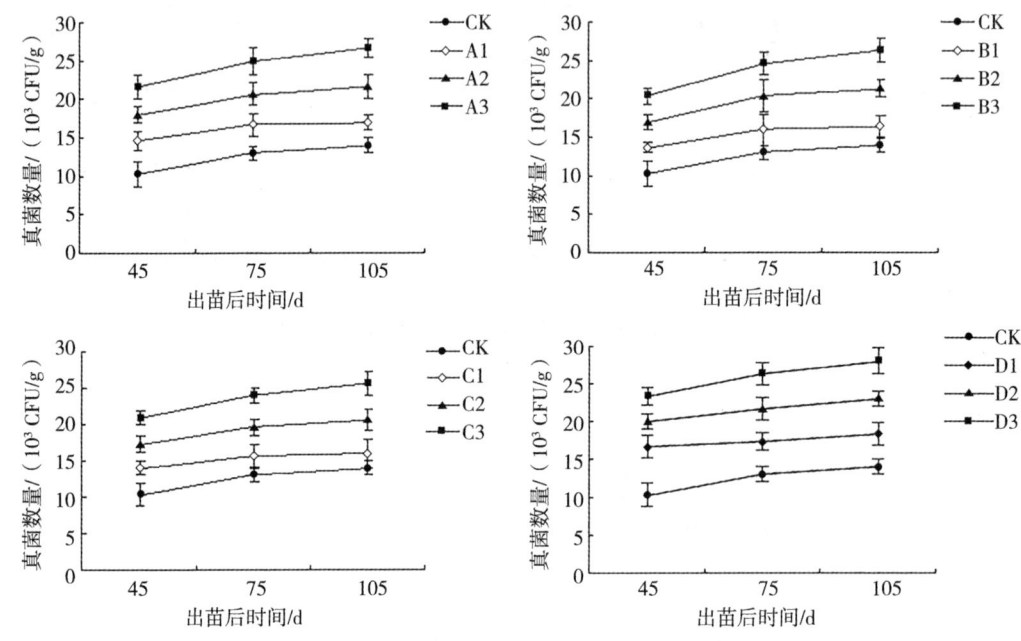

图 4-5 化感物质对花生根际土壤真菌数量的影响

2. 化感物质对室内培养土壤真菌数量的影响

从图 4-6 可以看出，随着处理天数的增加，对照土壤中真菌的数量呈递减的趋势。化感物质处理后，在各取样时期，土壤中真菌数量明显高于对照，且随着处理浓度的升高，真菌的数量明显增加。当化感物质的初始含量相同时，各处理对土壤真菌的促进作用强弱次序为：处理 D＞处理 A＞处理 C＞处理 B。随着处理天数的增加，各处理对土壤真菌的促进作用越来越强。到处理第 45 天，化感物质对土壤真菌的化感作用均达到最强；其中，处理 A4、B4、C4、D4 真菌数量分别为对照的 3.39 倍、3.27 倍、3.35 倍、3.51 倍。

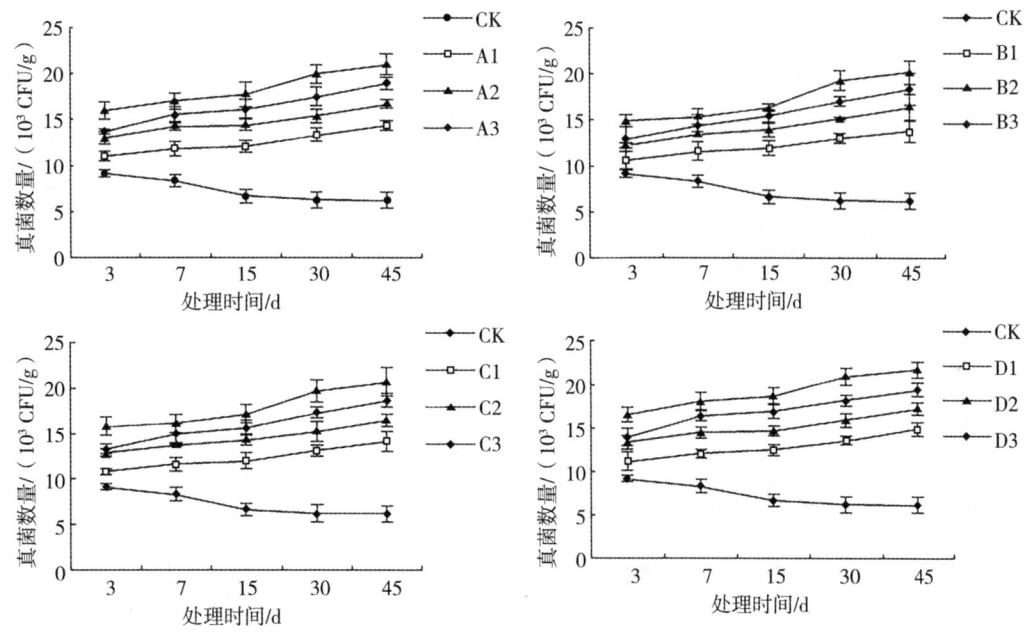

图 4-6 化感物质对室内培养土壤真菌数量的影响

二、化感物质对土壤呼吸强度的影响

（一）化感物质对花生根际土壤呼吸强度的影响

从土壤呼吸强度的高低与土壤微生物促进物质转化以及土壤动物和植物根系呼吸的强度相关，可反映土壤微生物活性的强弱。从图 4-7 可以看出，3 次取样，花生根际土壤呼吸强度呈先增加后降低的趋势。在花生出苗后 45 d 和 75 d，各处理均显著低于对照（$P < 0.01$），且随着化感物质处理浓度的增加而降低。到了出苗后 105 d，低浓度化感物质处理（30 mg/kg）与对照差异不显著（$P > 0.05$），其他处理均显著低于对照（$P < 0.01$）。3 次取样，以出苗后 45 d 花生根际土壤呼吸强度所受化感作用最强，初始含量为 90 mg/kg 的肉桂酸、邻苯二甲酸、对羟基苯甲酸和 3 种化感物质混合物处理分别比对照降低了 35.8%、30.7%、33.6% 和 40.6%。

（二）化感物质对室内培养土壤呼吸强度的影响

从图 4-8 可以看出，随着培养时间的增加，土壤呼吸强度呈上升趋势。同一取样时期，低浓度的化感物质（15 mg/kg）促进了土壤呼吸，但与对照相比差异不显著。当化感物质初始含量达到 30 mg/kg 时，在各取样时期，处理 D 均显著低于对照，且随着处理浓度的增加，土壤呼吸强度均显著降低。处理 A、B、C 的土壤呼吸强度：在处理第 3 天和第 7 天，当化感物质初始含量达到 30 mg/kg 时，土壤呼吸强度显著低于对照，且随着化感物质浓度的升高，土壤呼吸强度显著降低。在处理第 7 天，对羟基苯甲酸对土壤呼吸强度的化感作用最强。随着处理天数的增加，化感物质对土壤呼吸强

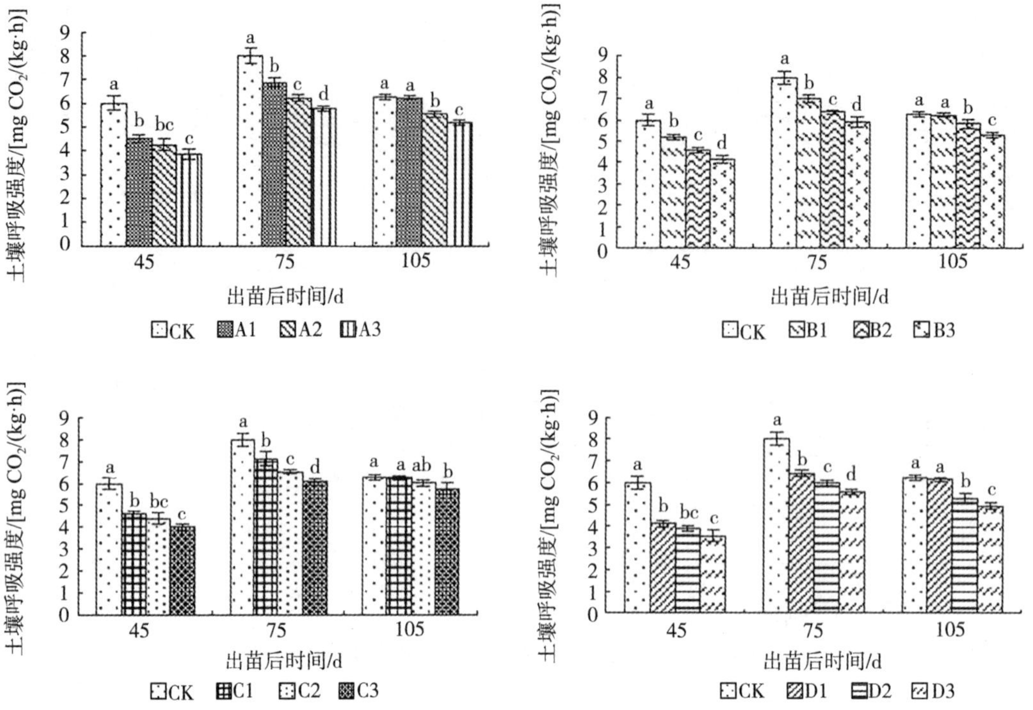

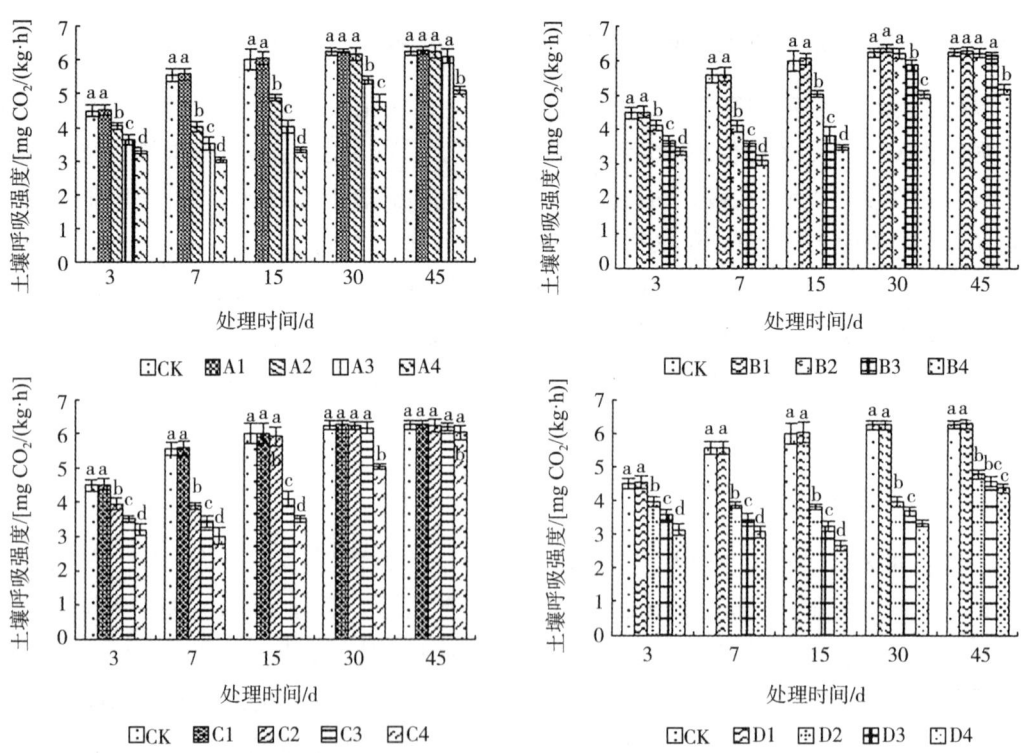

图 4-7 化感物质对花生根际土壤呼吸强度的影响

图 4-8 化感物质对室内培养土壤呼吸强度的影响

度的影响有减弱的趋势。其中,在处理第 15 天,处理 C2 与对照相比差异不显著,其他处理均明显低于对照。此时,肉桂酸、邻苯二甲酸和 3 种化感物质的混合物的化感作用达到最强。在处理第 30 天,处理 A2、B2、C2 与对照差异不显著。而在处理第 45 天,仅有处理 A4、B4 显著低于对照,其他处理与对照差异不显著。当化感物质的初始含量相同时,各处理化感作用强弱顺序为:在处理第 3 天和第 7 天,处理 D＞处理 A＞处理 C＞处理 B;后三次取样,处理 D＞处理 A＞处理 B＞处理 C。

三、化感物质对土壤微生物量的影响

(一)化感物质对花生根际土壤微生物量的影响

从图 4-9 和图 4-10 可以看出,在花生出苗后 45 d、75 d 和 105 d,根际土壤微生物量碳、氮的含量呈现先升高后降低的趋势。化感物质处理后,各处理花生根际土壤微生物量碳、氮的含量均明显低于对照。前两次取样,随着处理浓度的增加,根际土壤微生物量碳、氮的含量均显著降低($P < 0.01$)。到了花生出苗后 105 d,处理 A1、B1、C1、C2 与对照差异不显著,其他处理均显著低于对照($P < 0.01$)。3 次取样,以花生出苗后 45 d,化感物质对花生根际土壤微生物量碳、氮的抑制作用最强。此时,高浓度的肉桂酸、邻苯二甲酸、对羟基苯甲酸和 3 种化感物质混合物处理(90 mg/kg),微生物量碳含量比对照分别降低了 53.50%、40.39%、47.01% 和 60.33%,微生物量氮含量比对照分别降低了 56.7%、49.1%、52.5% 和 61.4%。

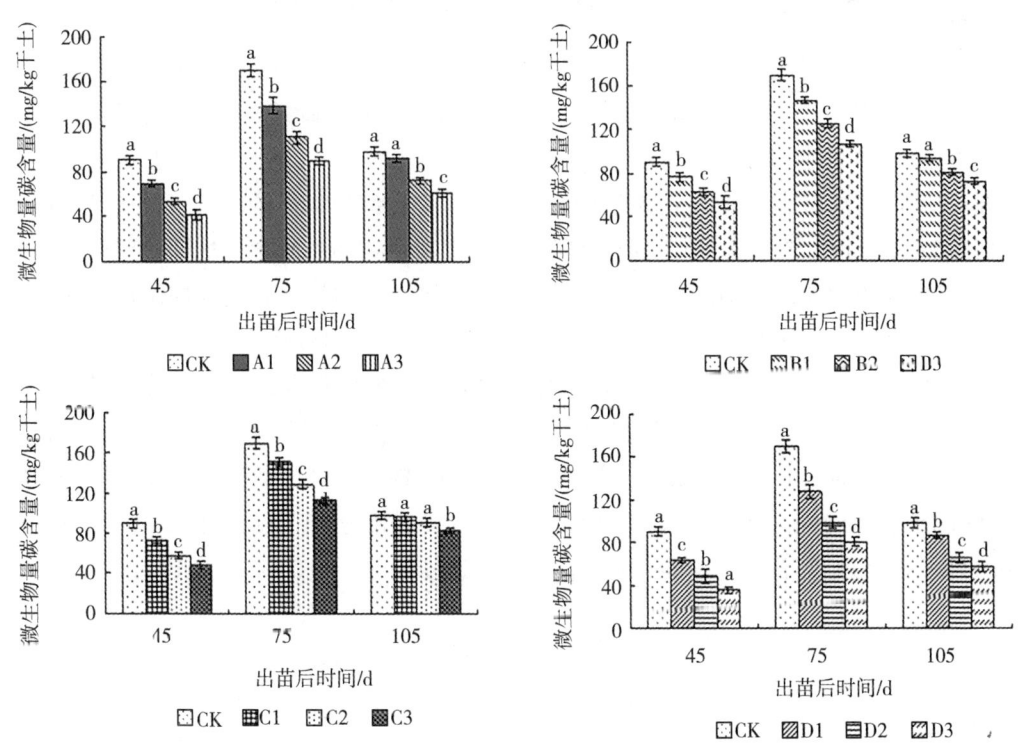

图 4-9 化感物质对花生根际土壤微生物量碳的影响

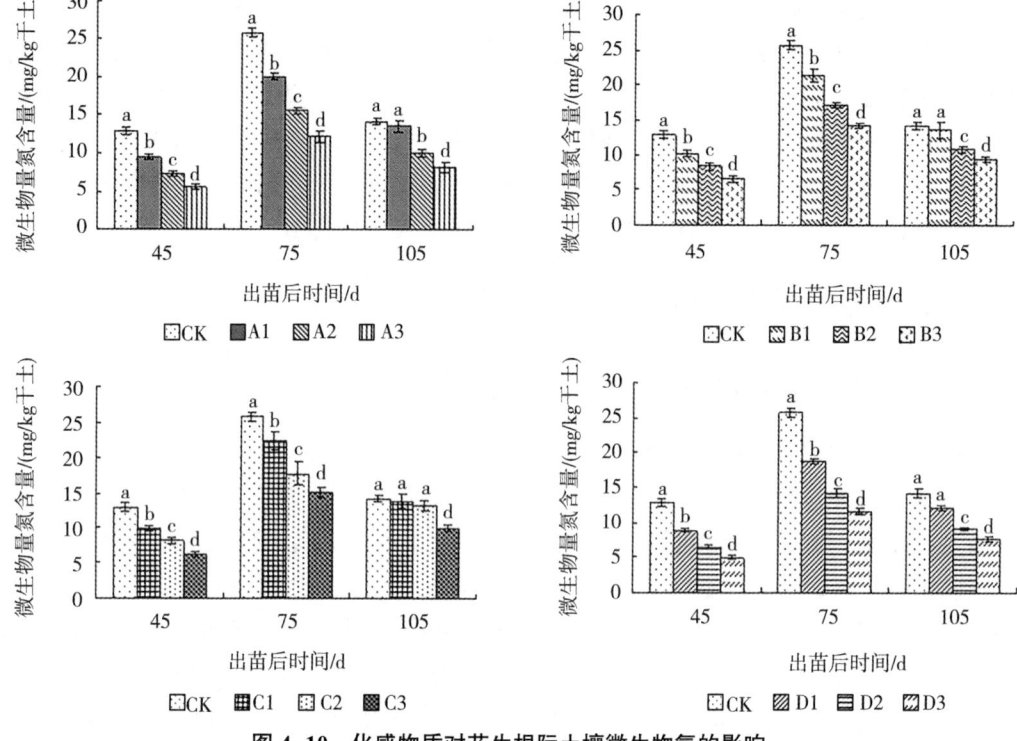

图 4-10 化感物质对花生根际土壤微生物氮的影响

（二）化感物质对室内培养土壤微生物量碳（氮）的影响

土壤微生物量是植物营养物质的源和库，常被用于评价土壤质量。由图 4-11 和图 4-12 可以看出，随着处理时间的延长，土壤微生物量碳和氮含量均呈逐渐增加的趋势。酚酸类物质的初始含量为 15 mg/kg 干土（A1、B1、C1、D1）处理的土壤微生物量碳和氮含量与对照差异均不显著（$P > 0.05$）。当酚酸类物质的初始含量达到或高于 30 mg/kg 干土时，在各取样时期各处理土壤微生物量碳和氮的含量均低于对照，且随着处理浓度的增加而逐渐降低。酚酸类物质对土壤微生物量碳和氮的抑制作用呈先增强后减弱的趋势，以 3 种酚酸类物质的混合物抑制作用相对较强。

肉桂酸、邻苯二甲酸和 3 种酚酸类物质的混合物在处理第 15 天抑制作用最强，而对羟基苯甲酸则在处理第 7 天达到最强。此时，各处理均显著低于对照（$P < 0.01$），且随着处理浓度的增加而显著降低。其中，处理 A4、B4 和 D4 的微生物量碳含量分别比对照降低了 46.87%、39.00% 和 53.28%；微生物量氮含量分别降低了 41.02%、34.88% 和 46.93%。而处理 C4 微生物量碳和氮含量分别比对照降低了 40.04% 和 32.19%。

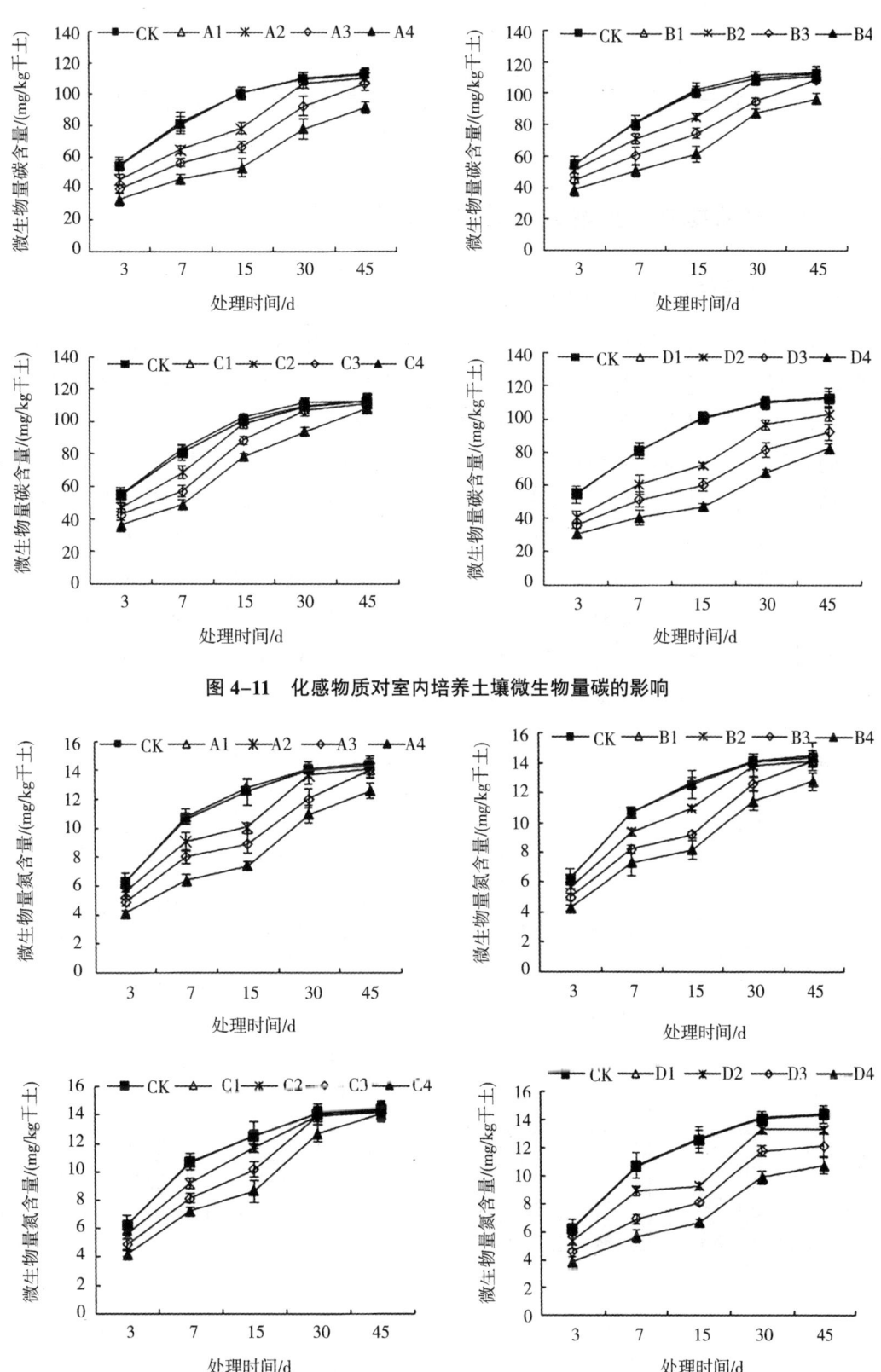

图 4-11 化感物质对室内培养土壤微生物量碳的影响

图 4-12 化感物质对室内培养土壤微生物氮的影响

第二节 化感物质对土壤酶活性的影响

一、化感物质对土壤脲酶活性的影响

（一）对花生根际土壤脲酶活性的影响

从图4-13可以看出，在花生出苗后45 d、75 d和105 d，花生根际土壤脲酶活性呈逐渐降低的趋势。化感物质处理后，在各取样时期各处理花生根际土壤脲酶活性均低于对照，且随着处理浓度的增加逐渐降低。在花生出苗后45 d和75 d，各处理显著低于对照，且随着化感物质在土壤中初始含量的增加而显著降低；随着处理天数的增加，各处理对花生根际土壤脲酶活性的化感作用有减弱的趋势；到了花生出苗后105 d，初始含量为30 mg/kg的肉桂酸、邻苯二甲酸和对羟基苯甲酸处理与对照差异不显著，其他处理均显著低于对照。相同浓度的不同种类化感物质处理之间，以3种化感物质的混合物对土壤脲酶的抑制作用最强；3次取样，以出苗后45 d花生根际土壤脲酶活性所受的影响最大，此时，与对照相比，处理A3、B3、C3、D3分别比对照降低了34.37%、30.24%、32.04%、38.59%。

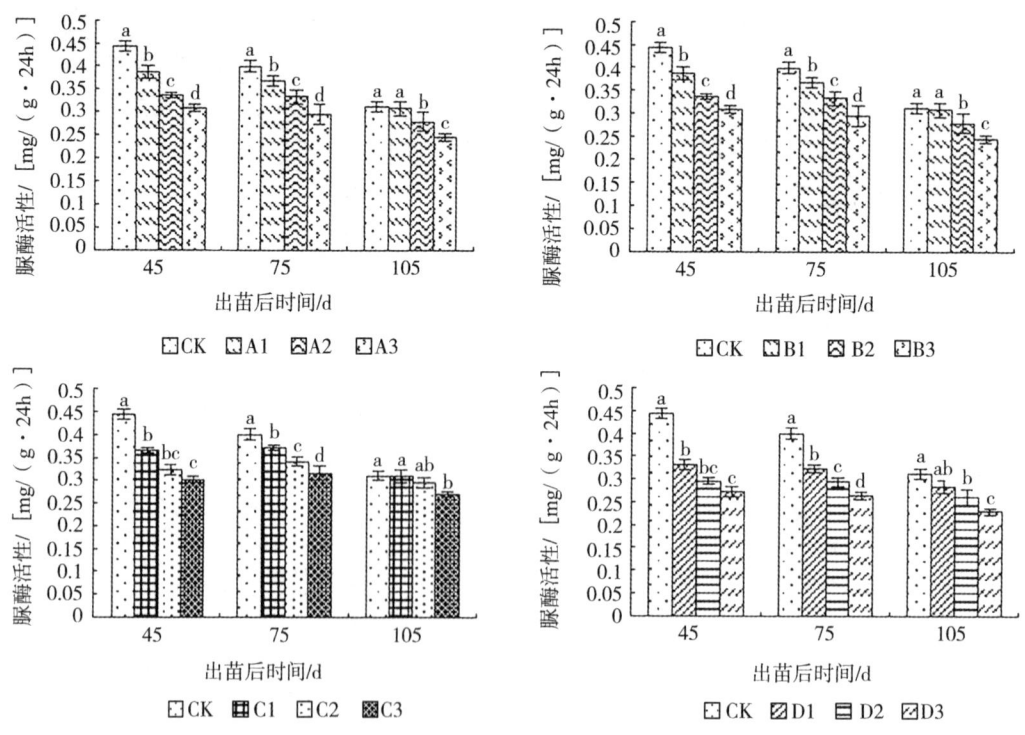

图4-13 化感物质对花生根际土壤脲酶活性的影响

（二）对室内培养土壤脲酶活性的影响

从图 4-14 可以看出，当土壤中化感物质初始含量为 15 mg/kg 时，在各取样时期各处理均微弱地促进了土壤脲酶的活性，但与对照差异不显著。当土壤中化感物质初始含量达到 30 mg/kg，土壤脲酶活性均低于对照，且随着化感物质含量的升高，土壤脲酶活性逐渐降低。在处理第 3 天和第 7 天，当化感物质的初始含量达到 30 mg/kg，各处理土壤脲酶活性显著低于对照，且随着化感物质浓度的升高，土壤脲酶活性显著降低。随着处理时间的推移，化感物质对土壤脲酶活性的抑制作用有减弱的趋势。在处理第 15 天，处理 C2 与对照差异不显著，其他处理均显著低于对照。在处理第 30 天，处理 A2、B2、C3 与对照差异不显著。在处理第 45 天，处理 D3、D4 显著低于对照，其他处理均与对照差异不显著。化感物质对土壤脲酶活性的影响呈先增强后降低的趋势。其中，在对羟基苯甲酸的化感作用在第 7 天达到最强，而另外 3 种处理均在处理第 15 天的化感作用最强。5 次取样，化感物质对脲酶的抑制作用强弱为：在处理第 3 天和第 7 天，3 种化感物质混合物＞肉桂酸＞对羟基苯甲酸＞邻苯二甲酸；后 3 次取样，3 种化感物质混合物＞肉桂酸＞邻苯二甲酸＞对羟基苯甲酸。

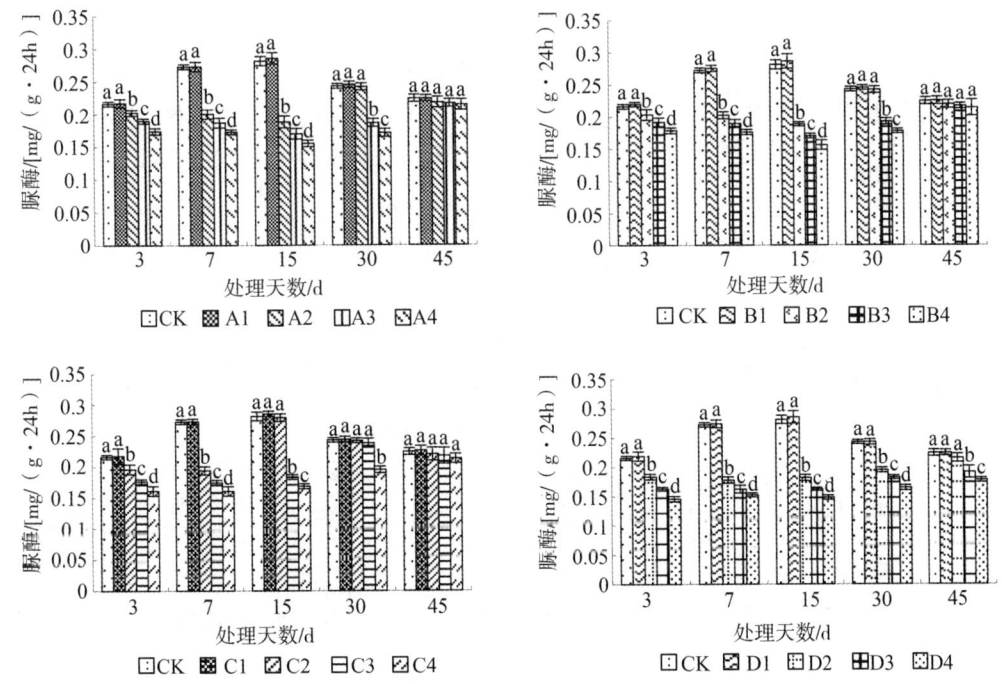

图 4-14 化感物质对室内培养土壤脲酶活性的影响

二、化感物质对土壤磷酸酶活性的影响

(一) 对花生根际土壤磷酸酶活性的影响

由图 4-15 可知，在花生出苗后 45 d、75 d 和 105 d，花生根际土壤磷酸酶活性呈逐渐降低的趋势。化感物质处理后，在取样时期各处理花生根际磷酸酶活性均低于对照，且随着处理浓度的增加而降低。其中，在花生出苗后 45 d，各处理对花生根际土壤磷酸酶活性的化感作用最强；此时，与对照相比，处理 A3、B3、C3、D3 的根际土壤磷酸酶活性分别降低了 34.23%、25.42%、27.07%、39.24%。在花生出苗后 75 d 和 105 d，化感物质对花生根际土壤磷酸酶活性的影响有逐渐减弱的趋势：在花生出苗后 75 d，处理 A1、B1、C1、C2、D1 均与对照差异不显著，其他处理均显著低于对照，且高浓度处理根际土壤磷酸酶活性显著低于低浓度处理；到了花生出苗后 105 d，仅有处理 A3、B3、D2、D3 显著低于对照，其他处理均与对照差异不显著。在各取样时期，相同浓度的不同化感物质处理之间相比较，以 3 种化感物质的混合物对花生根际土壤磷酸酶活性的抑制作用最强。

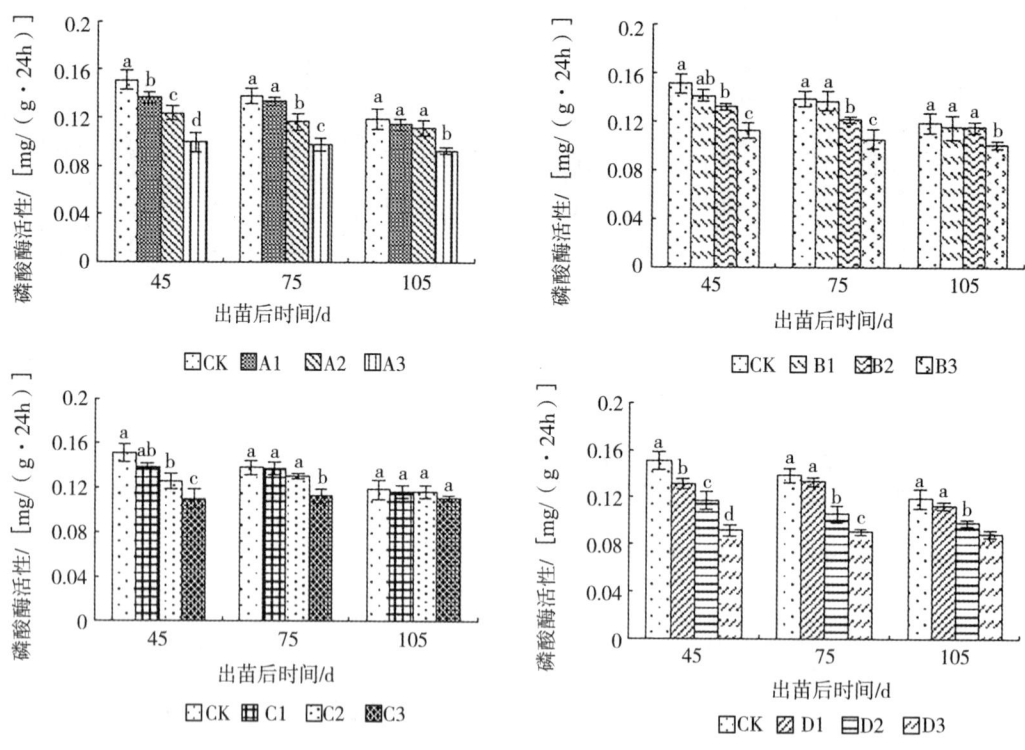

图 4-15 化感物质对花生根际土壤磷酸酶活性的影响

(二) 对室内培养土壤磷酸酶活性的影响

从图 4-16 可以看出，化感物质明显影响了土壤磷酸酶活性。当化感物质的初始含

量较低时（15 mg/kg），在各取样时期各处理土壤磷酸酶活性均高于对照，但差异不显著。当化感物质的初始含量大于 15 mg/kg 时，各处理土壤磷酸酶活性均低于对照，且随着化感物质浓度的升高，土壤磷酸酶活性逐渐降低。其中，在处理第 3 天、第 7 天和第 15 天，当化感物质的初始含量达到 30 mg/kg，各处理土壤磷酸酶活性显著低于对照，且随着化感浓度的升高，土壤磷酸酶活性明显降低。在处理第 30 天，处理 A4、B4、C4、D3、D4 均显著低于对照，其他处理均与对照差异不显著。在处理第 45 天，仅处理 D4 显著降低了土壤磷酸酶的活性。这些均表明，随着处理天数的增加，各类化感物质对土壤磷酸酶的化感作用存在减弱的趋势。其中，前两次取样，化感物质对土壤酶的抑制作用强弱为：处理 D＞处理 A＞处理 C＞处理 B；后 3 次取样则为：处理 D＞处理 A＞处理 B＞处理 C。

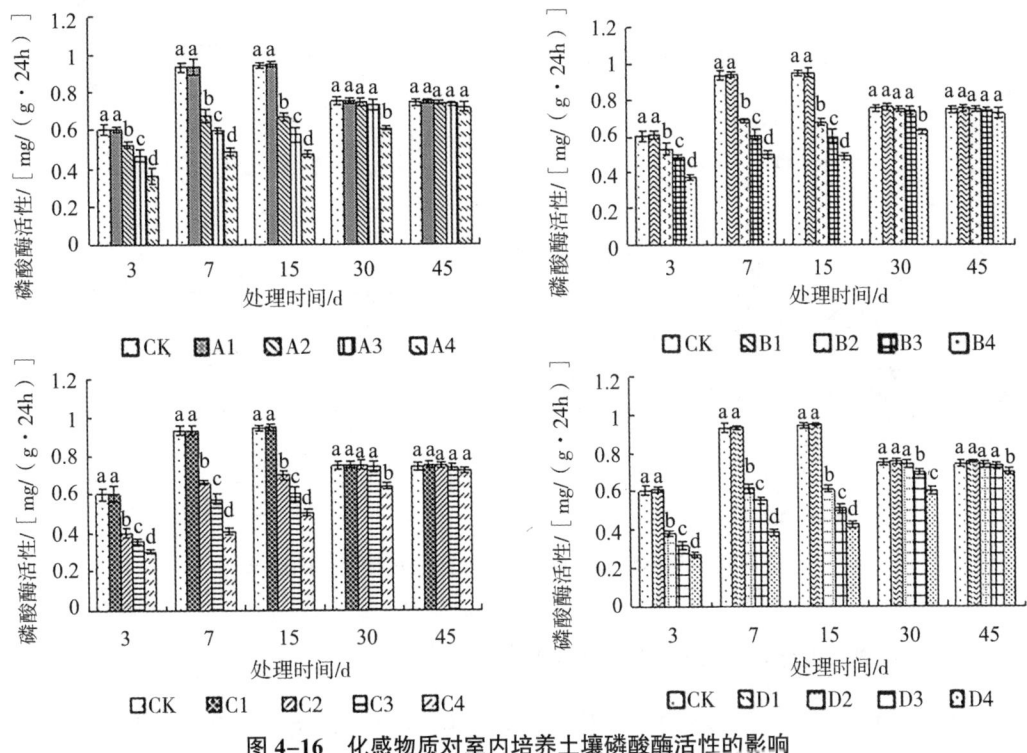

图 4-16　化感物质对室内培养土壤磷酸酶活性的影响

三、化感物质对土壤蔗糖酶活性的影响

（一）对花生根际土壤蔗糖酶活性的影响

化感物质处理后，在各取样时期，各处理花生根际土壤蔗糖酶活性均低于对照，且随着处理浓度的增加逐渐降低（图 4-17）。在花生出苗后 45 d，各处理花生根际土壤蔗糖酶活性显著低于对照，且随着处理的浓度的增加而显著降低。此时，化感物质对花生根际土壤蔗糖酶活性的抑制作用最强。其中，处理 A3、B3、C3、D3 分别比对

照降低了 18.42%、12.52%、14.62%、25.86%。随着处理天数的增加，化感物质对花生根际土壤蔗糖酶的抑制作用亦存在减弱的趋势。在花生出苗后 75 d 和处理 105 d，处理 A1、B1、C1 均与对照差异不显著。在各取样时期，3 种化感物质的混合物对花生根际土壤蔗糖酶活性的抑制作用最强；在花生出苗后 45 d，不同化感物质处理对蔗糖酶抑制作用强弱为：肉桂酸＞对羟基苯甲酸＞邻苯二甲酸；后两次取样则为：肉桂酸＞邻苯二甲酸＞对羟基苯甲酸。

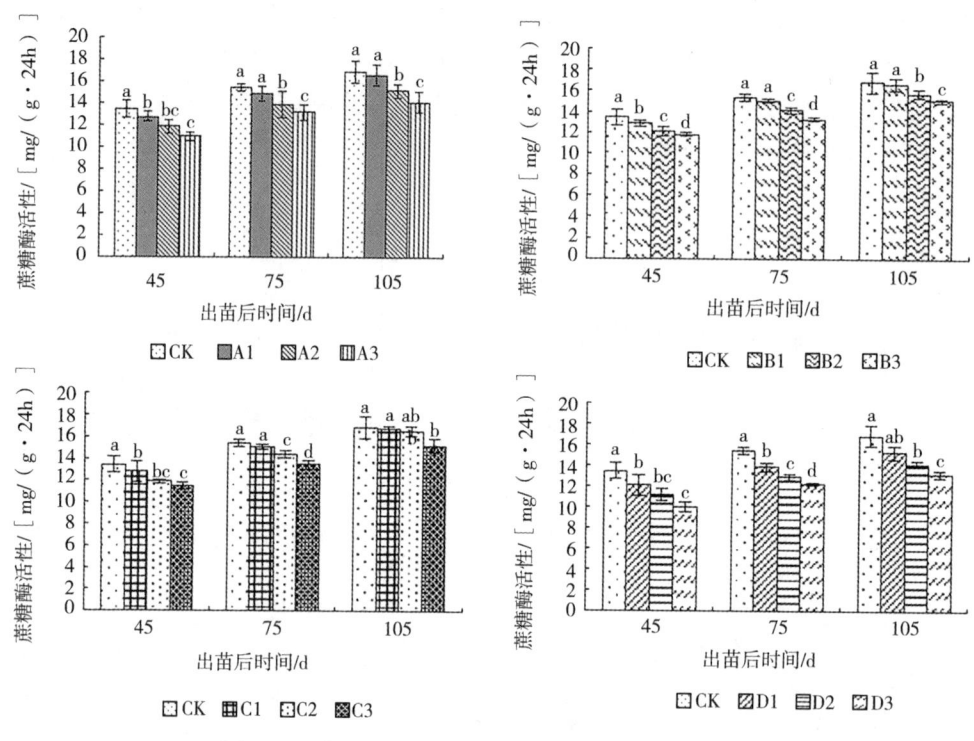

图 4-17 化感物质对花生根际土壤蔗糖酶活性的影响

（二）对室内培养土壤蔗糖酶活性的影响

由图 4-18 可知，当土壤中化感物质初始含量为 15 mg/kg 时，在各取样时期各处理土壤蔗糖酶活性均稍高于对照，但差异不显著。随着处理天数的增加，化感物质对土壤蔗糖酶活性的化感作用亦存在减弱的趋势。其中，前 2 次取样，当化感物质的初始含量达到 30 mg/kg 时，土壤蔗糖酶活性显著低于对照，且随着化感物质浓度的升高，土壤蔗糖酶活性显著降低。在处理第 15 天，处理 C2 与对照差异不显著，其他处理均显著低于对照。在处理第 30 天，处理 A4、B4、C4、D3、D4 显著低于对照，其他处理均与对照差异不显著。而在处理第 45 天，仅有处理 A4、B4、C4、D3、D4 显著低于对照。在处理第 3 天和第 7 天，化感物质对土壤蔗糖酶的抑制作用为：处理 A ＞处理 C ＞处理 B；而后 3 次取样则为：处理 A ＞处理 B ＞处理 C；在各取样时期，3 种化感物质的混合物的化感作用始终最强。

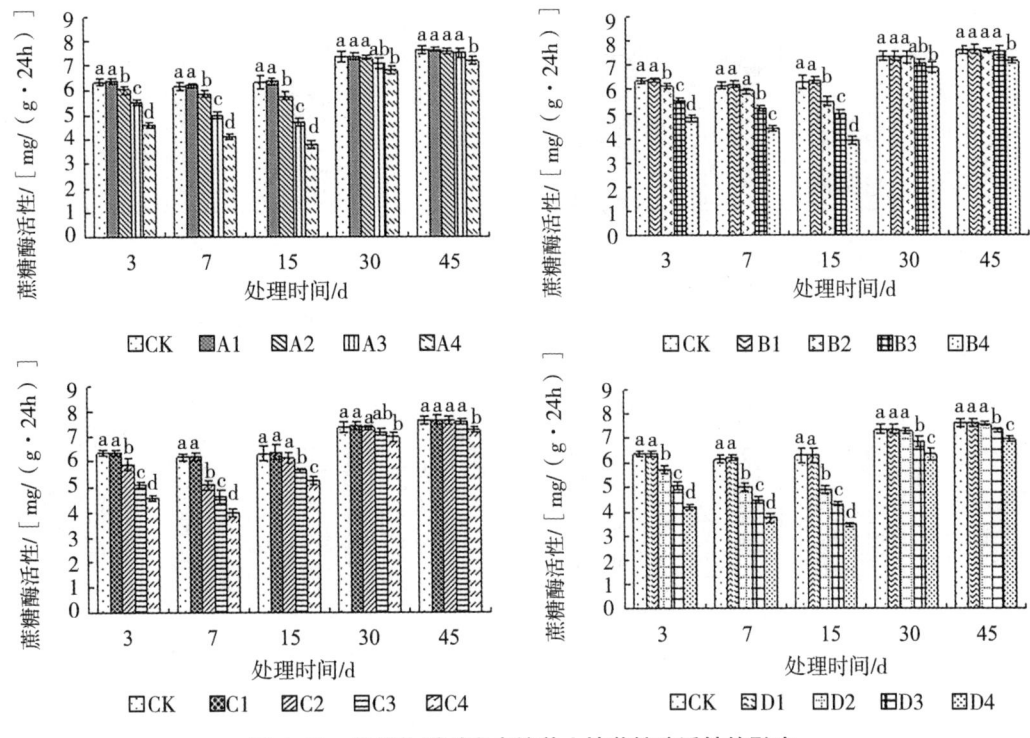

图 4-18 化感物质对室内培养土壤蔗糖酶活性的影响

四、化感物质对土壤多酚氧化酶活性的影响

（一）对花生根际土壤多酚氧化酶活性的影响

图 4-19 显示，在花生出苗后 45 d、75 d 和 105 d，花生根际土壤多酚氧化酶活性呈先增高后降低的趋势。在各取样时期，化感物质均降低了根际土壤多酚氧化酶活性，且随着处理浓度的增加而逐渐降低。在花生出苗后 45 d，各处理根际土壤多酚氧化酶活性显著低于对照，且随着处理浓度的增加而显著降低。此时，各处理对多酚氧化酶的化感作用均为最强；其中，与对照相比，处理 A3、B3、C3、D3 的根际土壤多酚氧化酶活性分别降低了 23.00%、17.97%、20.74%、27.84%。后两次取样，各处理对花生根际土壤多酚氧化酶活性的化感作用有逐渐减弱的趋势：在花生出苗后 105 d，处理 A2、B2、C2 均与对照差异不显著，其他处理均显著低于对照，且高浓度处理土壤多酚氧化酶活性显著低于低浓度处理。3 次取样，相同浓度不同化感物质处理之间，以 3 种化感物质的混合物的化感作用最强。其他 3 种化感物质处理的化感作用强弱为：在花生出苗后 45 d，肉桂酸＞对羟基苯甲酸＞邻苯二甲酸，后两次取样则为：肉桂酸＞邻苯二甲酸＞对羟基苯甲酸。

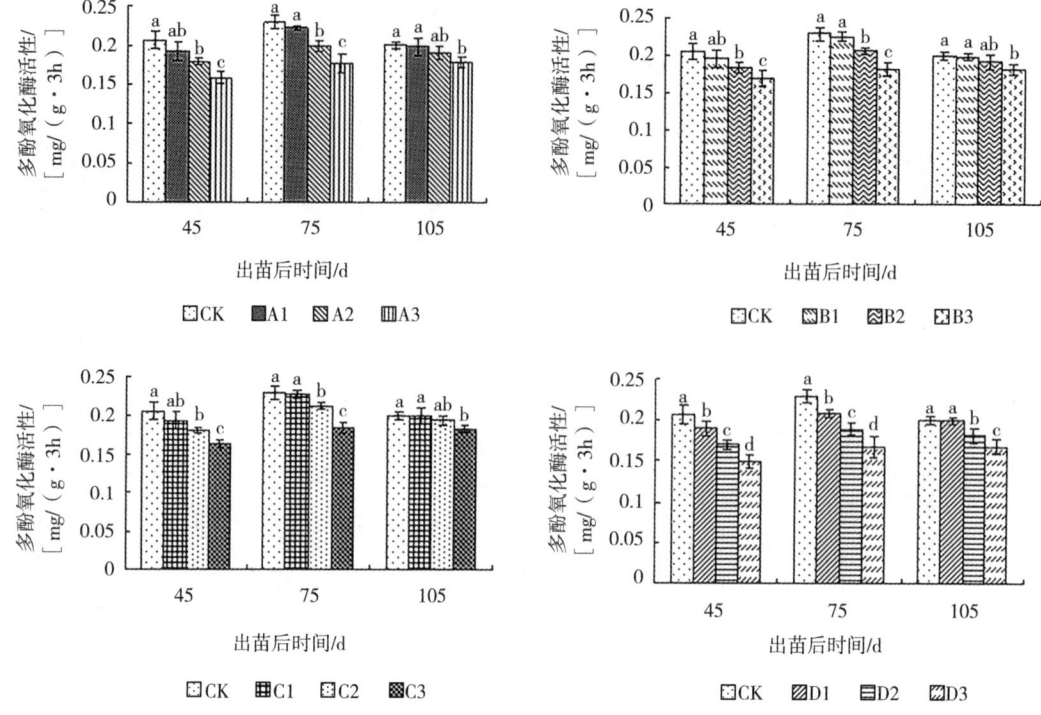

图 4-19 化感物质对花生根际土壤多酚氧化酶活性的影响

（二）对室内培养土壤多酚氧化酶活性的影响

从图 4-20 可以看出，随着培养时间的增加，土壤多酚氧化酶活性（CK）存在一定的波动，但总体上平稳。低浓度的化感物质（15 mg/kg）处理后，各处理土壤多酚氧化酶活性均略高于对照，但差异不显著。当化感物质的初始含量到达 30 mg/kg 时，各取样时期，各处理均低于对照，且随着处理浓度的增加而逐渐降低。在前 3 次取样，随着化感物质处理浓度的增加，多酚氧化酶活性显著降低。在处理第 30 天和第 45 天，化感物质对土壤多酚氧化酶活性的影响存在减弱的趋势：在处理第 30 天，处理 A4、B4、D3、D4 显著低于对照，其他处理均与对照差异不显著；到了处理第 45 天，仅有处理 D4 显著低于对照。前两次取样，各处理对土壤多酚氧化酶的化感作用强弱次序为：处理 D＞处理 A＞处理 C＞处理 B；后两次取样则为：处理 D＞处理 A＞处理 B＞处理 C。

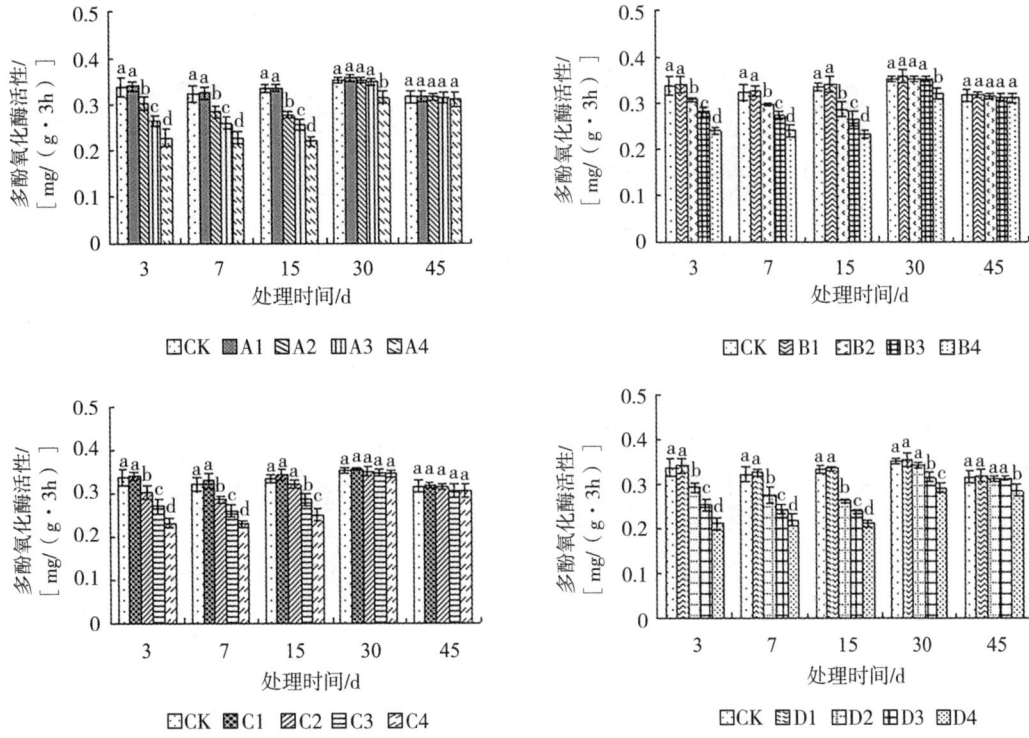

图4-20 化感物质对室内培养土壤多酚氧化酶活性的影响

五、化感物质对土壤过氧化氢酶活性的影响

(一) 对花生根际土壤过氧化氢酶活性的影响

从图4-21可以看出,化感物质处理后,在取样时期,花生根际土壤过氧化氢酶活性均低于对照,且随着处理浓度的增加而逐渐降低。在花生出苗后45 d,各处理土壤过氧化氢酶活性均显著低于对照,且随着处理浓度的增加,花生根际土壤过氧化氢酶活性显著降低。各处理对土壤过氧化氢酶的抑制作用强弱次序为:处理D＞处理A＞处理C＞处理B。此时,各处理化感物质对过氧化氢酶活性的抑制作用最强。其中,处理A3、B3、C3、D3分别比对照降低了23.76%、20.52%、22.26%、26.80%。后两次取样,各处理的化感作用有逐渐减弱的趋势:在花生出苗后75 d,处理A1、B1、C1、C2均与对照差异不显著;到了花生出苗后105 d,仅处理A2、A3、B3、D2、D3显著低于对照,其他处理均与对照差异不显著。此时,各处理化感作用的强弱次序为:3种化感物质的混合物＞肉桂酸＞邻苯二甲酸＞对羟基苯甲酸。

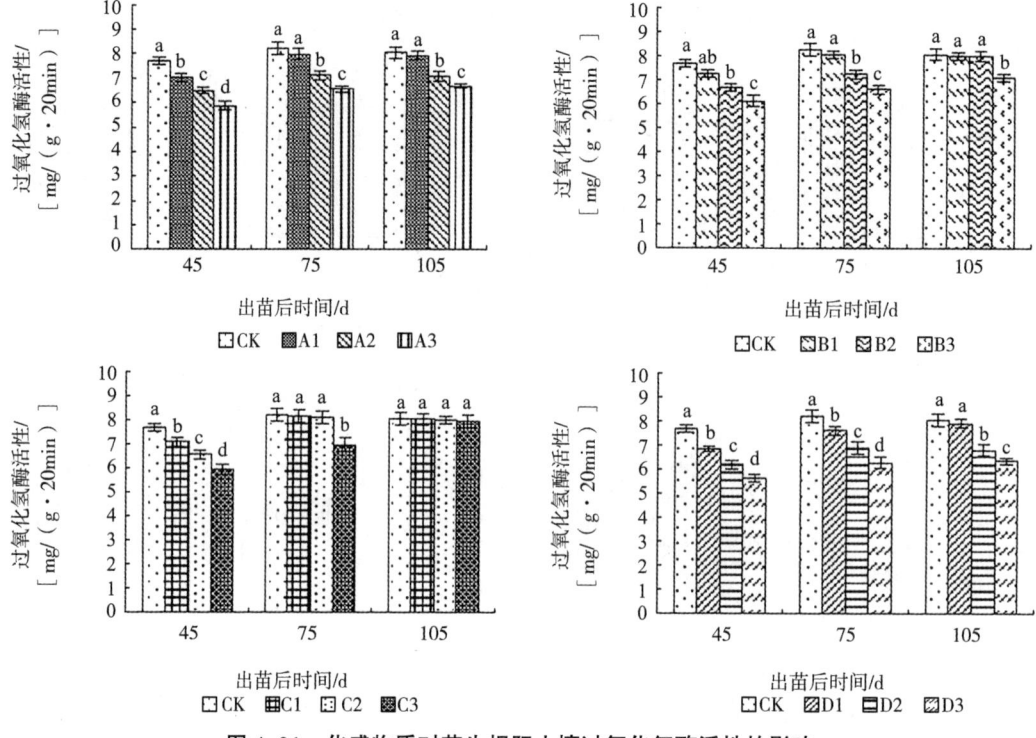

图 4-21 化感物质对花生根际土壤过氧化氢酶活性的影响

（二）对室内培养土壤过氧化氢酶活性的影响

随着培养时间的增加，土壤过氧化氢酶活性呈先增加后降低的趋势。化感物质处理后，在取样时期，低浓度的化感物质均在一定程度上促进了土壤过氧化氢酶活性。当土壤中化感物质的初始含量达到 30 mg/kg 时，土壤过氧化氢酶活性显著低于对照，且随着处理浓度的增加而降低。其中，在处理第 3 天和第 7 天，各处理过氧化氢酶活性均随着处理浓度的增加而显著降低。此时，各处理化感作用强弱次序为：处理 D＞处理 A＞处理 C＞处理 B。其中，在处理第 7 天，对羟基苯甲酸的化感作用达到最强。在处理第 15 天，处理 C2、C3 与对照差异不显著，其他处理均显著低于对照，且浓度越高差异越显著。此时，肉桂酸、邻苯二甲酸和 3 种化感物质处理对过氧化氢酶的抑制作用最强。到了处理第 30 天和第 45 天，各处理对土壤过氧化氢酶活性的影响逐渐减弱：在处理第 30 天，仅有处理 A4、B4、D3、D4 显著低于对照；而到了处理第 45 天，各处理与对照之间均差异不显著（图 4-22）。

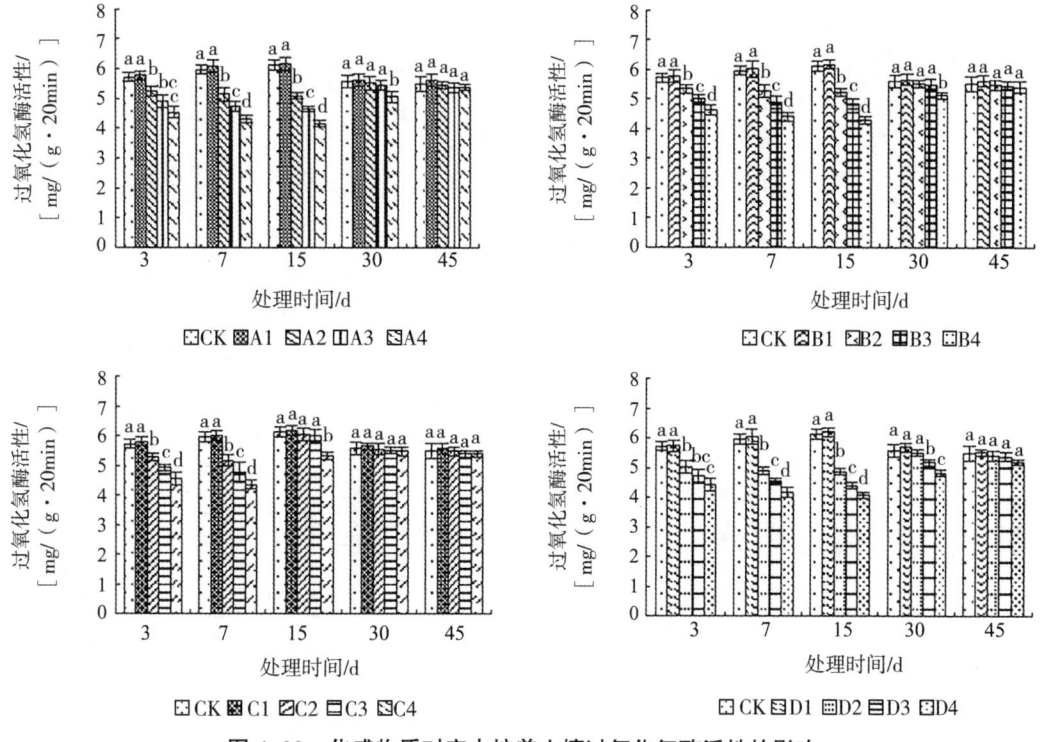

图 4-22 化感物质对室内培养土壤过氧化氢酶活性的影响

第三节 化感物质对土壤理化性质的影响

一、化感物质对土壤 pH 值的影响

（一）化感物质对花生根际土壤 pH 值的影响

根际土壤 pH 值可通过影响作物生长中有效养分的供应、作物叶片光合特性以及体内保护酶活性，进而影响作物的产量和品质（臧逸飞等，2015）。从图 4-23 可以看出，花生根际土壤 pH 值呈先降低后增加的趋势。加入化感物质后，在出苗后 45 d、75 d 和 105 天，花生根际土壤 pH 值均降低，但各处理间差异不显著。

（二）化感物质对室内培养土壤 pH 值的影响

图 4-24 显示，土壤中添加外源酚酸类化感物质，在各取样时期土壤 pH 值均降低，且随着处理浓度的升高，逐渐降低，但各处理之间差异不显著。此外，随着处理天数增加，与对照相比，各处理 pH 值的降幅越来越小。

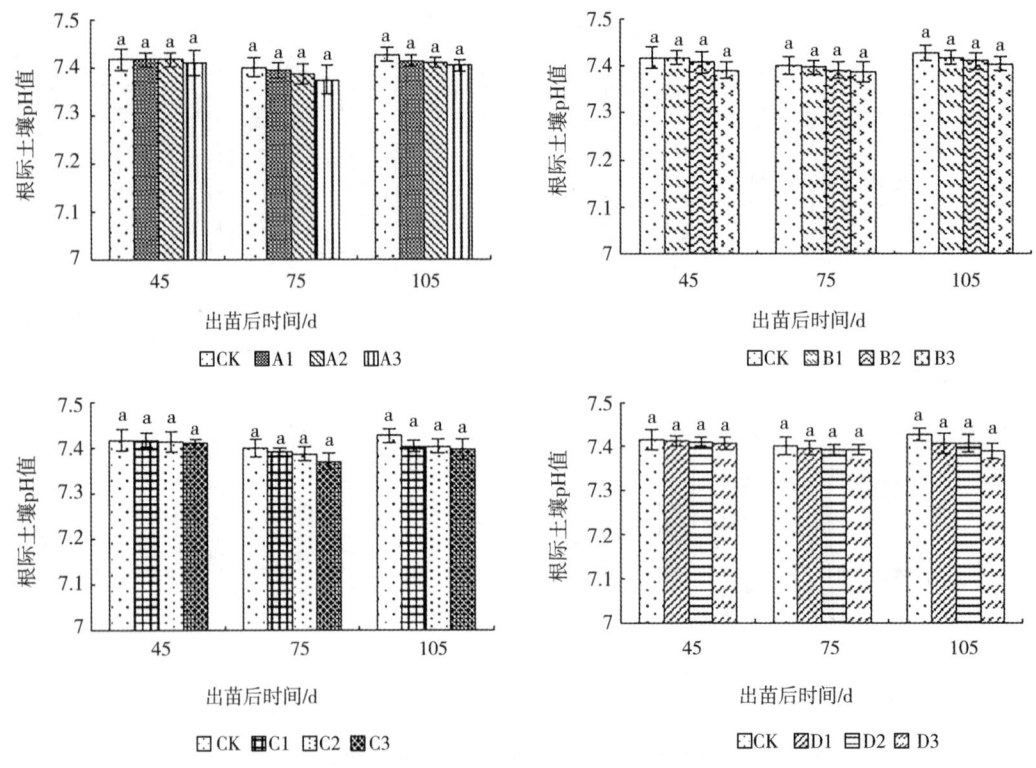

图 4-23 化感物质对根际土壤 pH 值的影响

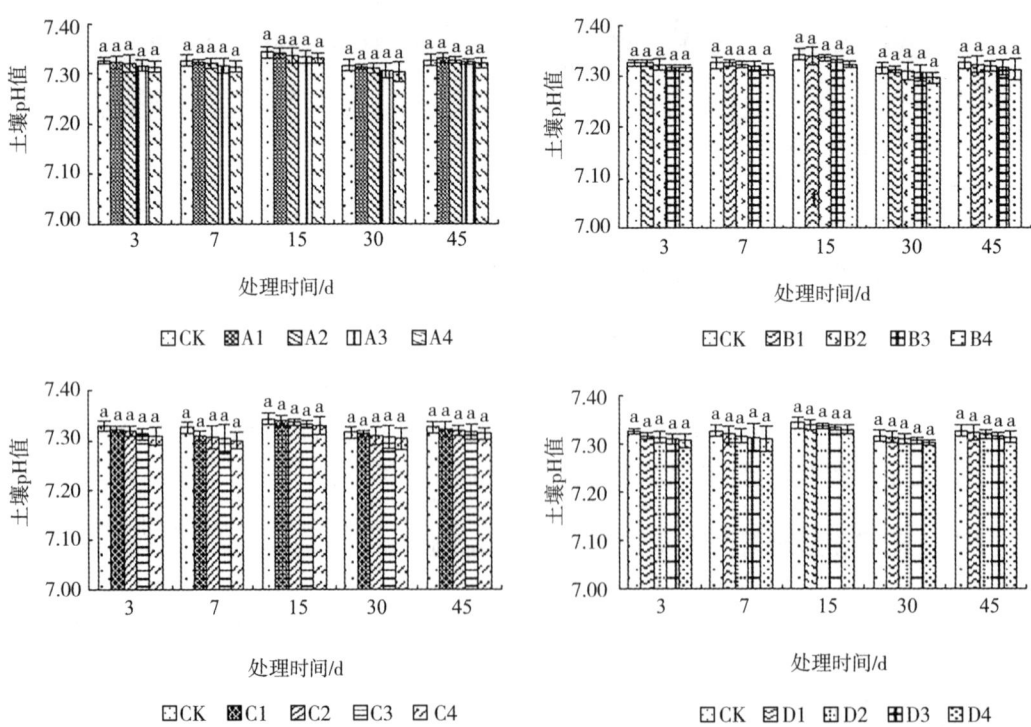

图 4-24 化感物质对室内培养土壤 pH 值的影响

二、化感物质对土壤碱解氮含量的影响

（一）化感物质对花生根际土壤碱解氮含量的影响

由图 4-25 可以看出，化感物质处理的花生根际土壤碱解氮含量均低于对照。其中，在花生出苗后 45 d，加入化感物质的花生根际土壤碱解氮均显著低于对照，且随着化感物质含量的增加，根际土壤碱解氮含量显著降低。此时，各处理对花生根际土壤碱解氮的抑制作用最强。与对照相比，处理 A3、B3、C3、D3 根际土壤有效磷含量分别降低了 34.22%、26.97%、29.66%、44.12%。在花生出苗后 75 d，当对羟基苯甲酸的初始含量为 30 mg/kg 时，花生根际土壤碱解氮含量低于对照，但差异不显著。其他处理均显著低于对照，且各处理之间随着化感物质含量的增加，花生根际土壤碱解氮含量显著降低。在花生出苗后 105 d，处理 A1、B1、C1、C2 均与对照差异不显著，其他处理均显著低于对照。3 次取样，以 3 种化感物质的混合物的化感作用最强。在花生出苗后 75 d，其他 3 种化感物质对花生根际土壤碱解氮的抑制作用强弱次序为：肉桂酸＞对羟基苯甲酸＞邻苯二甲酸；而到了花生出苗后 105 d，则为：肉桂酸＞邻苯二甲酸＞对羟基苯甲酸。

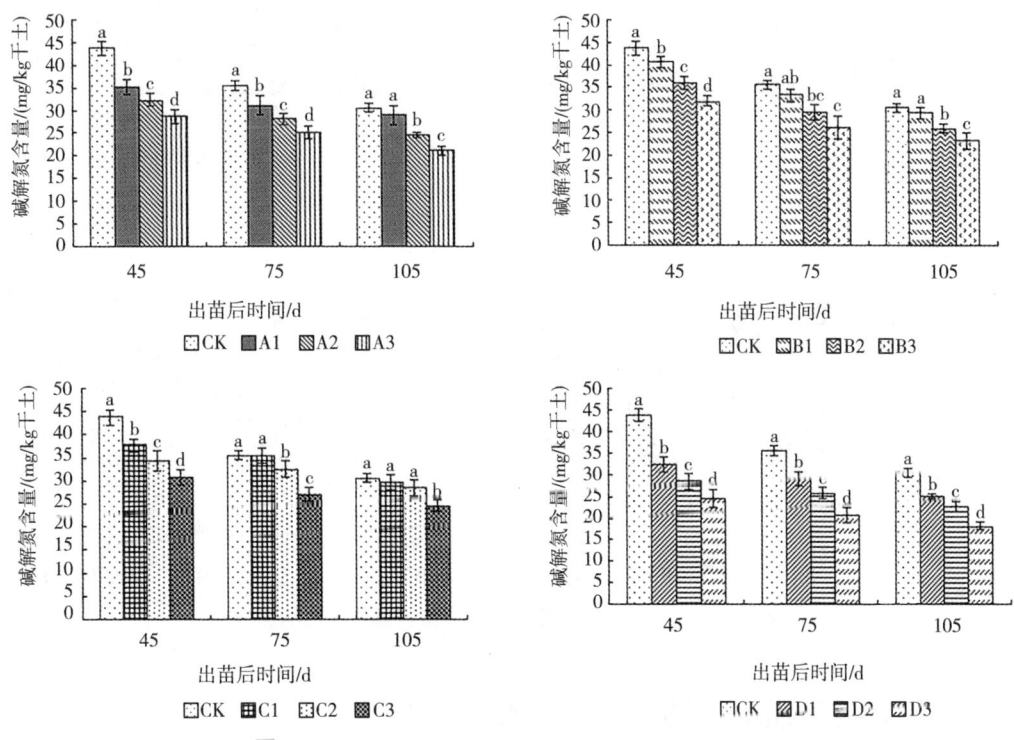

图 4-25 化感物质对根际土壤碱解氮含量的影响

（二）化感物质对室内培养土壤碱解氮含量的影响

图 4-26 显示，低浓度的化感物质（15 mg/kg）处理土壤，在各取样时期，土壤碱解氮含量均高于对照，但差异不显著。当化感物质的初始含量达到 30 mg/kg 时，土壤碱解氮均低于对照，且随着处理浓度的增加，土壤碱解氮逐渐降低。在处理第 3 天和第 7 天，随着化感物质含量的增加，各处理土壤碱解氮含量均显著降低。相同初始含量的处理之间，化感作用强弱次序为：处理 D ＞处理 A ＞处理 C ＞处理 B。其中，在处理第 7 天，处理 C 对土壤碱解氮的影响作用达到最大。随着处理天数的增加，化感物质对土壤碱解氮的化感作用亦减弱。在处理第 15 天，处理 C2 与对照差异不显著，其他处理均显著低于对照。此时，处理 A、B、D 对土壤碱解氮的化感作用达到最强。在处理第 30 天，处理 A2、B2、C2、C3 均与对照相比差异不显著。到了处理第 45 天，仅有处理 D3、D4 土壤碱解氮含量显著低于对照。后 3 次取样化感作用的强弱顺序为：处理 D ＞处理 A ＞处理 B ＞处理 C。

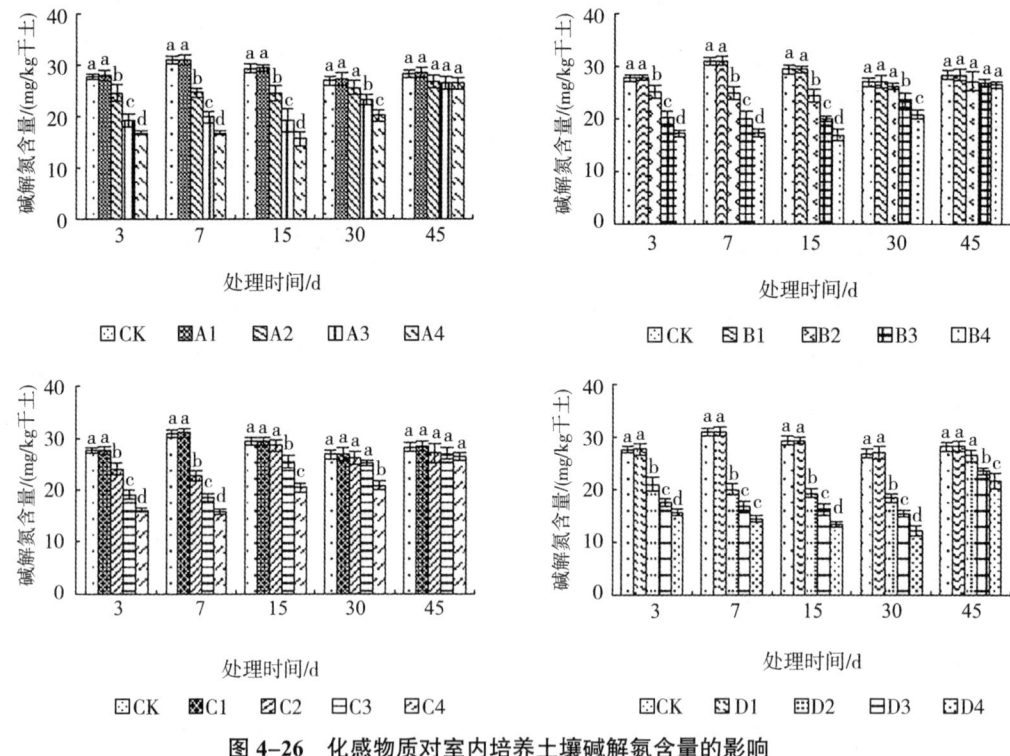

图 4-26 化感物质对室内培养土壤碱解氮含量的影响

三、化感物质对土壤有效磷含量的影响

（一）化感物质对花生根际土壤有效磷含量的影响

图 4-27 显示，化感物质的加入在各取样时期均降低了花生根际土壤有效磷的含

量。其中，在花生出苗后45 d，各处理对花生根际土壤有效磷含量的影响最大。与对照相比，各处理均显著降低了土壤有效磷含量，且随着化感物质初始含量的增加，花生根际土壤有效磷含量显著降低。其中，处理A3、B3、C3、D3分别比对照降低了30.58%、25.40%、27.71%、32.14%。随着处理天数的增加，化感物质对花生根际土壤有效磷含量的影响有逐渐减弱的趋势：在花生出苗后75 d，当化感物质的初始含量为30 mg/kg时，花生根际土壤有效磷的含量均低于对照，但差异不显著。其他处理均显著低于对照，且高浓度化感物质处理显著低于低浓度处理。到了花生出苗后105 d，处理A1、A2、B1、B2、C1、C2均低于对照，但根际土壤有效磷含量亦与对照差异不显著；处理A4、B4、C4、D3、D4显著低于对照。3次取样，3种化感物质混合物的化感作用最强。

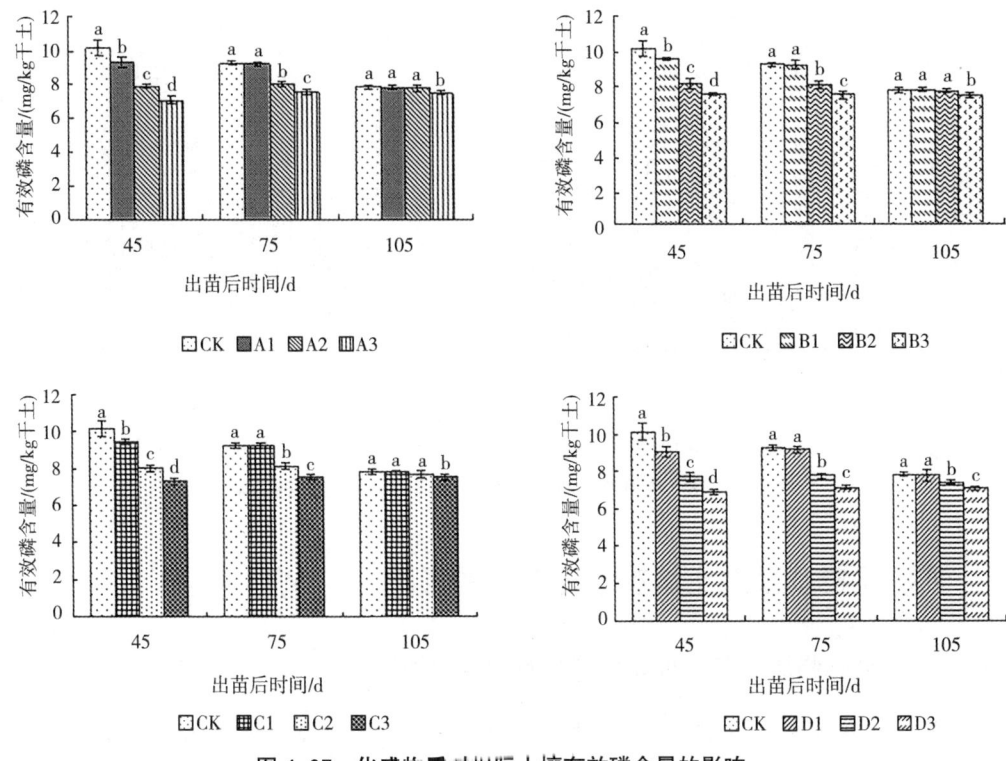

图4-27 化感物质对根际土壤有效磷含量的影响

（二）化感物质对室内培养土壤有效磷含量的影响

从图4-28可以看出，当化感物质的初始含量为15 mg/kg时，与对照相比，土壤有效磷含量有微弱增加的趋势。当化感物质的初始含量达到30 mg/kg，土壤有效磷含量均低于对照，且随着化感物质含量的增加，有效磷逐渐降低。前两次取样，当化感物质的初始含量达到30 mg/kg，各处理土壤有效磷含量均显著低于对照，且随着处理浓度的增加，均显著降低。其中，对羟基苯甲酸对土壤有效磷的化感作用在第7天达到最大。在处理第15天，处理C2与对照差异不显著，其他处理均显著低于对照。此时，肉桂酸、邻苯二甲酸和 3 种化感物质的混合物的化感作用最强。在处理第 30 天，处理 A4、B4、D3、D4 显著低于对照，其他处理均与对照差异不显著。而在处理第 45 天，仅有处理 D4 土壤有效磷含量显著低于对照。5 次取样，均以 3 种化感物质混合物的化感作用最强。

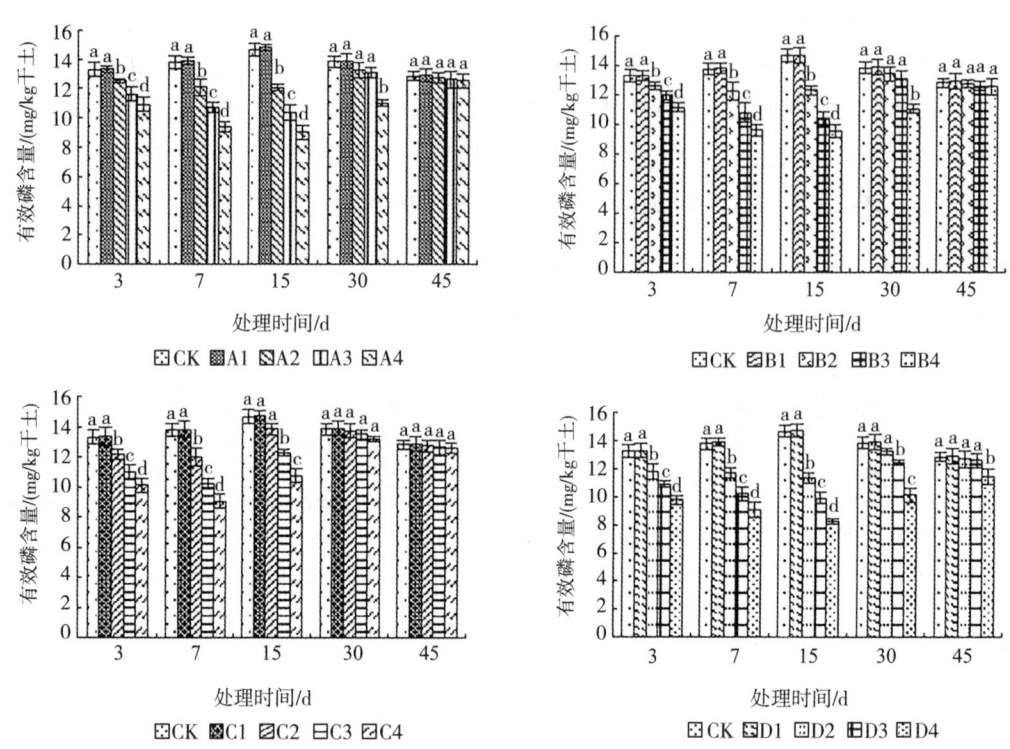

图 4-28 化感物质对室内培养土壤有效磷含量的影响

四、化感物质对土壤有效钾含量的影响

（一）化感物质对花生根际土壤有效钾含量的影响

由图 4-29 可知，化感物质处理均降低了花生根际土壤有效钾的含量。在花生出苗后 45 d 和 75 d，经化感物质处理的花生根际土壤有效钾含量均显著低于对照，且随着处理浓度的增加，有效钾含量均显著降低。随着处理天数的增加，各处理对花生根际土壤有效钾的化感作用亦存在减弱的趋势：在花生出苗后 105 d，初始含量为 30 mg/kg 的化感物质对花生根际土壤有效钾的化感作用不显著。而当化感物质的初始含量为 60 mg/kg 和 90 mg/kg 时，花生根际土壤有效钾含量显著降低，且高浓度处理根际土壤有效钾含量显著低于低浓度处理。3 次取样，3 种化感物质混合物处理的化感作用最强；其他 3 种化感物质处理对花生根际土壤有效钾的化感作用强弱次序为：在花生出苗后 45 d 和 75 d，肉桂酸＞对羟基苯甲酸＞邻苯二甲酸；到了花生出苗后 105 d，则为：肉桂酸＞邻苯二甲酸＞对羟基苯甲酸。花生根际土壤有效钾含量在花生花针期（出苗后

45 d)受到的化感作用最强。其中处理 A3、B3、C3、D3 的根际土壤有效钾含量分别比对照降低了 18.84%、18.20%、18.42%、23.13%。

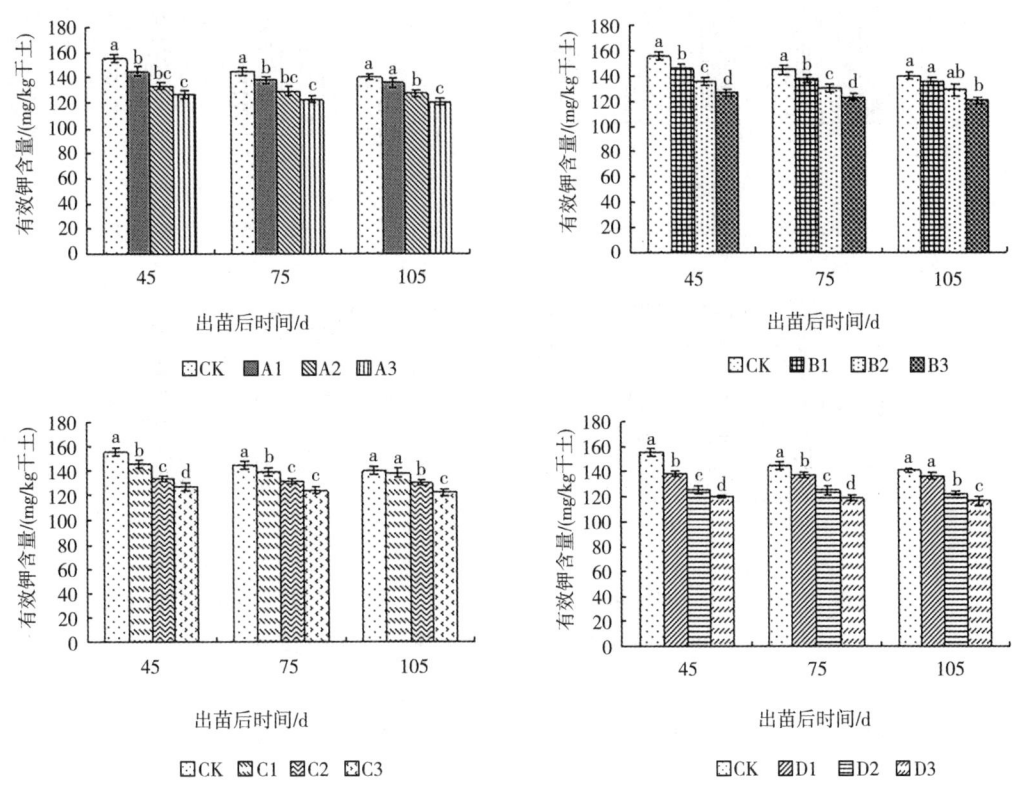

图 4-29 化感物质对根际土壤有效钾含量的影响

(二)化感物质对室内培养土壤有效钾含量的影响

由图 4-30 可知,添加化感物质对土壤有效钾含量产生了一定的影响。其中,在各个取样时期,低浓度的化感物质(15 mg/kg)处理均促进了土壤有效钾含量,但与对照相比差异不明显。随着化感物质初始含量的增加,土壤有效钾含量逐渐降低;随着处理天数的增加,各类化感物质对土壤有效钾含量的影响呈先增大后降低的趋势。其中,在前 3 次取样中,当化感物质的初始含量达到 30 mg/kg 时,除处理 C2 外,其他处理土壤有效钾含量均显著低于对照,且随着化感物质初始含量增加,有效钾含量显著降低。在处理第 30 天,处理 A2、B2、C2、C3 均与对照差异不显著;到了处理第 45 天,仅有处理 A4、B4、D3、D4 显著低于对照。在处理第 15 天,肉桂酸、邻苯二甲酸和 3 种化感物质的混合物对土壤有效钾含量的抑制作用最强,而对羟基苯甲酸则在处理第 7 天的化感作用达到最强。在取样时期,处理 D 对土壤有效钾的化感作用最强。

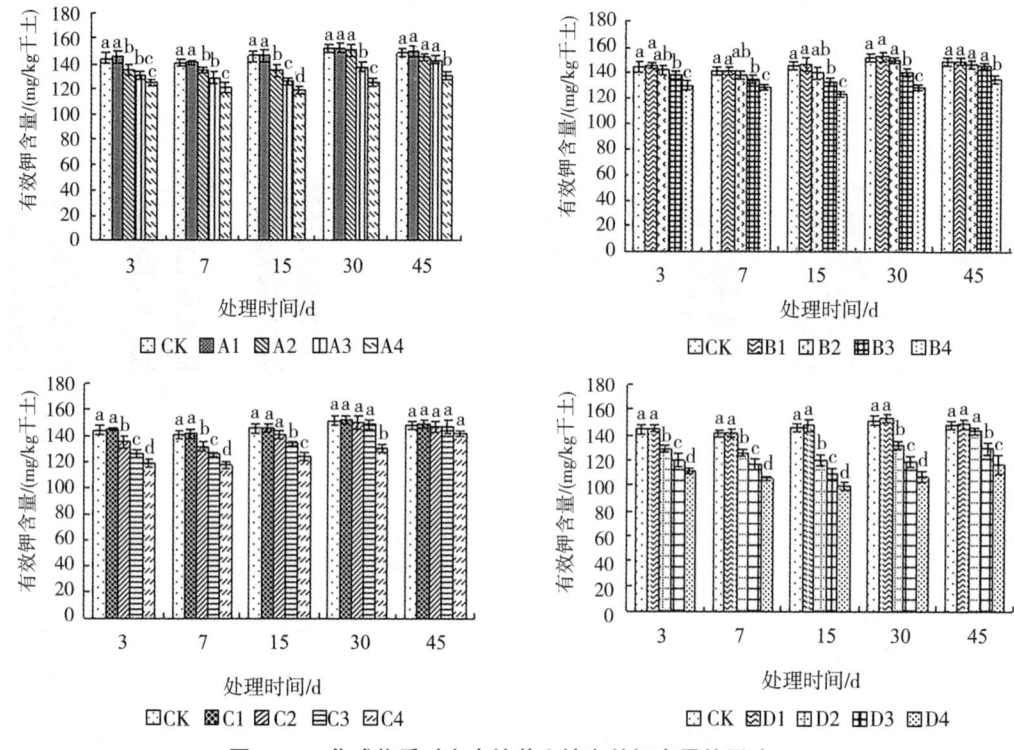

图 4-30 化感物质对室内培养土壤有效钾含量的影响

五、化感物质对土壤有机质含量的影响

（一）化感物质对花生根际土壤有机质含量的影响

土壤有机质是土壤的重要组成部分，对改善土壤物理、化学性质以及植被的生长起着重要作用，在环境保护、农业可持续发展等方面有着重要的意义（房彬等，2014）。化感物质处理后，花生根际土壤有机质的含量均受到一定程度的影响。在花生出苗 45 d、75 d 和 105 d，随着化感物质浓度的升高，花生根际土壤有机质含量逐渐降低，但各处理之间差异不显著（图 4-31）。

（二）化感物质对室内培养土壤有机质含量的影响

由图 4-32 可知，化感物质处理土壤，在一定程度上影响了土壤有机质的含量。当化感物质的初始含量较低时（15 mg/kg），相比对照，土壤有机质含量有微弱增加的趋势，但各处理之间差异不显著。当化感物质的初始含量达到 30 mg/kg，在各取样时期土壤有机质含量均降低，且随着处理浓度的升高，逐渐降低，但各处理之间差异不显著。

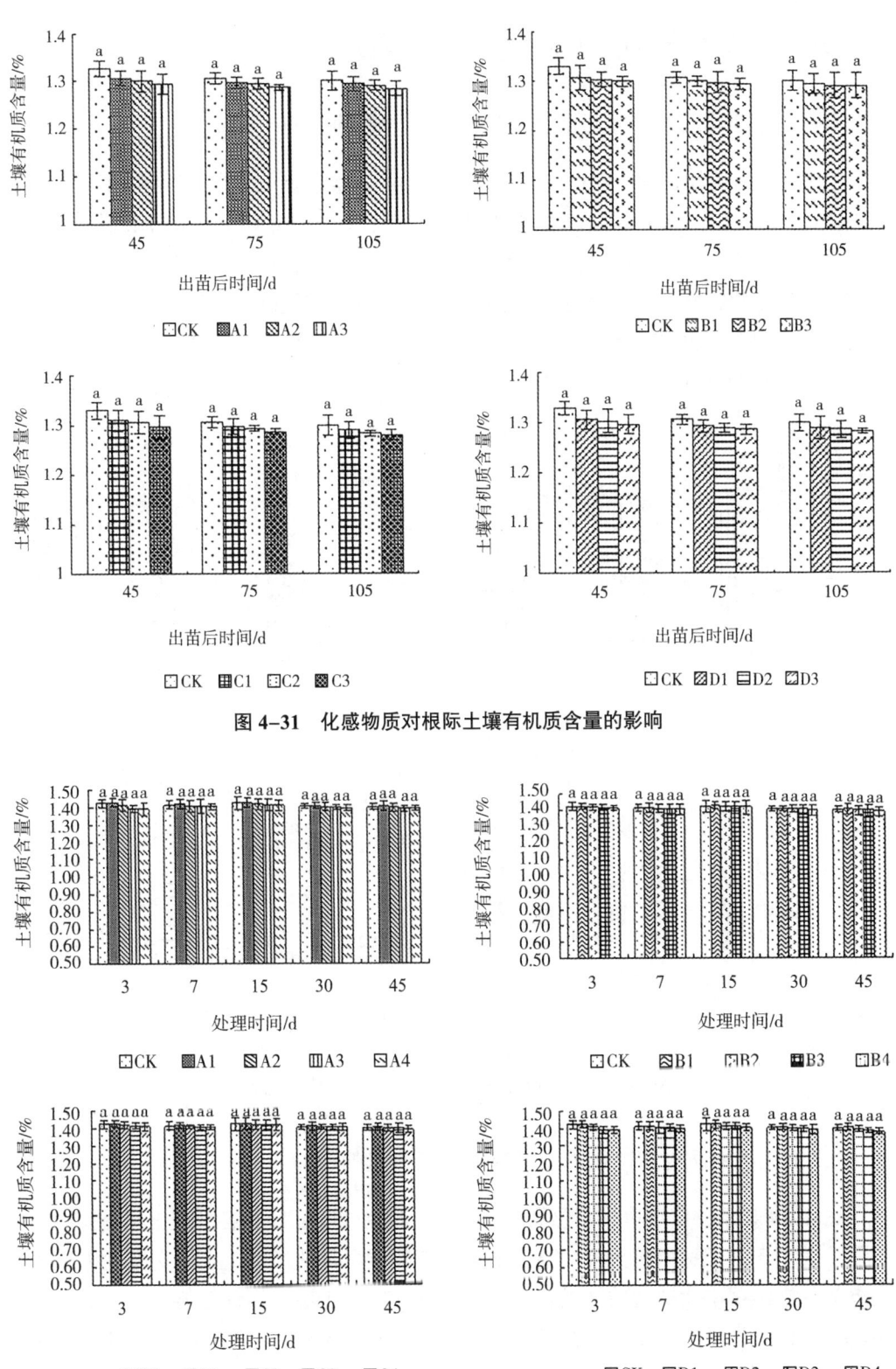

图 4-31 化感物质对根际土壤有机质含量的影响

图 4-32 化感物质对室内培养土壤有机质含量的影响

六、化感物质对土壤交换性钙含量的影响

（一）化感物质对花生根际土壤交换性钙含量的影响

由图 4-33 可知，随着花生出苗天数的增加，花生根际土壤交换性钙的含量呈逐渐降低的趋势。经化感物质处理后，在各取样时期各处理花生根际土壤交换性钙的含量均显著低于对照，且随着处理化感物质含量的增加，花生根际土壤交换性钙含量显著降低。3 种化感物质的混合物对花生根际土壤交换性钙的化感作用最强。在花生出苗后 45 d，各处理对花生根际土壤交换性钙的化感作用最强。此时，处理 A3、B3、C3、D3 分别比对照降低了 18.18%、16.92%、17.46%、23.69%。

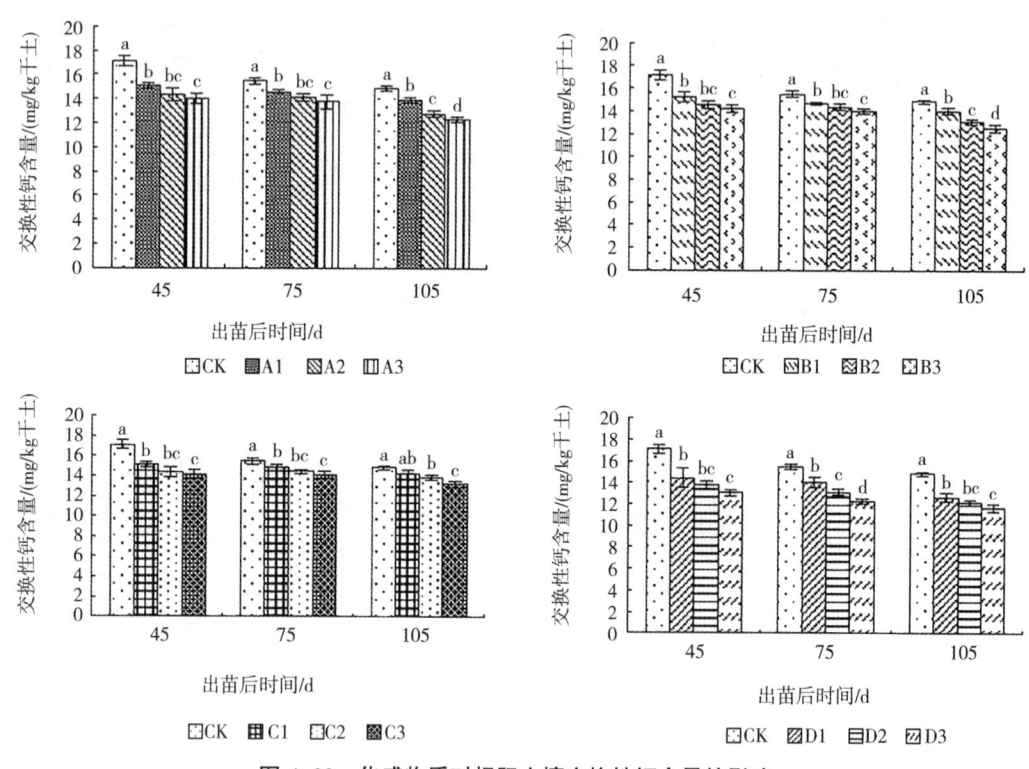

图 4-33　化感物质对根际土壤交换性钙含量的影响

（二）化感物质对室内培养土壤交换性钙含量的影响

图 4-34 显示，当土壤中化感物质的初始含量为 15 mg/kg，各处理土壤交换性钙的含量均稍高于对照，但差异不明显。随着化感物质含量的增加，土壤交换性钙呈降低的趋势。当土壤中化感物质初始含量达到 30 mg/kg，土壤交换性钙显著低于对照，且随着化感物质含量的增加而显著降低。其中，在处理第 3 天、第 7 天和第 15 天，除处理 C2 以外，其他处理均显著低于对照，且高浓度的化感物质处理土壤交换性钙显著低于低浓度处理。在处理第 30 天，处理 A2、B2、C2、C3 均与对照差异不显著，其他处

理均显著低于对照，且高浓度处理土壤交换性钙显著低于低浓度。到了处理第 45 天，仅有处理 D4 土壤交换性钙显著低于对照。随着处理天数的增加，土壤交换性钙受到的化感作用呈先增加后降低的趋势。不同化感物质处理对土壤交换性钙的抑制作用最强的天数：对羟基苯甲酸在处理第 7 天，而肉桂酸、邻苯二甲酸和 3 种化感物质的混合物在处理第 15 天。

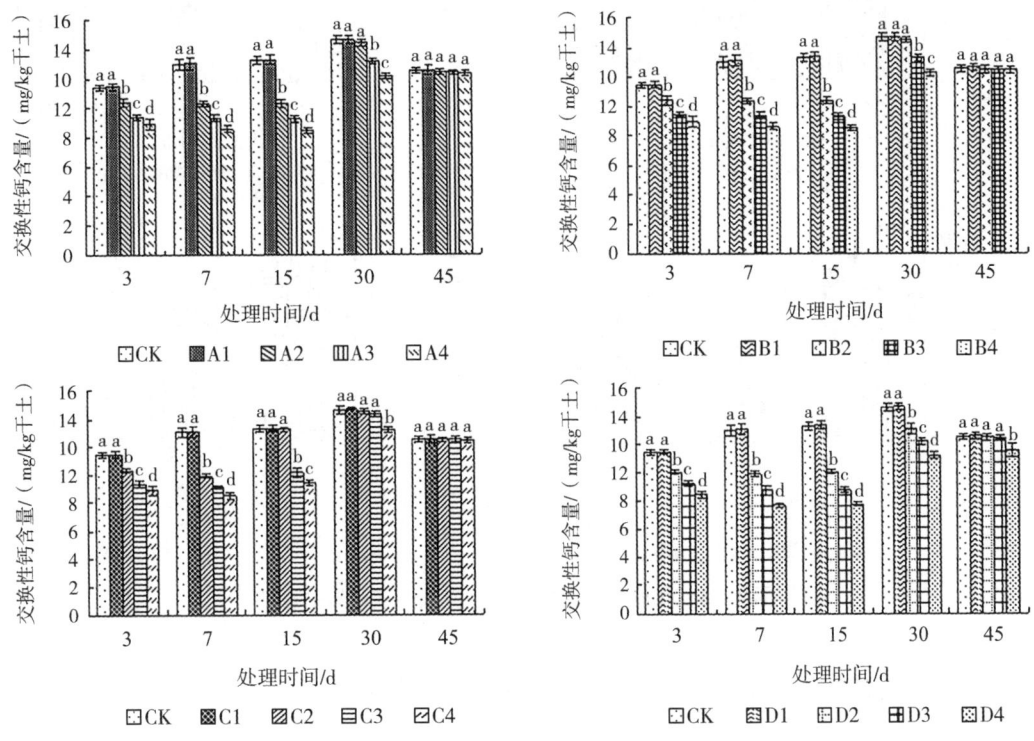

图 4-34 化感物质对室内培养土壤交换性钙含量的影响

七、化感物质对土壤交换性镁含量的影响

（一）化感物质对花生根际土壤交换性镁含量的影响

由图 4-35 可知，在花生出苗后 45 d、75 d 和 105 d，花生根际土壤交换性镁的含量呈逐渐降低的趋势。化感物质处理后，在各取样时期，花生根际土壤交换性镁的含量均显著降低，且高浓度处理的花生根际土壤交换性镁显著低于低浓度处理。3 次取样，以花生出苗后 45 d，各处理对花生根际土壤交换性镁的化感作用最强；此时，处理 A3、B3、C3、D3 分别比对照降低了 21.05%、17.70%、19.43%、20.42%。随着处理时间的增加，化感物质对花生根际土壤交换性镁的抑制作用逐渐减弱。当化感物质初始含量相同时，3 种化感物质混合物对花生根际土壤交换性镁的化感作用最强；在花生出苗后 45 d，其他 3 种化感物质处理对花生根际土壤交换性镁的化感作用强弱次序为：肉桂酸＞对羟基苯甲酸＞邻苯二甲酸；到了花生出苗后 75 d 和 105 d，则为：肉桂

酸＞邻苯二甲酸＞对羟基苯甲酸。

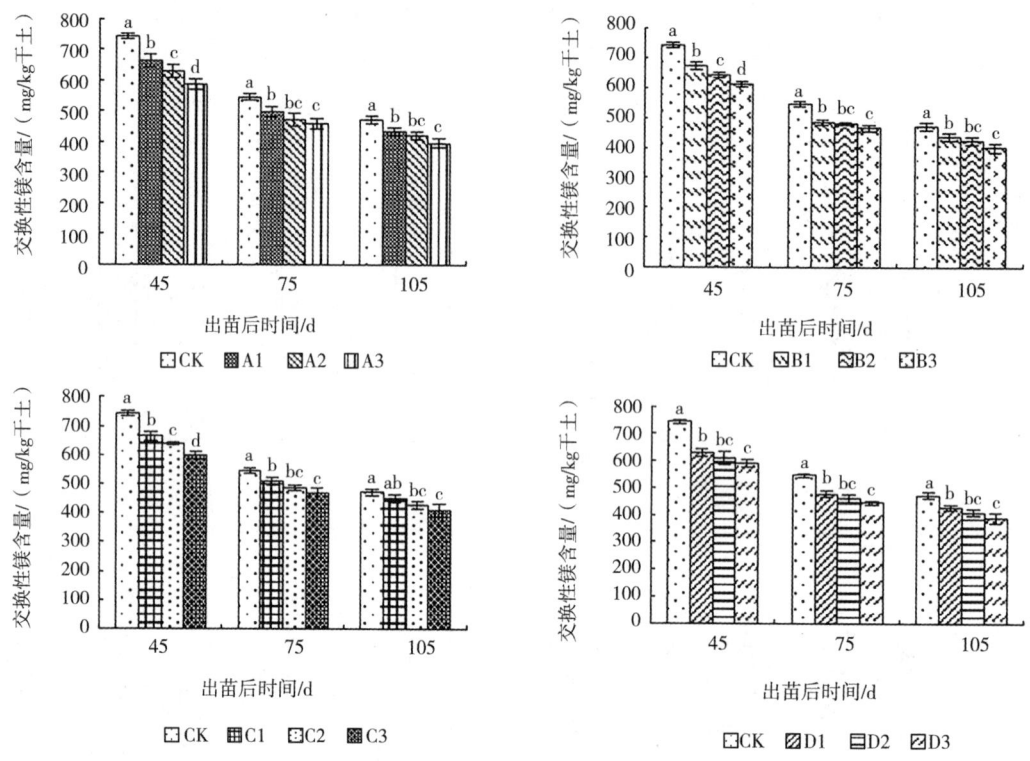

图 4-35 化感物质对根际土壤交换性镁含量的影响

（二）化感物质对室内培养土壤交换性镁含量的影响

由图 4-36 可知，土壤中交换性镁含量整体呈先上升后下降的趋势。外源化感物质加入土壤，在各取样时期均对其交换性镁含量产生了影响。其中，当土壤中的化感物质的初始含量较低时（15 mg/kg），各处理土壤交换性钙均高于对照，但差异不显著。在处理第 3 天、第 7 天和第 15 天，当化感物质初始含量达到 30 mg/kg，除处理 C2 以外，其他处理均显著低于对照，且随着化感物质含量增加，土壤交换性镁显著降低。此时，化感物质 A、B、D 在处理第 15 天对土壤交换性镁的化感作用达到最强，处理 C 则在第 7 天对土壤交换性镁的抑制作用最强。随着处理天数的增加，化感物质对土壤交换性镁的影响逐渐减弱；其中，在处理第 30 天，处理 A2、B2、C2、C3、D2 均与对照差异不显著，其他处理均显著低于对照，且高浓度处理土壤交换性镁显著低于低浓度。到了处理第 45 天，仅有处理 D4 显著低于对照，其他处理均与对照差异不显著。在各取样时期，3 种化感物质混合物对土壤交换性镁的抑制作用最强。其他 3 类化感物质的化感作用强弱次序为：前两次取样，肉桂酸＞对羟基苯甲酸＞邻苯二甲酸；后 3 次取样，肉桂酸＞邻苯二甲酸＞对羟基苯甲酸。

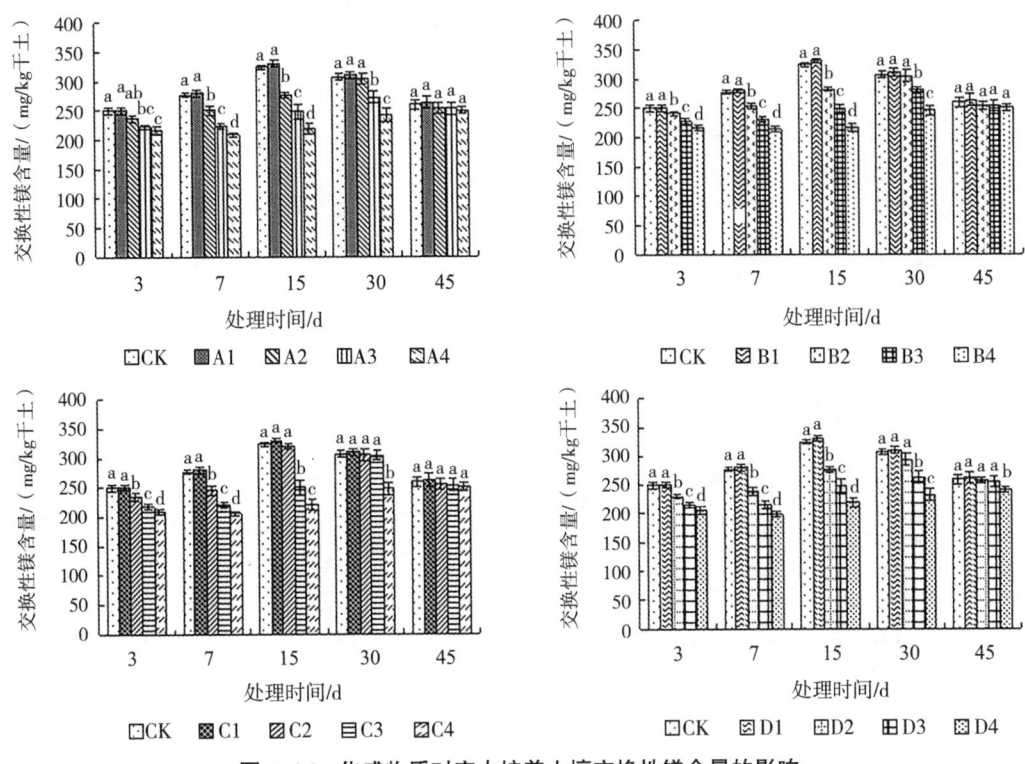

图 4-36 化感物质对室内培养土壤交换性镁含量的影响

八、化感物质对土壤有效铁含量的影响

（一）化感物质对花生根际土壤有效铁含量的影响

铁是花生生长发育必需的微量元素之一，它不但参与光合作用和叶绿素的合成，而且参与体内氧化还原反应和电子传递（肖浪涛等，2004），对花生的生长发育有着不可或缺的作用。铁素营养水平也会直接影响作物的生理代谢，间接影响其抗性水平（刘祖祺和张石城，1994）。由图 4-37 可以看出，化感物质处理花生根际土壤后，在各取样时期，花生根际土壤有效铁的含量均低于对照，且随着处理浓度的升高而逐渐降低，但各处理之间差异不显著。

（二）化感物质对室内培养土壤有效铁含量的影响

由图 4-38 可知，化感物质处理土壤，在各取样时期均影响了土壤有效铁的含量。其中，当化感物质的初始含量为 15 mg/kg 时，与对照相比，土壤有效铁含量稍有增加，但差异不显著。当化感物质的初始含量达到 30 mg/kg，在各取样时期各处理土壤有效铁含量均低于对照，且随着化感物质含量的增加，有效铁含量逐渐降低，但各处理之间差异不显著。

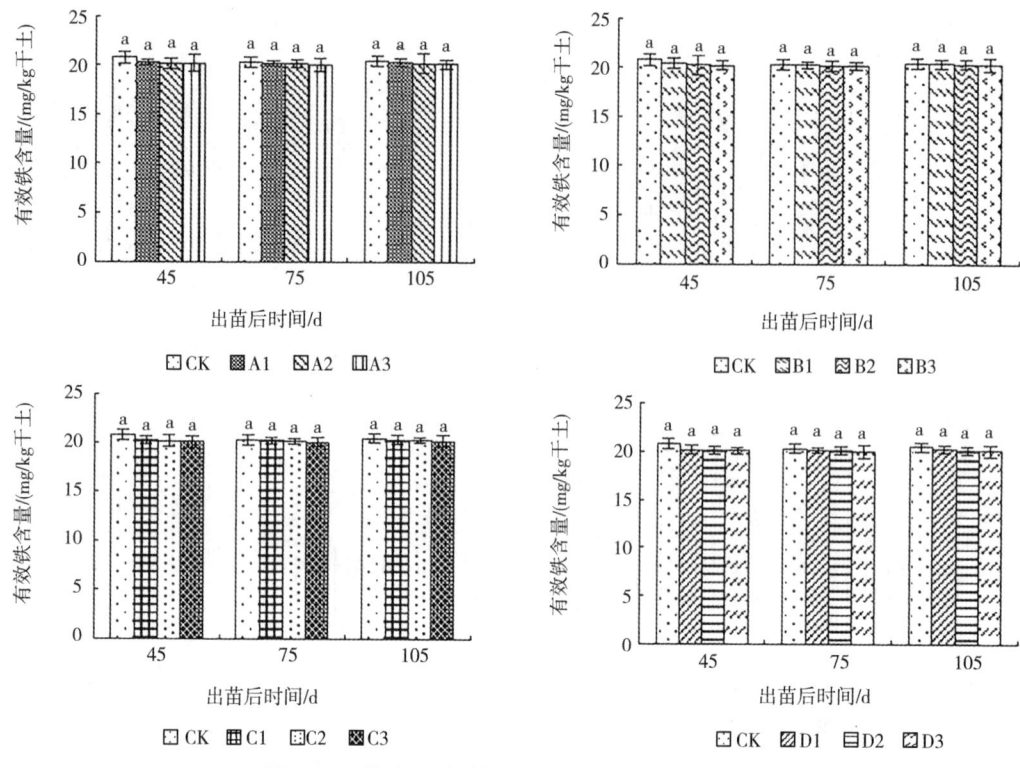

图 4-37 化感物质对根际土壤有效铁含量的影响

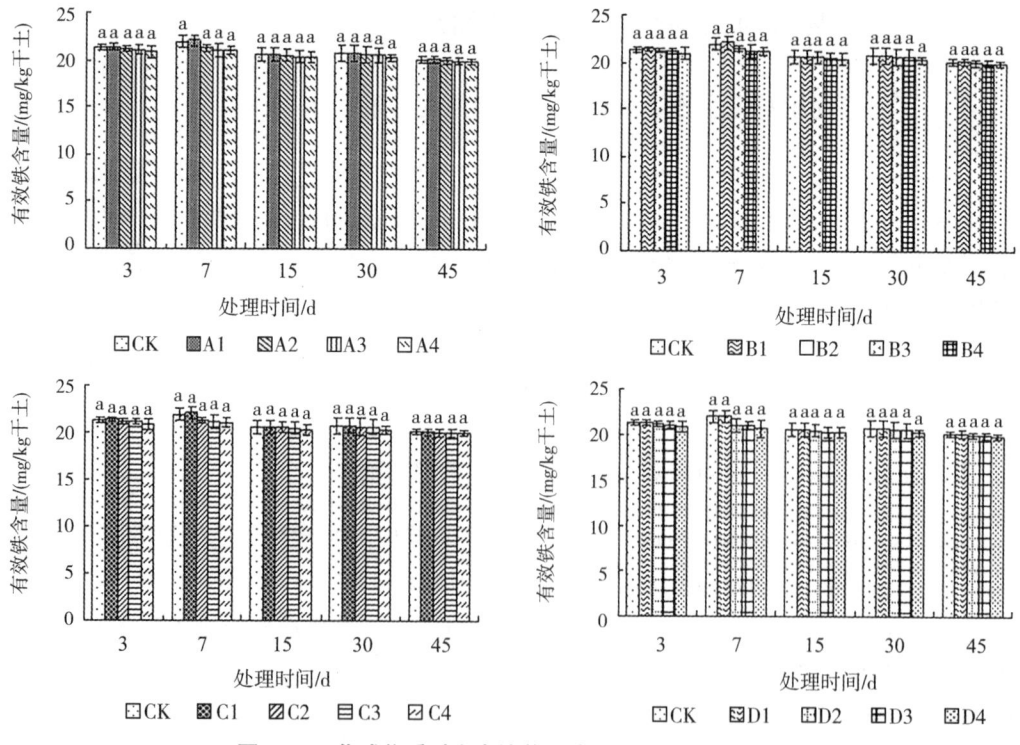

图 4-38 化感物质对室内培养土壤有效铁含量的影响

第四节 化感物质对花生根腐病原菌致病能力的影响

从表 4-1 可以看出，外源化感物质添加到接种花生根腐镰刀菌的土壤中，促进了病原菌的侵染作用。在处理第 15 天，各处理花生发病率均高于对照，且随着化感物质含量的增加，花生病害发病率逐渐升高。当化感物质的初始含量相同时，不同化感物质处理对病原菌发病率化感作用的强弱顺序为：3 种化感物质混合物＞肉桂酸＞邻苯二甲酸＞对羟基苯甲酸。到了处理第 25 天，所有处理花生（包括对照）全部发病。

表 4-1 化感物质对花生根腐病原菌致病能力的影响

处理	处理后时间 /d			
	15		25	
	发病率 /%	病情指数	发病率 /%	病情指数
CK	50	18.90	100	34.20
A1	70	25.20	100	37.80
A2	80	30.60	100	43.20
A3	90	31.50	100	46.50
B1	70	22.50	100	36.00
B2	80	27.00	100	41.40
B3	80	30.60	100	43.20
C1	60	21.60	100	33.00
C2	70	26.10	100	39.00
C3	80	28.80	100	43.20
D1	80	30.60	100	39.60
D2	80	34.20	100	45.00
D3	90	36.90	100	49.00

病情指数是全面考虑发病率与严重度的综合指标。表 4-1 显示，化感物质处理后，感染病原菌的花生病情指数均高于对照。随着处理化感物质浓度和处理时间的增加，病情指数呈增加的趋势。两次调查，化感物质初始含量相同的处理对花生根腐病病情指数化感作用强弱顺序为：处理 D＞处理 A＞处理 B＞处理 C。

第五节 化感物质对花生产量及产量构成因素的影响

由表 4-2 可以看出，化感物质处理均显著降低了花生产量（$P < 0.01$）。与对照

相比，花生每盆荚果产量、单株结果数、饱果率和出仁率均显著降低（$P < 0.01$），千克果数显著增加（$P < 0.01$）。处理浓度越高，花生减产越大。其中，初始含量为 90 mg/kg 的肉桂酸、邻苯二甲酸、对羟基苯甲酸以及 3 种化感物质混合物的处理花生每盆荚果产量分别降低了 43.22%、32.92%、40.18%、47.28%，单株结果数分别降低了 54.17%、41.67%、50.00%、59.71%。初始含量相同的处理之间，3 种化感物质混合物的花生每盆荚果产量、单株结果数、饱果率和出仁率均显著低于其他处理（$P < 0.01$），而千克果数则显著高于其他处理（$P < 0.01$）。单一物质的处理对花生每盆荚果产量、单株结果数的化感作用为：肉桂酸＞对羟基苯甲酸＞邻苯二甲酸。而初始含量相同的肉桂酸、邻苯二甲酸和对羟基苯甲酸处理的千克果数、饱果率和出仁率之间差异不显著（$P > 0.05$）。

表 4-2　化感物质对花生产量及产量构成因素的影响

处理	每盆荚果产量 /g	单株结果数 / 个	千克果数 / 个	饱果率 /%	出仁率 /%
CK	185.71±3.77a	24.00±2.00a	845.00±4.36g	69.07±0.67a	76.67±0.47a
A1	140.35±3.00c	16.33±1.53cd	965.00±4.58f	55.03±0.74b	68.93±0.46b
A2	119.09±3.92fg	13.33±0.58efg	1 039.00±6.08d	49.77±1.02c	60.97±1.07d
A3	105.44±2.97i	11.00±1.00hi	1 194.00±5.29b	42.53±1.05e	55.23±0.65e
B1	148.31±3.04b	19.00±1.00b	958.33±5.77f	55.73±0.50b	69.43±1.16b
B2	130.92±4.16de	16.67±1.15cd	1 030.33±7.23d	50.33±2.01c	61.33±0.55d
B3	124.57±2.85ef	14.00±1.00efg	1 186.00±5.29b	43.37±1.23e	55.97±0.40e
C1	144.43±5.25bc	17.67±0.58bc	961.00±2.00f	55.50±0.20b	69.03±0.45b
C2	124.95±2.59ef	14.67±1.53def	1 033.33±2.80d	49.87±1.31c	61.17±0.29d
C3	111.10±4.42hi	12.00±1.00gh	1 191.67±1.53b	42.87±1.14e	55.87±0.74e
D1	133.64±2.86d	15.00±1.00de	980.00±5.57e	46.20±0.30d	64.87±0.35c
D2	116.85±3.61gh	12.67±0.58fgh	1 102.33±2.52c	42.83±0.59e	55.07±0.32e
D3	97.91±4.36j	9.67±0.58i	1 310.67±9.81a	39.17±0.45f	48.80±0.36f

第六节　化感物质与花生根际微生态环境及产量的关系

一、化感物质与土壤微生物的关系

土壤微生物是土壤物质循环调节者，其种群及数量是反映土壤肥力的主要指标之一（樊军和郝明德，2003）。土壤中各大类微生物（细菌、真菌、放线菌）的数量是衡量土壤中微生物区系状况的一个重要的指标。细菌、放线菌和真菌直接参与土壤中碳、氮等营养元素的循环和能量流动，其数量和活性不仅反映了微生物对植物生长发育、土壤肥力的影响和作用，同时也说明了植物对微生物群落结构的制约与共生关系，对土壤生态系统的维持与改善起重要作用（杨合法等，2006）。土壤微生物量是指土壤中除活的植物体外体积小于 5×10^3 μm^3 的生物总量，主要包括细菌、真菌、藻类和原生动物等。土壤微生物量是土壤活性养分的储存库，作为土壤中物质代谢旺盛强度的指标，可以灵敏地反映环境因子、土地利用模式、农业生产活动和气候条件的变化，被用作评价土壤质量和反映微生物群落状态与功能变化的指标（Powlson et al.，1987）。孙秀山等（2001）研究发现，随着连作年限的增加，土壤根际的真菌数量大幅度增加，细菌和放线菌数量显著减少。与轮作田相比，连作 1～5 年，真菌数量增加 140%～220%，细菌、放线菌数量分别减少 41.5%～53.6% 和 49.35%～65.3%。黄玉茜等（2011）报道了随着连作年限的增加，花生根际及非根际土壤中的细菌、放线菌数量明显减少，真菌数量明显增加。

刘苹等（2015）从不同连作年限花生土壤中检测出了苯甲酸、对羟基苯甲酸、阿魏酸、香豆酸等化感物质，并且发现随着连作年限的增加含量有增加的趋势。化感物质对土壤微生物区系有着重要的影响作用（Ni et al.，2006）。Qu 和 Wang（2008）研究发现酚酸类化感物质可以显著影响土壤中微生物的生物量、多样性和群落结构，选择性地增加土壤中特殊的微生物种类。吴凤芝和王伟（1999）在研究大棚番茄连作障碍时指出，随着连作年限增加，番茄根分泌的酚酸类物质增加了有害真菌的数量。周宝利等（2010）通过向栽培介质中添加外源棕榈酸发现茄子根际土壤微生物量碳的含量、微生物量氮的含量和微生物量磷的含量均显著增加。综合室内土壤培养和田间盆栽试验，本研究结果显示，经化感物质处理后，低浓度的化感物质一定程度促进了土壤真菌和放线菌的数量，增加了土壤微生物量碳的含量。当化感物质的浓度增加到 30 mg/kg 时，花生根际土壤细菌、放线菌的数量显著减少，土壤微生物量碳的含量亦明显降低。低浓度或高浓度的化感物质均促进了真菌数量的增加，显著增加了土壤微生物量氮的含量。表明化感物质促使了花生根际土壤由"细菌化"向"真菌化"转变，并且随着处理浓度的增加，这种现象越来越明显。外源添加的化感物质在土壤中经历不同类型的迁移和生物降解，特别是化感物质在根际的传递过程中很大程度上是依靠土壤微生物的运动完成的（闫飞等，2000），而在这整个过程中化感物质对土壤微生物产生了直接或间接的影响。此外，化感物质可通过对土壤微生物生长的影响，改变土壤微生物区系与活性，从而对土壤微生物群落和土壤微生物多样性产生影响（李光义等，2009）。

土壤呼吸速率的高低与土壤微生物促进物质转化以及土壤动物和植物根系呼吸的强度密切相关（林先贵，2010），可反映土壤微生物活性的强弱。本研究结果显示，当化感物质的初始含量为 15 mg/kg 时，各处理均微弱地促进了土壤呼吸速率；随着处理浓度的增加，土壤呼吸速率逐渐降低，呈现"低促高抑"的趋势。这可能是化感物质的添加量适宜，为土壤中的微生物提供了碳源，促进了土壤微生物的生长。

二、化感物质与土壤酶活性的关系

土壤酶活性在一定程度上反映土壤肥力、物质转化和环境的变化，可作为衡量土壤生物学活性和土壤生产力的指标（Bhanu et al., 2010）。脲酶与土壤氮循环关系密切，参与将有机氮转变为无机氮的反应过程，为植物的生长提供可利用氮（Bandick and Dick, 1999）。磷酸酶有助于将土壤中的有机磷转变为无机磷（Amador et al., 1997）。蔗糖酶是土壤碳循环过程中的一种重要的酶，蔗糖酶活性提高，土壤中可溶性养分的含量将增加（Zhang et al., 2010b）。土壤多酚氧化酶能把土壤中芳香族化合物氧化成醌，醌与土壤中蛋白质、氨基酸、糖类、矿物等物质反应生成分子量大小不等的有机质和色素，完成土壤芳香族化合物循环（贾新民等，1995）。土壤过氧化氢酶能促进土壤中过氧化氢的分解，从而防止土壤中过氧化氢对植物根系的毒害作用（鲁萍等，2002）。林瑞余等（2007）在不同化感潜力水稻根际土壤酶的研究中发现，化感水稻抑制了根际土壤的脱氢酶、过氧化物酶、多酚氧化酶、脲酶活性、纤维素分解酶活性。吕可等（2006）研究发现，花椒叶浸提液浇灌盆栽花椒幼苗，可使根际土壤蛋白酶、蔗糖酶、酸性磷酸酶活性明显低于非根际土壤。本研究发现，低浓度的化感物质（15 mg/kg）均微弱地促进了土壤脲酶、磷酸蔗糖酶、多酚氧化酶和过氧化氢酶活性，当化感物质的初始含量达到 30 mg/kg 时，土壤酶活性明显降低，与室内土壤培养试验的结果一致；田间盆栽花生根际土壤脲酶、磷酸蔗糖酶、多酚氧化酶和过氧化氢酶活性明显低于对照，且随着处理浓度的增加而逐渐降低。土壤酶主要来自土壤微生物和植物根系分泌物（刘苹等，2013），参与有机质的分解和腐殖质的形成，是土壤生物活性的综合表现。化感物质进入土壤后，会显著影响土壤微生物量、活性、多样性和群落结构，选择性地增加土壤中特殊的微生物种类（李培栋等，2010；Kong et al., 2008）。有研究表明，随着花生连作年限的增加，土壤中对羟基苯甲酸、香草酸和香豆酸含量增加，导致花生根际微土壤中细菌和放线菌的数量明显减少，真菌数量增多（Ma et al., 2005）。化感物质也会导致土壤微生物胞内酶、胞外酶比例失调或改变酶的构象，从而影响酶的活性（Yuan et al., 1998；Yao et al., 2009）。另外，土壤 pH 值与土壤酶活性有关，加入的化感物质一定程度降低了土壤 pH 值，从而降低了土壤酶活性（Wang et al., 2009）。化感物质也会影响植物根系的生长和分泌，对羟基苯甲酸、肉桂酸的加入可能导致根系分泌物主要成分发生了改变（张晶等，2014）。酚酸类物质也可能会直接作用于土壤酶，从而影响土壤酶活性。

三、化感物质与土壤理化性质的关系

土壤 pH 值会影响土壤中物质的化学反应、微生物活性、养分的有效性、作物叶片光合特性以及体内保护酶活性，从而对作物的生长产生影响（王思远等，2005；吕卫光等，2006）。土壤中有效养分含量对于植物生长至关重要，土壤养分失调是花生连作障碍的重要原因之一（孙秀山等，2001）。大量研究表明，化感物质通过影响土壤的理化性质，改变其养分状况，进而影响植物的吸收和生长。吕卫光等（2006）研究了土壤加入苯丙烯酸和对羟基苯甲酸这两种化感物质对土壤养分的影响，结果表明，这两种物质均降低了土壤中有效氮、有效钾和有机质含量。李春龙（2009）研究表明，随着香草酸浓度的增加，土壤有机质、有效磷及有效钾含量均呈降低的趋势。Inderjit等（1997）通过对土壤施加儿茶酚、对羟基苯甲酸等酚类化感物质后，发现处理后土壤中的有机质含量明显降低。通过室内土壤培养和田间盆栽试验相结合，本研究结果显示，与对照相比，化感物质降低了土壤pH值，但差异不显著；化感物质对土壤有效养分的影响亦存在"低促高抑"的现象，即低浓度的化感物质（15 mg/kg）微弱地增加了土壤碱解氮、有效磷、有效钾、有机质、交换性钙、交换性镁和有效铁的含量；当化感物质的初始含量达到30 mg/kg时，土壤有效养分均低于对照，且随着化感物质的浓度的升高而逐渐降低。低浓度的化感物质可能为土壤微生物提供了碳源，促进了土壤微生物生长，增强了微生物和土壤酶活性，进而提高了土壤有效养分的含量（封海胜等，1993a）。当化感物质浓度增加到一定浓度时（30 mg/kg），抑制了土壤微生物和土壤酶的活性。本研究发现，化感物质对土壤有效铁和有机质的影响较小，这与Batish等（2002）、Inderjit等（1997）的研究结果不一致，这可能是因为化感物质种类、处理浓度、处理时间以及土壤类型不同所致。

四、化感物质与病原菌的致病能力的关系

刘美昌等（2006）报道，连作1年的花生收获时叶部病害的病情指数较轮作增加43.2个百分点，连作2年的病情指数是轮作处理的2.3倍。Hammerschmidt（1982）研究表明，黄瓜枯萎病及立枯病是黄瓜苗期主要的土壤传染性病害，连作会增加土壤中这两种病原菌，故能加重为害。现有研究表明，根系分泌物中的氨基酸、多糖、脂类等成分能够为土传病原菌生存提供必要的碳源和氮源，对病原菌的繁殖或孢子萌发有明显促进作用，有助于病害的发生及为害程度的加重（Seheffknecht et al.，2006；马丹炜等，2015）。刘苹等（2009）研究发现，花生根系分泌物的中性、酸性和碱性组分对根腐镰刀菌菌丝的生长均存在一定的化感促进作用，对固氮菌的生长存在一定的化感抑制作用，并随添加浓度的增加化感作用增强。本研究结果显示，化感物质处理促进了花生根腐病的发生，与对照相比，发病率和病情指数均明显增加，且随着处理浓度的升高化感作用明显增强；随着处理时间的延长，根腐病的发病率和病情指数逐渐增加。刘苹等（2011）研究发现，花生结荚期根系分泌物对花生叶片的抗氧化系统存在一定促进作用，SOD、POD和CAT活性与对照相比极显著增强，膜脂过氧化物MDA含量极显著增加，说明根系分泌物加入后，花生细胞膜受到了一定程度的损伤。马丹炜等（2015）研究发现，化感物质对根边缘细胞具有明显的毒性。当处理时间和处理剂量达到一定阈值时，根边缘细胞的产生和活性均受到抑制，化感胁迫解除了根边缘细胞的保护功能，伤害了根尖分生组织，改变了细胞壁和细胞膜的特性，破坏了细胞内部结构，增加了病害侵染作物的概率。此外，化感物质处理后，土壤pH值降低，酸

化环境有利于病原菌和真菌的繁殖（周录英等，2008），增加了土壤中两种花生病原菌的数量。本研究还发现，相同处理条件下，3种化感物质的混合物对病害的促进作用最强，其次是肉桂酸和邻苯二甲酸，而对羟基苯甲酸的化感作用最弱，这表明化感物质对病原菌的致病能力与其种类有关。

五、化感物质与花生产量、产量构成因素的关系

花生营养体在花生整个生育过程中吸收水分、光能和养料，进行有机物的合成和转化，是干物质积累的重要器官，也是进行生殖生长的基础。因此取得花生稳定高产，必须保证花生各生育期植株健壮生长、充足的绿叶面积，才能取得高产（万书波，2003）。万书波等（2007）研究发现，连作2年的花生群体干物质积累速率、荚果干物质积累速率、总生物产量和荚果产量与轮作比，分别降低10.2%、10.2%、9.4%和9.7%，差异达到显著水平或极显著水平。随着花生连作年数的增加，化感物质在土壤中积累到一定浓度时，会通过影响植物生理代谢、土壤微生态环境等多种方式影响作物生长（刘苹等，2013；Zhang et al.，2010a；Zhou and Wu，2012），造成作物产量的降低。本研究发现，化感物质处理花生后，各处理花生主茎高度、侧茎长度、分支数以及根、茎、叶干重均明显低于对照，花生荚果产量、单株结果数、饱果率和出仁率显著降低，千克果数显著增加；且化感物质的初始含量越高，化感作用越明显。王艳芳等（2015）研究了连作苹果土壤酚酸对平邑甜茶幼苗的影响，发现酚酸物质降低了幼苗根系中超氧化物歧化酶（SOD）、过氧化物酶（POD）和过氧化氢酶（CAT）活性，增加了过氧化氢（H_2O_2）、超氧阴离子自由基（O_2^-）以及丙二醛（MDA）的含量。刘苹等（2013）研究发现土壤中的脂肪酸含量较高时，显著降低了花生叶片中叶绿素含量、根系活力和土壤酶（蔗糖酶、脲酶、磷酸酶）的活性，从而造成植物光合作用的减弱、养分吸收能力减弱、土壤有效养分含量降低。因此，化感物质降低了作物光合作用、土壤有效养分和根系吸收能力，可能是影响花生植株生长和导致花生产量降低的原因之一。

六、不同处理化感作用的强弱和化感物质在土壤中的降解

植物的化感作用是释放的所有化感物质综合作用的结果，Einhellig（1995）指出几乎所有植物的化感作用是两种或两种以上物质相互作用的结果。母容等（2011）发现阿魏酸和对羟基苯甲酸存在协同作用。本研究发现，化感物质处理后，在各取样时期，3种化感物质的混合物对室内土壤和花生根际土壤微生态环境的化感作用均为最强，这可能是由于肉桂酸、邻苯二甲酸和对羟基苯甲酸存在交互作用，从而增强了化感作用。本研究还发现，随着处理时间的延长，各处理的化感作用均有逐渐减弱的趋势；室内试验显示，各处理化感作用最强的时期基本出现在处理第7天和第15天；田间盆栽试验表明，化感物质处理后，花生根际土壤微生态环境在花针期所受影响最大。化感物质和土壤微生物是相互影响的，各处理加入的化感物质可以被土壤中的Fe、Mn、Al吸附或在微生物作用下转化为其他物质或被微生物吸收，使得土壤中化感物质的浓度

发生变化（Walker et al., 2003；刘苹等，2015）。李亮亮等（2010）研究了间苯三酚、邻苯二甲酸、苯甲酸、肉桂酸4种酚酸在土壤中的降解，发现土壤中4种酚酸含量在3 d内下降速率最快，苯甲酸和肉桂酸在土壤中降解的速率稍慢于间苯三酚、邻苯二甲酸。本试验结果显示，在化感物质处理前期（室内试验：处理第3天和第7天；田间盆栽试验：花生出苗后45 d），各处理化感作用强弱次序均为：3种化感物质的混合物＞肉桂酸＞对羟基苯甲酸＞邻苯二甲酸；到了处理后期（室内试验：处理第15天、第30天和第45天；田间盆栽试验：花生出苗后75 d和105 d）则为：3种化感物质的混合物＞肉桂酸＞邻苯二甲酸＞对羟基苯甲酸。这表明，化感物质的作用效果与其种类有关（Leitao et al., 2007）。在不同时期，对羟基苯甲酸和邻苯二甲酸的化感作用存在差异，可能是由于前者在土壤中降解速率较快所致。

刘苹等（2015）对连作花生收获后土壤中酚酸类物质含量进行了测定，发现在连作花生3年的土壤中，对羟基苯甲酸、肉桂酸和邻苯二甲酸含量分别为2.38 mg/kg 干土、1.27 mg/kg 干土、3.52 mg/kg 干土；在连作花生5年的土壤中，分别达到了3.25 mg/kg 干土、1.92 mg/kg 干土、4.73 mg/kg 干土。而化感物质在土壤中存在降解、部分被土壤颗粒吸附和微生物吸收等现象（Walker et al., 2003；李亮亮等，2010）。Haider将^{14}C标记的对羟基苯甲酸、紫丁香酸和香草酸添加到土壤中，发现一周内，90%的酚酸类物质被分解（Haider, 1975）。因此，本研究适当增加了化感物质的初始含量。

第五章
花生连作障碍的缓解对策

第一节 农艺措施缓解花生连作障碍

一、品种选育

品种间在连作障碍的适应性方面存在一定差异。刘美昌等（2006）对5个花生品种进行试验，结果表明，5个品种对连作的适应性依次为 8130 > 鲁花 14 号 > 鲁花 11 号 ≈ 花育 16 号 > 鲁花 12 号。根系发达、生育期相对较长的普通型大花生适应性较好，如 8130；而生育期较短的珍珠豆型小花生适应性较差，如鲁花 12 号。值得注意的是，品种对连作适应性是一个相对指标，适应性好的品种表明该品种在连作条件下减产幅度小，这并不意味着连作条件下该品种一定产量高。例如，虽然鲁花 14 号连作比轮作产量减少 389.8 kg/hm^2，减产率达 9.1%，而 8130 产量减少 262.5 kg/hm^2，减产率为 6.6%，比鲁花 14 号分别少了 127.3 kg/hm^2 和 2.5%。但从绝对产量看，连作条件下，鲁花 14 号比 8130 产量高 174.0 kg/hm^2，增产 4.7%。因此，在对品质要求不严的非出口地区，选用鲁花 14 号比 8130 产量更为理想。

二、轮作换茬

轮作换茬是克服花生连作障碍的最经济有效的措施。封海胜等（1996a）采用小麦、菠菜、油菜、水萝卜 4 种作物与花生实行模拟轮作，结果表明（表 5-1），花生与小麦轮作后，生物产量和荚果产量较连作对照分别增产 23.98% 和 25.09%；与水萝卜轮作后，生物产量和荚果产量分别较连作对照增产 23.22% 和 21.16%。

表 5-1 模拟轮作对连作花生产量的影响

处理	生物产量			荚果产量		
	产量/(g/盆)	较连作 CK1/%	较轮作 CK2/%	产量/(g/盆)	较连作 CK1/%	较轮作 CK2/%
小麦	117.10	23.98	7.90	66.8	25.09	14.97
菠菜	112.33	18.93	3.50	61.0	14.23	4.99
油菜	110.30	16.78	1.63	62.5	17.04	7.57
水萝卜	116.38	23.22	7.23	64.7	21.16	11.36
连作 CK1	94.45	—	-12.97	53.4	—	-8.09
轮作 CK2	108.53	14.91	—	58.1	8.80	—

采用小麦、水萝卜与连作花生实行模拟轮作，可以促进连作花生的植株生育，显著增加连作花生的生物产量和荚果产量，减轻或解除花生的连作障碍。这可能与小麦和水萝卜发芽生长期间的根系分泌物及其残留植株有关。研究表明，微生物活性的大小，很大程度上取决于植物的溢泌物质和残体。很可能小麦和水萝卜的根系分泌物及其翻压后的残体促进了有益于花生生长发育的土壤微生物的增殖，由于这些土壤微生物密度的增加，反过来又促进了花生的生育。另外，由模拟轮作处理单株烂果数明显减少可推测，小麦、水萝卜等的根系分泌物及其残体也促进了对引起花生烂果微生物有拮抗作用的微生物的增殖，或者是小麦、水萝卜残体在分解过程中可产生杀菌的挥发性物质。王明珠和陈学南（2005）研究也表明，低丘红壤区有灌水条件的田地实行水旱轮作，对花生增产十分有利。花生与西瓜、甘薯、玉米等作物轮作根腐病、青枯病、白绢病发病率可减轻 1/3～1/2。

唐朝辉等（2020）在多年花生连作地块，研究了甘薯—花生轮作与花生连作 2 种栽培模式下花生的营养生长、生理特性、产量及品质。结果表明，对比连作处理，甘薯—花生轮作处理显著促进了花生营养生长，提高了花生叶面积指数、叶绿素含量、净光合速率和光合生产能力；硝酸还原酶活性和根系活力提高；花生干物质积累量增加，荚果产量提高了 14.4%，出仁率提高。此外，甘薯—花生轮作处理显著增加了花生籽仁蛋白质含量、粗脂肪含量及 O/L 比值，降低可溶性糖含量，改善花生籽仁品质。甘薯—花生轮作可有效缓解花生连作障碍。

三、肥料调控

（一）增施有机肥和施用花生连作专用肥增加土壤肥力

封海胜等（1993b）研究表明中等肥力沙壤土多年不施肥连作花生，土壤中的速效钾含量每年以近 10% 的量递减，速效磷含量以连作第 3 年减少最多，达 52.99%。连年施用有机肥料，可增加土壤中的有机质和氮素含量。刘美昌等（2006）比较了连作和轮作条件下有机肥的增产效果，结果连作条件下有机肥增产 13.3%，轮作条件下增产

8.1%，连作条件下增产效果明显好于轮作。表明有机肥对缓解花生连作障碍有显著的作用，可作为缓解花生连作障碍的主要措施之一。有机肥之所以增产显著，除了其能够提供花生生育所需要的营养外，更重要的是因为其对土壤理化性状的改善作用。

研究表明，花生连作土壤中的速效磷、速效钾以及铁、硼等元素显著减少，增施有机肥料和氮、磷、钾、钼、硼无机肥料的增产效果远远低于轮作田。连作花生专用肥是根据连作花生的需肥特性及连作土壤中的养分含量情况，合理搭配了氮、磷、钾比例及铁、钼、硼含量，并配合施用生物钾肥及蛋白质含量高的有机肥。肥料用量应比轮作花生加半或加倍，达到每公顷施用氮 150 kg、磷 225 kg、钾 300 kg 以上。封海胜等（1996b）盆栽及田间试验表明，专用肥可使连作花生生物产量提高 20.85%（表 5-2），荚果产量提高 24.03%（表 5-3）。

表 5-2　连作花生专用肥对连作花生生物产量的影响

处理	年份	生物产量 /（g/盆）	生物产量较连作对照增减		生物产量较轮作对照增减	
			g/盆	%	g/盆	%
配方 1	1990	132.41	19.93	17.72	3.23	2.50
	1991	102.40	9.95	10.76	−6.10	−5.62
	1992*	95.11	6.08	6.83	1.51	1.61
	1992**	84.26	2.06	2.51	−2.15	−2.49
	平均	103.55	9.51	10.11	−0.87	−0.01
配方 2	1990	142.91	30.43	27.05	13.73	10.63
	1991	112.40	19.95	21.58	3.90	3.59
	1992*	102.68	13.65	15.33	9.08	9.70
	1992**	96.60	14.40	17.52	10.19	11.79
	平均	113.65	19.61	20.85	9.23	8.84
连作土 CK	1990	112.48	—	—	−16.70	−12.93
	1991	92.45	—	—	−16.05	−14.79
	1992*	89.03	—	—	−4.57	−4.88
	1992**	82.20	—	—	−4.21	−4.87
	平均	94.04	—	—	−10.38	−9.94
轮作土 CK	1990	129.18	16.70	14.85	—	—
	1991	108.50	16.05	17.36	—	—
	1992*	93.60	4.57	5.13	—	—
	1992**	86.41	4.21	5.12	—	—
	平均	104.42	10.38	11.04	—	—

注：1992* 连作 2 年土壤，1992** 连作 6 年土壤。

表 5-3 连作花生专用肥对连作花生荚果产量的影响

处理	年份	荚果产量 /(g/盆)	荚果产量较连作对照增减		荚果产量较轮作对照增减	
			g/盆	%	g/盆	%
配方 1	1990	74.00	13.50	22.31	3.40	4.28
	1991	56.95	3.55	6.65	-1.15	-1.98
	1992*	50.50	9.10	21.98	5.40	11.97
	1992**	44.70	3.30	7.97	-0.40	-0.01
	平均	56.54	7.36	14.97	1.81	3.31
配方 2	1990	79.70	19.20	31.74	9.10	12.89
	1991	61.50	8.10	15.17	3.40	5.85
	1992*	52.40	11.00	26.57	7.30	16.19
	1992**	50.40	9.00	21.74	5.30	11.75
	平均	61.00	11.82	24.03	6.27	11.46
连作土 CK	1990	60.5	—	—	-10.10	-14.31
	1991	53.40	—	—	-4.70	-8.09
	1992*	41.40	—	—	-3.70	-8.20
	1992**	41.40	—	—	-3.70	-8.20
	平均	49.18	—	—	-5.55	-10.14
轮作土 CK	1990	70.60	1.10	16.69	—	—
	1991	58.10	4.70	8.80	—	—
	1992*	45.10	3.70	8.94	—	—
	1992**	45.10	3.70	8.94	—	—
	平均	54.73	5.55	11.29	—	—

注：1992*连作 2 年土壤。1992**连作 6 年土壤。

（二）使用生物肥提高连作土壤根际微生物数量

花生连作形成了特定的土壤环境和根际条件，从而影响了土壤及根际微生物的生殖和活动。随着连作年限的增加，土壤及根际的真菌数量显著增加，细菌和放线菌的数量明显减少。细菌与真菌的比值显著变小，连作使细菌型土壤向真菌型土壤转化。不少学者研究认为，真菌型土壤是地力衰竭的标志，细菌型土壤是土壤肥力提高的一个生物指标。花生连作使土壤疲乏，花生的生育表现为：植株矮小、荚果变小、生育不良、总生物产量和荚果产量均显著降低。封海胜等（1993a）研究表明，土壤中的细菌和放线菌数量与花生总干物重呈显著正相关。花针期根际的真菌数量与花生总干物重和荚果产量呈极显著负相关，细菌数量与总干物重呈显著正相关。结荚期的真菌数量与荚果产量呈显著负相关，细菌数量与总干物和荚果产量呈显著和极显著正相关。成熟期的细菌数量与总干物重和荚果产量呈显著正相关。

封海胜等（1996c）利用盆栽研究了生物菌剂对连作障碍的缓解效应，3 年试验结果表明，生物菌剂可以显著促进连作花生的植株生育，使连作花生的植株高度、单株结果数、饱果数、百果重等主要农艺性状以及生物产量和荚果产量达到或超过轮作花生的水平。其中荚果产量较连作土对照增产 19.8%～55.4%，平均增产 32.2%；较连作土施用氮、磷、钾、硼、钼肥料处理增产 25.5%～39.6%，平均增产 34.9%（表 5-4）。生物菌剂有望成为减轻或解除花生连作障碍的一项经济有效的对策，但由于其增产效果年度间差异较大，说明生物菌剂对连作障碍的缓解作用受其他因素（如土壤环境等）影响较大。

表 5-4　生物菌剂对连作花生荚果产量的影响

处理	年份	荚果产量/（g/盆）	荚果产量较连作土增减		荚果产量较轮作土增减	
			（g/盆）	%	（g/盆）	%
微生物调节剂	1993	64.8	23.1	55.4	3.7	6.1
	1994	39.9	8.0	25.1	-4.8	-10.7
	1995	73.7	12.2	19.8	8.9	12.7
	平均	59.5	14.5	32.2	2.6	4.0
N、P、K、B、Mo	1993	47.8	17.0	35.6	-13.3	-21.8
	1994	31.8	8.1	25.5	-12.9	-28.9
	1995	52.8	20.9	39.6	-12.0	-18.5
	平均	44.1	15.4	34.9	-12.8	-22.5
连作土 CK	1993	41.7	—	—	-19.4	-31.8
	1994	31.9	—	—	-12.8	-28.6
	1995	61.5	—	—	-3.3	-5.1
	平均	45.0	—	—	-11.9	-20.9
轮作土 CK	1993	61.1	19.4	46.5	—	—
	1994	44.7	12.8	40.1	—	—
	1995	64.8	3.3	5.4	—	—
	平均	56.9	11.9	26.4	—	—

（三）有机无机肥料配施提高连作花生光合能力与物质积累

有机无机肥料配施可减少连作花生根际主要化感物质积累，对连作花生叶面积系数、净同化率、光合势、群体干物质积累量、荚果干物质积累量的影响显著（孙秀山等，2018）。连作条件下，有机无机肥料配施比有机肥、无机肥单施，叶面积系数分别提高 5 个百分点、7.5 个百分点，净同化率分别提高 3.5 个百分点、7.5 个百分点，光合势分别提高 7.1 个百分点、8.8 个百分点，群体干物质积累量分别提高 7.4 个百分点、

16.8个百分点，荚果干物质积累量分别提高 5.1 个百分点、12.6 个百分点。有机肥、无机肥单施生产肥效不显著，有机肥无机肥配施是促进连作花生生长发育的最佳施肥模式。

四、覆膜栽培

由于地膜的增温保湿及改善土壤物理性质的效果，从而促进了土壤微生物的活动。研究表明，覆膜土壤中的微生物总数较不覆膜土壤多 32.6%～37.6%，其中放线菌增多 61.4%～87.5%，氨化细菌增多 8.5%～11%，磷细菌增多 30%～33.2%，钾细菌增多 59.7%～60.2%。这对因连作而引起的细菌、放线菌大幅度减少有一定的补偿作用。所以，连作花生要获得高产，必须采用地膜覆盖栽培，覆膜栽培方法同一般高产田。

五、病虫害防治

由镰刀菌引起的根腐病是造成花生连作障碍的重要因素，陈为京等（2018）采用形态学和 ITS 分子法，从连作花生根腐病病株中分离纯化出尖镰刀菌、茄腐皮镰刀菌和木贼镰刀菌 3 种镰刀菌，陈建爱等（2018）研究发现作为重要生防菌的黄绿木霉 T1010 通过溶解镰刀菌菌丝、限制各种孢子的形成而产生拮抗作用，能有效消减土壤中镰刀菌的种群密度，促进花生根系生长，有效防治根腐病的发生。黄绿木霉 T1010 的抑菌率达到 78.4%，防病效果达到 88.96%，产量增加 38.57%。Cui 等（2019）发现丛枝菌根菌与外源钙结合可以改善连作花生幼苗生理活性，提高抗性，促进植株生长发育，缓解连作障碍。

此外，还应加强其他病虫害防治。据刘美昌等（2006）试验，连作条件下，加强叶部病虫害防治可使荚果产量比常规措施增产 7.8%，较轮作条件下的增产率提高了 2.2%。这也从另一个方面确认了连作花生病害加重确实对花生产量产生一定的影响。其他病虫害防主要技术措施如下。

（1）播种时采用辛拌磷（812）盖种（每公顷用量 7.5 kg），以防治地下害虫及苗期害虫。

（2）生育后期注意叶斑病的防治。在田间病叶率不超过 10% 时，叶面喷洒 1∶1∶200 倍的波尔多液，每隔 10～15 d 喷 1 次，连续喷 3～4 次。或在田间病叶率达 10%～15% 时，开始喷洒 50% 多菌灵可湿性粉剂 800 倍液，每隔 10～15 d 喷 1 次，共喷 2～3 次。

六、改进耕作方式

冬前翻耕耕作方式和越冬作物压青均能有效消减连作障碍的影响。冬闲翻耕（冬闲期翻耕晾晒土地后整地种植）与冬闲压青小麦（前茬花生收获后常规种植冬小麦，于花生种植前粉碎还田）可降低花生根际主要化感物质累积，降低连作覆膜花生表层土壤容重，提高土壤孔隙度和有机质含量，均显著提高花生叶面积指数、功能叶片叶绿素含量、净光合速率和抗氧化酶活性，有效促进花生不同生育时期的营养生长，冬闲压青生育前期作用明显，冬闲翻耕生育后期作用显著；通过改良土壤理化性质和改善光合特性而促进营养生长，提高叶片保护酶活性，延缓衰老和延长光合持续时间，从而积累更多的植株干物质，进而提高荚果和籽仁产量，显著增加籽仁粗脂肪、蛋白质含量，降低可溶性糖含量，即通过促进糖向脂肪和蛋白质的转化而改善品质（刘妍等，2018，2019；杨坚群等，2019）。冬闲压青、冬闲翻耕比冬前免耕，0～20 cm土层土壤容重平均降低 9.12%、4.57%，土壤孔隙度平均提高 7.55%、4.29%，有机质含量平均提高 13.48%、6.14%；主茎高和侧枝长 2 年平均分别提高 12.69%、9.52%和 15.1%、10.18%，叶面积指数平均增加 24.48% 和 20.52%，功能叶净光合速率和叶绿素含量分别提高 17.78%、9.51% 和 20.59%、9.18%，结荚期至收获期干物质积累量分别增加 13.84% 和 7.29%，荚果产量平均增加 14.83% 和 8.30%，籽仁产量平均增加 16.21% 和 5.22%。

深翻可以打破犁底层，增加活土层，促进根系的发育，同时可将病原菌和虫卵较多的表层土"深埋"，减轻病虫为害。凡秋季种冬白萝卜前进行深翻的花生田，翌年花生病害明显减轻。土层翻转改良耕地法是将一定厚度的表土移于下部，将一定厚度的心土翻转于地表，既加厚土层又改变了连作土壤的理化性状及生态环境，为花生生长创造了良好的条件。土层翻转改良耕地法的具体方法是：先将地表 0～20 cm 或 25 cm 的土层平移于下部，再将 20 cm 或 25 cm 下的 5～10 cm 土层翻转于地表，形成 5～10 cm 厚的全封闭表土层（图 5-1）。

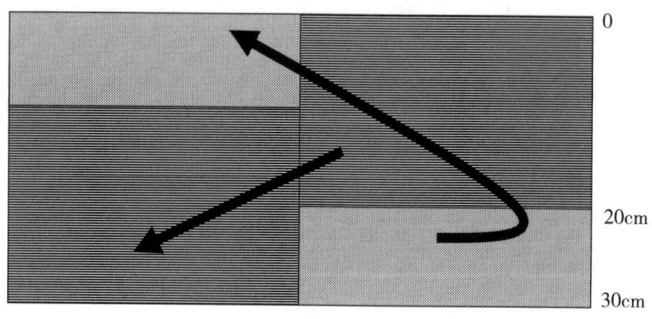

图 5-1 土层翻转改良耕地法土壤剖面示意图

据山东省花生研究所在连作 7 年的田块上试验，采用土层翻转改良耕地法较常规耕深 20 cm 增产 17.1%～29.6%，且田间杂草发生量、花生叶斑病的发病率、病情指数等均有明显降低（封海胜等，1991）。翻转深度 50 cm 时，荚果产量较常规耕深（20 cm）增加 29.6%，花生生育期田间杂草数量减少 336.5%，病情指数降低；翻转深度 30 cm 时，花生荚果产量较常规耕深增产 17.1%，花生生育期田间杂草数量减少 131.2%。

七、连作障碍调理剂的应用

花生的连作障碍与土壤中化感物质的累积及其引起的自毒作用有着密切关系。化感物质通常是植物次生代谢的产物，新生植株（种子萌发到幼苗）和生长发育迅速的植物组织中以初生代谢为主，次生代谢没有或很少。植物在合成毒性次生代谢物（成熟的终产物）之前，在次生代谢物合成途径中间产物的诱导下，先合成出充分的高浓度的抗性赋予蛋白，获得对自产毒性次生代谢物的抗性。新生植株由于没有或合成很少抗性赋予蛋白，对上茬植物残留在土壤中的自毒次生代谢物十分敏感，从而发生自毒作用。如果采用毒性次生代谢物合成途径前体物或中间产物处理新生植株，就有可能诱导新生植株合成高浓度的抗性赋予蛋白，获得对自产毒性次生代谢物的抗性，从而减轻自毒作用。基于这一理论，结合花生生长中微量营养元素需求规律，创制了一种花生连作障碍调理剂并获得了国家发明专利授权，在连作花生苗期至花针期叶片喷施，根腐病和叶斑病发病率分别下降20%和25%左右，收获期地上部和根系总生物量增加18%左右，亩增产荚果15%~20%，在提高花生植株自毒抗性的同时，调理生长，增强抗逆性，缓解花生连作障碍效果较好。

第二节　玉米花生间作缓解花生连作障碍

间作是我国农业生产的重要组成部分，也是精耕细作和集约化种植的一种传统技术（侯慧等，2016）。研究表明，间作是缓解作物连作障碍的一种有效手段。利用合适植物或作物与连作障碍植物或作物间套作可影响其地下部化学生态机制，从而改善土壤条件（杨智仙等，2014）。不同作物间作养分需求、残落物矿化和根系分泌物差异可改变土壤的微生态环境，改善养分平衡，增加作物对营养的吸收效率，增强作物的抗性，减少田间病虫害的发生，从而提高作物产量。间作作物种间的相互作用会影响其根系分泌物的特征，从而对整个间作系统的微生态环境产生一定的影响。玉米//蚕豆间作系统中，玉米根系分泌物可促进蚕豆根系黄酮类化合物的合成，增加蚕豆根系结瘤数量，促进相关基因表达，从而增强蚕豆共生固氮能力（Li et al.，2016）。非固氮型阔叶林和杉木混合种植可减少杉木根系化感自毒物质环二肽的释放，改善土壤微生物群落结构，促进土壤中化感自毒物质的降解，改善了深层土壤中杉木根系的生长和分布，从而缓解了杉木的连作障碍（Xia et al.，2016）。

玉米//花生是一种常见的豆科作物与禾本科作物的间作方式，被认为是在黄淮海平原缓解粮油争地矛盾一种重要的种植方式，可在有限的时间和有限的土地面积上收获两种作物的经济产量，降低逆境和市场风险，对于提高我国油脂自给能力和土地利用当量比、实现粮食增产和农民增收有着重要的现实意义。选取山东省连作花生主产区日照市莒县连作10年地块为试验地点，研究了玉米花生不同间作模式对连作花生产量的影响，并通过模拟培养试验的方法研究了玉米//花生间作缓解花生连作障碍的作用机理。

一、玉米//花生对连作花生产量的影响

大田试验于山东省日照市莒县寨里河镇大门庄连作10年的花生田，种植玉米单作、玉米//花生间作及花生单作3种模式。其中，玉米//花生设置4种间作方式（图5-2）：2行玉米4行花生间作模式（2:4间作模式）、3行玉米3行花生间作模式（3:3间作模式）、3行玉米4行花生间作模式（3:4间作模式）、4行玉米4行花生间作模式（4:4间作模式），共6个处理，3次重复，每个处理5个带，长度7.8 m，完全随机区组设计，翌年间作玉米带与花生带互换种植。花生单作垄宽85 cm，每垄2行，行距35 cm，穴距20 cm，每穴2粒，密度约11.77万穴/hm^2；单作玉米行距60 cm，株距27.8 cm，密度6万株/hm^2。间作花生行距35 cm，穴距20 cm，每穴2粒。间作玉米行距50 cm，株距25 cm。

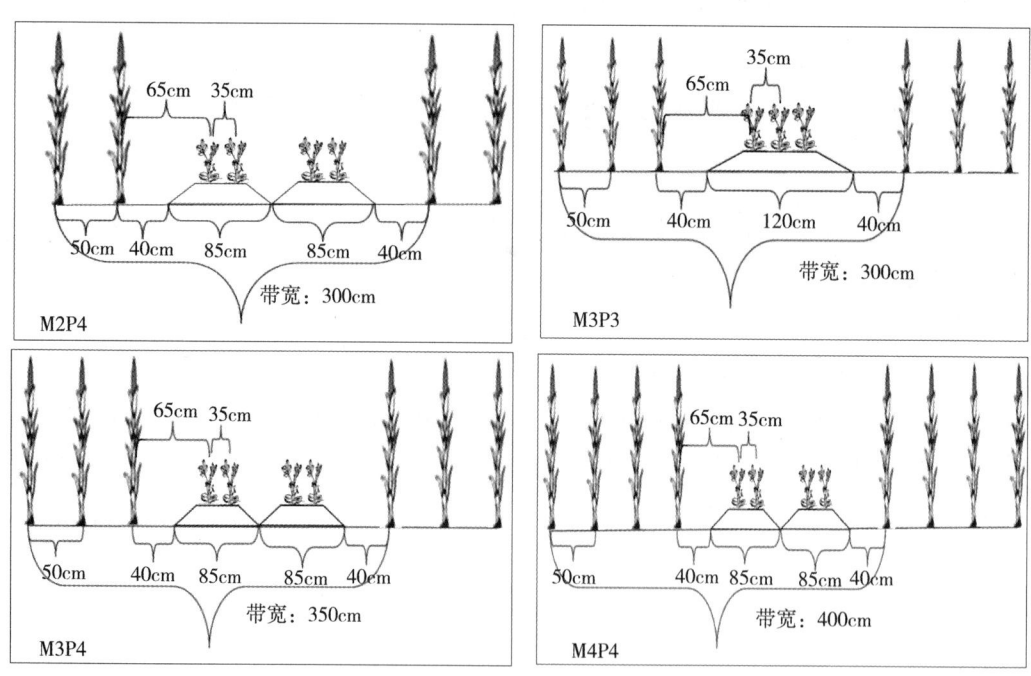

图5-2 玉米//花生间作模式图

由表5-5可以看出，除玉米//花生4:4间作模式外，其他3种间作模式土地当量比均大于1，介于1.06~1.18。这说明与花生连作和单作玉米相比，玉米//花生2:4间作模式、3:3间作模式、3:4间作模式均有增收的优势。其中，玉米//花生2:4间

作模式和 3∶4 间作模式土地当量比显著高于 3∶3 间作模式。通过两年玉米∥花生（翌年间作玉米带与花生带互换种植）种植，玉米∥花生茬口花生产量比连作花生增产 8.81%～14.89%（图 5-3）。

表 5-5　不同玉米∥花生模式对土地当量比的影响

处理	玉米/（kg/亩）		花生/（kg/亩）		土地当量比
	间作产量	单作产量	间作产量	连作产量	
花生连作	—	—	—	381.06±19.57a	—
间作 M2P4	312.39±12.51d	—	274.85±14.61b	—	1.18±0.01a
间作 M3P3	427.17±21.50b	—	157.01±16.34d	—	1.06±0.04b
间作 M3P4	403.70±26.72bc	—	195.39±21.48c	—	1.13±0.02a
间作 M4P4	365.52±18.74c	—	164.40±9.72d	—	0.99±0.01c
玉米单作	—	659.57±15.18a	—	—	—

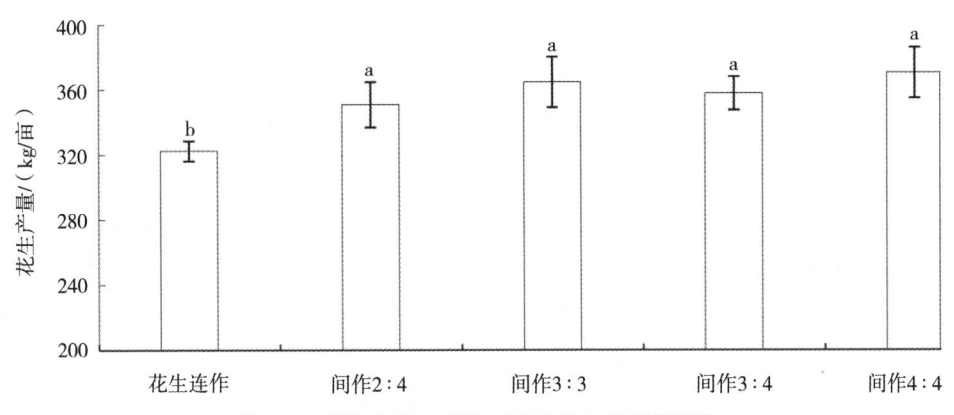

图 5-3　两年玉米∥花生对连作花生产量的影响

二、玉米根系分泌物对连作花生土壤酚酸类物质化感作用的影响

玉米根系分泌物富含有机酸、氨基酸和糖分等营养物质（耿贵，2011），亦含有丰富的苯并噁嗪类、黄酮类和酚类等化合物（张立猛等，2015），其在修复有机污染物土壤、增强土壤微生物活性、提高微生物多样性和控制土传病害中也发挥着重要作用（Guo et al.，2017）。以往玉米花生间作方面的研究，多数集中于作物农艺性状、产量形成特征、光合作用、养分利用及土壤肥力等方面，而较少涉及作物根系分泌物，有关玉米根系分泌物是否会影响及如何影响连作花生土壤中酚酸类物质的化感作用，还未见报道。为探究玉米花生间作系统中玉米根系分泌物对连作花生土壤的酚酸类物质化感作用的影响机制，利用 CH_2Cl_2 提取了玉米抽雄期根系分泌物，通过室内模拟培养法，研究了玉米根系分泌物对含有不同浓度肉桂酸、邻苯二甲酸及对羟基苯甲酸 3 种酚酸类物质土壤的微生态环境的影响，旨在阐明玉米根系分泌物对连作花生土壤中酚酸类物质化感作用的影响机制，为玉米花生间作种植缓解花生连作障碍技术提供一定

的理论基础（李庆凯，2019b，2020）。

玉米根系分泌物的收集：取山东省农业科学院饮马泉试验农场玉米花生轮作地块0～30 cm土层土壤，风干过2 mm筛，将土壤混匀后装入花盆（口径30 cm，高25 cm）中，每盆装土15 kg，共计50盆，浇水润土后播种玉米（登海605号），每盆1穴，每穴两粒。出苗后，每穴保留健苗1株，待玉米小喇叭口时期，每盆施用撒可富复合肥5 g（N-P_2O_5-K_2O=15-15-15）。于玉米抽雄期用水流较为缓慢的清水将玉米根系冲洗干净（尽量不要伤到根系），再用去离子水冲洗2次，将玉米根系完全浸泡在5 mg/L的百里酚3 min后，移栽到5 L 0.5 mmol/L$CaCl_2$溶液中，容器为10 L的烧杯。用纸箱包裹烧杯，使根部做避光处理，用气泵始终向培养液中通入空气，在室温且光照良好的条件下培养4 h。用500 mL CH_2Cl_2提取根系分泌物收集液2次，再将CH_2Cl_2提取液过0.45 μm膜，减压浓缩至干，称重，加入5 mL乙醇溶解，用0.45 μm的有机相滤膜过滤后，作为根系分泌物母液，于4℃避光保存备用。

试验设计：试验用土取自山东省日照市莒县连作花生10年地块，于花生收获后采集，土壤类型为棕壤，质地为沙壤土。取0～20 cm耕层土壤，去除石砾、动植物残体等杂质后，过2 mm筛，混匀、晾干备用。供试土壤pH值为5.24，有机质含量为11.7 g/kg，全氮、全磷、全钾含量分别为0.11 g/kg、1.90 g/kg、22.84 g/kg，碱解氮、有效磷和有效钾含量分别为45.92 mg/kg、30.76 mg/kg和94.67 mg/kg。将晾干土壤分装到塑料瓶中，每瓶（口径5 cm，高8.5 cm）装土100 g。称取一定量的分析纯肉桂酸（A）、邻苯二甲酸（B）和对羟基苯甲酸（C）（国药集团化学试剂有限公司），先分别溶于少量乙醇（每升溶液5 mL乙醇），再用蒸馏水稀释配成200 mg/L、400 mg/L和800 mg/L的酚酸处理液；将玉米根系分泌物母液稀释成1 000 mg/L的处理液，备用。用配置好的200 mg/L和400 mg/L酚酸溶液分别处理分装好的土壤，每瓶加入20 mL酚酸处理液，使肉桂酸（A）、邻苯二甲酸（B）及对羟基苯甲酸（C）的初始含量分别达到40 mg/kg干土和80 mg/kg干土，分别记为A1、A2，B1、B2，C1、C2。再用配置好的400 mg/L和800 mg/L的酚酸处理液10 mL分别处理另一部分分装好的土壤后，每瓶再加入10 mL玉米根系分泌物处理液，使土壤中肉桂酸（A）、邻苯二甲酸（B）及对羟基苯甲酸（C）的初始含量分别达到40 mg/kg干土和80 mg/kg干土，同时玉米根系分泌物的含量均达到100 mg/kg干土，分别记为A1+MRE、A2+MRE、B1+MRE、B2+MRE、C1+MRE、C2+MRE，对照用等量加入同等比例乙醇的蒸馏水处理，处理后，分别用封口膜封口并留有小孔透气，保持含水量为20%（重量调节法），每个处理9瓶，25℃黑暗培养。

分别于处理5 d、10 d和15 d取样，每次随机取样3瓶，即3个重复。各处理分别取出一部分新鲜土壤用于土壤微生物量和微生物活性的测定；其余土壤置于室内通风阴干，磨细后分别过2 mm和1 mm孔径的筛子，用于土壤养分含量和酶活性的测定。

（一）玉米根系分泌物对含有酚酸类物质土壤微生物量和微生物活性的影响

土壤呼吸强度的高低与土壤微生物促进物质转化以及土壤动物和植物根系呼吸

强度相关,可反映土壤微生物活性的强弱。不同处理的土壤微生物量和呼吸强度结果(表5-6)可知,酚酸类物质对土壤微生物量碳含量(MBC)、微生物量氮(MBN)含量和土壤呼吸强度均存在化感抑制作用($RI<0$),且浓度越高,抑制作用越强($P<0.05$)。3次取样,土壤微生物量和呼吸强度所受到的化感抑制作用呈先增强后减弱的趋势,各处理在第10天达到最强,以肉桂酸的化感作用最强。与对照相比,酚酸类物质处理的土壤MBC、MBN和土壤呼吸强度分别下降了17.81%~35.01%、14.24%~33.75%和13.58%~33.99%。

从整体来看,添加玉米根系分泌物均增加了3种酚酸类物质处理土壤的MBC、MBN含量和土壤呼吸强度,但仍低于同期对照;其中,在处理第5天和第10天,均达到了差异显著($P<0.05$)。整个培养时期,添加玉米根系分泌物的低浓度酚酸类物质处理对土壤MBC、MBN和土壤呼吸强度的化感指数影响较大,对应的化感指数分别平均下降39.33%、35.14%和39.56%。

3次取样,添加玉米根系分泌物对邻苯二甲酸的化感作用影响最大,对土壤MBC、MBN和土壤微生物活性的化感指数分别平均降低了34.07%、31.67%和34.36%。随着培养时间的延长,玉米根系分泌物对酚酸类物质化感作用的影响逐渐减弱,以处理第5天影响最大。此时,与低浓度的酚酸类物质处理(A1、B1、C1)相比,添加玉米根系分泌物处理(A1+MRE、B1+MRE、C1+MRE)土壤MBC的化感指数分别下降了51.00%、64.13%和60.76%,MBN的化感指数分别下降了41.29%、55.69%和48.35%,土壤呼吸强度的化感指数则分别下降48.48%、57.51%和53.87%。

表5-6 不同处理的土壤微生物量和呼吸强度

指标	处理	测量值			化感指数 RI		
		5 d	10 d	15 d	5 d	10 d	15 d
微生物量碳含量/(mg/kg 干土)	CK	48.90±1.45a	54.38±1.88a	64.80±2.63a	0	0	0
	A1	38.43±1.35c	40.25±1.54d	51.74±2.31cdef	−0.214 1	−0.259 8	−0.201 5
	A2	33.58±1.84d	35.34±1.49e	45.16±3.15h	−0.313 3	−0.350 1	−0.303 1
	B1	39.76±1.69c	41.82±1.48cd	53.26±2.62bcd	−0.187 0	−0.230 9	−0.178 1
	B2	34.97±2.21d	35.89±1.53e	46.91±2.20gh	−0.285 0	−0.340 0	0.276 0
	C1	39.07±1.63c	41.11±1.59cd	52.62±1.97cde	−0.201 1	−0.244 0	−0.188 0
	C2	34.27±1.43d	35.53±2.54e	45.83±1.37h	−0.299 3	−0.346 5	−0.292 7
	A1+MRE	43.77±1.22b	44.01±1.65bc	54.71±1.49bc	−0.104 9	−0.190 6	−0.155 8
	A2+MRE	37.80±1.00c	38.82±0.42d	47.85±2.65fgh	−0.227 1	−0.286 0	−0.261 6
	B1+MRE	45.62±0.34b	46.43±1.87b	57.15±2.76b	−0.067 1	−0.146 2	−0.118 0
	B2+MRE	39.38±2.03c	39.86±1.22d	49.90±1.50defg	−0.194 7	−0.267 0	−0.229 9
	C1+MRE	45.04±0.96b	45.71±1.28b	55.51±0.47bc	−0.078 9	−0.159 4	−0.143 4
	C2+MRE	38.46±1.37c	39.42±2.53d	48.80±1.58efgh	−0.213 5	−0.275 0	−0.246 9

续表

指标	处理	测量值			化感指数 RI		
		5 d	10 d	15 d	5 d	10 d	15 d
微生物量氮含量 / (mg/kg 干土)	CK	7.64±0.22a	8.26±0.28a	8.95±0.43a	0	0	0
	A1	6.10±0.21d	6.12±0.23ef	7.27±0.46cde	-0.202 3	-0.259 8	-0.188 5
	A2	5.30±0.29g	5.47±0.21h	6.42±0.62f	-0.305 9	-0.337 5	-0.283 1
	B1	6.34±0.36cd	6.35±0.34de	7.68±0.36bcd	-0.170 3	-0.231 6	-0.142 4
	B2	5.53±0.04efg	5.76±0.42fgh	6.66±0.21ef	-0.276 1	-0.302 5	-0.256 2
	C1	6.26±0.37cd	6.24±0.14def	7.49±0.41bcd	-0.180 9	-0.245 3	-0.163 8
	C2	5.43±0.18fg	5.61±0.28gh	6.51±0.29f	-0.289 5	-0.321 5	-0.273 1
	A1+MRE	6.73±0.24bc	6.66±0.31cd	7.63±0.28bcd	-0.118 8	-0.194 3	-0.148 1
	A2+MRE	5.82±0.42def	5.87±0.27efg	6.67±0.49ef	-0.238 8	-0.289 7	-0.254 7
	B1+MRE	7.07±0.26b	7.16±0.24b	8.02±0.43b	-0.075 5	-0.133 9	-0.103 9
	B2+MRE	6.08±0.30d	6.32±0.11de	7.05±0.14def	-0.204 9	-0.234 7	-0.212 8
	C1+MRE	6.93±0.35b	6.86±0.21bc	7.84±0.15bc	-0.093 4	-0.170 1	-0.123 9
	C2+MRE	5.94±0.12de	6.04±0.08ef	6.80±0.25ef	-0.222 2	-0.268 8	-0.240 7
呼吸强度 / [mg CO_2 (kg·h)]	CK	6.17±0.24a	8.00±0.30a	8.59±0.46a	0	0	0
	A1	4.95±0.28de	5.88±0.09c	7.06±0.21de	-0.197 3	-0.264 9	-0.178 5
	A2	4.26±0.07h	5.28±0.22d	6.04±0.25g	-0.309 2	-0.339 9	-0.297 2
	B1	5.26±0.27cd	6.10±0.40c	7.42±0.23bcd	-0.147 6	-0.237 4	-0.135 8
	B2	4.49±0.25fgh	5.38±0.38d	6.32±0.19fg	-0.271 9	-0.327 4	-0.263 9
	C1	5.13±0.18cde	6.00±0.15c	7.22±0.30cd	-0.167 6	-0.249 9	-0.159 1
	C2	4.32±0.08 gh	5.32±0.45 d	6.14±0.34 g	-0.298 9	-0.335 7	-0.284 8
	A1+MRE	5.54±0.39bc	6.58±0.30b	7.44±0.20bcd	-0.101 6	-0.178 2	-0.133 9
	A2+MRE	4.73±0.12efg	5.72±0.12c	6.28±0.13fg	-0.232 5	-0.285 0	-0.268 3
	B1+MRE	5.78±0.21ab	6.90±0.11b	7.80±0.26b	-0.062 7	-0.138 3	-0.092 0
	B2+MRE	5.05±0.36de	6.06±0.16c	6.68±0.30ef	-0.181 6	-0.242 8	-0.222 7
	C1+MRE	5.69±0.32b	6.73±0.29b	7.61±0.43bc	-0.077 3	-0.159 1	-0.114 5
	C2+MRE	4.85±0.11def	5.91±0.20c	6.44±0.25fg	-0.213 0	-0.261 1	-0.250 3

（二）玉米根系分泌物对含有酚酸类物质土壤酶活性的影响

不同处理的土壤酶活性结果（表5-7）可以看出，随着培养时间的延长，对照土壤脲酶、酸性磷酸酶和蔗糖酶的酶活性均呈逐渐增加的趋势。与土壤微生物量和呼吸强度的变化规律类似，各类酚酸类物质均显著降低了3种土壤酶活性，且浓度越高，化感抑制作用（$RI < 0$）越强（$P < 0.05$）。同一取样时期初始含量相同的酚酸类物质处理之间，以肉桂酸的化感作用最强，邻苯二甲酸最弱。3次取样，酚酸类物质对土壤酶活性的化感抑制作

用（$RI<0$）先增强后减弱，各处理在第 10 天达到最强。此时，高浓度酚酸类物质处理的土壤脲酶、酸性磷酸酶和蔗糖酶活性分别比对照平均下降了 24.11%、34.81% 和 23.32%。

在各取样时期，添加玉米根系分泌物均降低了 3 种酚酸类物质处理对土壤脲酶、酸性磷酸酶和蔗糖酶活性的化感指数。第 5 天和第 10 天取样时，玉米根系分泌物显著增加了 3 种酚酸类物质处理的土壤酶（脲酶、酸性磷酸酶、蔗糖酶）活性（$P<0.05$）。同一取样时期同种酚酸类物质处理之间，以低浓度处理化感指数的降幅较大；不同种类的酚酸物质处理之间，以邻苯二甲酸的降幅最大。整个取样时期，玉米根系分泌物可使肉桂酸、邻苯二甲酸和对羟基苯甲酸对土壤酶活性的化感指数分别平均降低 32.52%、36.89% 和 32.06%。

玉米根系分泌物对酚酸类物质化感作用的影响亦呈逐渐减弱的趋势，以处理第 5 天的影响最大。此时，与对应浓度的酚酸类物质处理相比，添加玉米根系分泌物的高浓度酚酸类物质处理（A2+MRE、B2+MRE、C2+MRE）的土壤酶活性的化感指数分别平均下降 21.61%、28.07% 和 23.97%；而含有玉米根系分泌物的低浓度酚酸类物质处理（A1+MRE、B1+MRE、C1+MRE）则分别平均下降 36.33%、45.70% 和 40.15%。

表 5-7 不同处理的土壤酶活性

指标	处理	测量值			化感指数 RI		
		5 d	10 d	15 d	5 d	10 d	15 d
脲酶活性/ [μg/(g·24h)]	CK	150.82±2.18a	159.32±1.01a	177.19±3.97a	0	0	0
	A1	130.93±3.74de	129.30±6.57def	154.39±3.09cdef	-0.131 9	-0.188 4	-0.128 7
	A2	122.59±3.21g	118.22±1.95g	144.38±4.08g	-0.187 2	-0.258 0	-0.185 2
	B1	135.62±4.02cd	134.63±5.32cd	159.70±6.23bc	-0.100 8	-0.155 0	-0.098 7
	B2	127.20±2.09efg	123.51±2.63fg	150.43±6.31efg	-0.156 6	-0.224 8	-0.151 0
	C1	134.46±4.06cd	131.92±2.21de	156.91±4.37bcde	-0.108 5	-0.172 0	-0.114 5
	C2	124.24±4.13fg	121.01±4.93fg	146.67±4.87fg	-0.176 2	-0.240 5	-0.172 2
	A1+MRE	139.46±2.48bc	139.55±3.02bc	158.77±3.80bcd	-0.075 3	-0.124 1	-0.103 9
	A2+MRE	129.33±3.13def	125.45±4.61ef	148.70±4.32efg	-0.142 5	-0.212 6	-0.160 8
	B1+MRE	143.16±3.33b	144.24±5.79b	164.31±4.00b	-0.050 8	-0.094 7	-0.072 7
	B2+MRE	134.56±2.90cd	131.45±2.68cd	155.20±4.03cde	-0.107 8	-0.174 9	-0.124 1
	C1+MRE	142.09±4.23b	142.10±4.19b	161.47±2.88bc	-0.057 9	-0.108 1	-0.088 7
	C2+MRE	131.49±4.12de	128.42±2.55def	151.37±3.57defg	-0.128 2	-0.193 9	-0.145 7
酸性磷酸酶活性/ [nmol/(g·24h)]	CK	16.38±1.83a	18.11±0.50a	19.86±0.66a	0	0	0
	A1	13.39±0.32de	14.27±0.31de	16.92±1.15cd	-0.182 5	-0.211 9	-0.147 9
	A2	10.72±0.39g	11.53±0.47g	13.78±0.81g	-0.345 6	-0.363 7	-0.306 2
	B1	14.19±0.55cd	14.75±0.86cd	17.87±0.71bc	-0.133 3	-0.185 5	-0.100 0
	B2	11.85±0.80efg	12.21±1.02fg	14.68±0.94efg	-0.276 2	-0.326 0	-0.260 9
	C1	14.12±1.09cd	14.39±0.54de	17.25±0.52bcd	-0.137 9	-0.205 4	-0.131 3
	C2	11.35±1.36fg	11.69±0.14g	14.15±0.63fg	-0.306 9	-0.354 7	-0.287 3
	A1+MRE	15.30±0.35abc	15.86±0.57bc	17.79±1.28bc	-0.065 8	-0.124 2	-0.103 8
	A2+MRE	12.75±1.22def	13.13±1.08ef	14.81±0.70efg	-0.221 6	-0.274 8	-0.254 1
	B1+MRE	15.92±0.37a	16.36±0.69b	18.63±0.78ab	-0.028 2	-0.096 9	-0.061 8
	B2+MRE	13.75±0.19cd	13.81±0.55de	15.94±0.15de	-0.160 4	-0.237 7	-0.197 2
	C1+MRE	15.42±0.93ab	16.03±1.33bc	18.15±0.58bc	-0.058 8	-0.114 8	-0.085 9
	C2+MRE	12.96±0.40de	13.53±0.96def	15.33±1.04ef	-0.208 6	-0.253 0	-0.227 8

续表

指标	处理	测量值			化感指数 RI		
		5 d	10 d	15 d	5 d	10 d	15 d
蔗糖酶活性/ [mg/(g·24h)]	CK	7.51±0.28a	7.87±0.17a	8.79±0.22a	0	0	0
	A1	6.55±0.19de	6.40±0.25efgh	7.74±0.48bcde	-0.128 0	-0.186 4	-0.120 2
	A2	6.13±0.16g	5.84±0.06i	7.22±0.33e	-0.183 6	-0.257 4	-0.179 0
	B1	6.72±0.32cd	6.73±0.27cde	7.98±0.29bcd	-0.105 2	-0.144 6	-0.091 9
	B2	6.33±0.14efg	6.18±0.13ghi	7.46±0.56cde	-0.170 6	-0.215 3	-0.151 4
	C1	6.63±0.07cd	6.60±0.11def	7.82±0.39bcde	-0.117 4	-0.161 8	-0.110 8
	C2	6.18±0.12fg	6.08±0.30hi	7.35±0.26de	-0.177 0	-0.226 9	-0.163 6
	A1+MRE	6.94±0.07bc	6.88±0.32bcd	7.97±0.33bcd	-0.075 6	-0.126 1	-0.093 4
	A2+MRE	6.50±0.13def	6.26±0.07fgh	7.46±0.32cde	-0.134 2	-0.205 2	-0.151 4
	B1+MRE	7.21±0.20ab	7.19±0.27b	8.22±0.24b	-0.040 1	-0.085 9	-0.065 1
	B2+MRE	6.77±0.18cd	6.60±0.15def	7.74±0.17bcde	-0.098 3	-0.161 3	-0.120 1
	C1+MRE	7.12±0.18b	7.06±0.25bc	8.08±0.13bc	-0.052 0	-0.102 7	-0.081 1
	C2+MRE	6.60±0.28cd	6.49±0.18defg	7.62±0.39bcde	-0.121 2	-0.175 6	-0.133 9

(三)玉米根系分泌物对含有酚酸类物质土壤养分含量的影响

不同处理的土壤养分含量结果(表5-8)可以看出,不同处理的碱解氮、有效磷、有效钾3种土壤养分含量的变化规律基本一致。酚酸类物质均显著降低了土壤碱解氮、有效磷和有效钾的含量,且浓度越高,化感抑制作用($RI<0$)越强($P<0.05$)。同一取样时期初始含量相同的酚酸类物质处理之间,以肉桂酸的化感作用最强。在整个取样时期,土壤养分含量所受到的化感抑制作用先增强后减弱,以处理第10天最强。3次取样,酚酸类物质使土壤碱解氮、有效磷和有效钾的含量分别降低了10.70%~27.22%、12.85%~30.82%和8.05%~21.03%。

从整体来看,玉米根系分泌物均增加了各类酚酸类物质处理的土壤碱解氮、有效磷和有效钾的含量,降低了酚酸类物质对土壤养分含量的化感指数,以低浓度处理所受影响较大。其中在第5天和第10天取样时,含有玉米根系分泌物的酚酸类物质处理的土壤养分含量显著增加($P<0.05$)。3次取样,添加玉米根系分泌物后,邻苯二甲酸对应土壤养分含量的化感指数的降幅最大,平均降低了33.67%,而肉桂酸处理的降幅最小,平均降低了25.84%。

在处理第5天,玉米根系分泌物对各类酚酸类物质化感作用的影响最强,随后逐渐减弱。整个培养时期,与酚酸类处理相比,含有玉米根系分泌物处理的土壤碱解氮、有效磷和有效钾对应的化感指数分别可降低10.85%~57.79%、11.98%~59.71%和5.88%~54.17%。说明玉米根系分泌物亦可减弱酚酸类物质对土壤碱解氮、有效磷和有效钾的化感抑制作用。

表5-8 不同处理的土壤养分含量

指标	处理	测量值			化感指数 RI		
		5 d	10 d	15 d	5 d	10 d	15 d
	CK	51.36±1.06a	57.87±2.01a	58.60±1.92a	0	0	0
	A1	44.54±2.11de	47.06±0.39cd	50.99±2.42bcde	-0.137 5	-0.186 8	-0.129 9
	A2	40.10±0.92g	42.12±0.99g	45.82±1.67f	-0.223 4	-0.272 2	-0.218 1
	B1	45.92±0.80cd	49.09±1.57c	52.33±1.85bcd	-0.110 6	-0.151 8	-0.107 0
	B2	41.83±1.87efg	44.74±0.85ef	47.87±1.83def	-0.189 9	-0.226 9	-0.183 1
碱解氮/	C1	45.44±2.09cd	48.29±1.04c	51.80±2.89bcd	-0.119 9	-0.165 5	-0.116 0
(mg/kg 干土)	C2	40.82±1.08fg	43.41±0.98fg	46.56±1.91ef	-0.209 4	-0.249 9	-0.205 4
	A1+MRE	48.15±1.04bc	51.27±1.61b	52.80±1.46bc	-0.067 4	-0.114 1	-0.099 0
	A2+MRE	43.25±2.64def	45.81±1.55de	47.21±3.82ef	-0.162 4	-0.208 4	-0.194 4
	B1+MRE	49.22±1.81ab	52.94±0.84b	54.09±3.02b	-0.046 7	-0.085 3	-0.076 9
	B2+MRE	45.35±0.70cd	48.38±0.58c	49.48±1.43cdef	-0.121 8	-0.164 1	-0.155 6
	C1+MRE	48.90±2.26ab	51.95±1.28b	53.52±2.33bc	-0.053 0	-0.102 3	-0.086 6
	C2+MRE	44.19±1.81de	46.90±1.01cd	48.19±2.93def	-0.144 2	-0.189 6	-0.177 7

续表

指标	处理	测量值			化感指数 RI		
		5 d	10 d	15 d	5 d	10 d	15 d
有效磷/ (mg/kg 干土)	CK	47.45±2.46a	54.02±1.45a	48.94±1.57a	0	0	0
	A1	39.20±0.69de	42.31±1.36def	40.66±2.03cde	−0.173 9	−0.216 8	−0.169 1
	A2	35.11±0.79g	37.37±0.69g	36.32±2.36g	−0.260 1	−0.308 2	−0.257 9
	B1	41.14±1.31cd	44.51±1.08cd	42.65±2.58bcd	−0.132 9	−0.176 1	−0.128 5
	B2	36.37±1.10fg	38.26±1.50g	37.78±1.70efg	−0.233 5	−0.291 7	−0.227 9
	C1	40.53±1.04d	43.80±0.80cde	42.12±2.13bcd	−0.145 8	−0.189 1	−0.139 2
	C2	35.60±1.42g	37.99±0.70g	36.92±1.39fg	−0.249 8	−0.296 8	−0.245 6
	A1+MRE	43.08±0.39bc	46.04±1.08bc	42.49±1.92bcd	−0.092 1	−0.147 7	−0.131 7
	A2+MRE	38.09±0.90ef	40.03±2.13ef	37.83±2.04efg	−0.197 3	−0.259 0	−0.227 0
	B1+MRE	44.91±0.92b	48.41±2.33b	44.60±1.09b	−0.053 6	−0.103 9	−0.088 6
	B2+MRE	39.90±1.22de	41.95±1.26def	39.91±2.08def	−0.159 2	−0.223 5	−0.184 5
	C1+MRE	44.24±1.16b	47.43±2.83b	43.89±1.63bc	−0.067 6	−0.122 0	−0.103 1
	C2+MRE	39.00±0.78de	41.19±1.03ef	38.66±1.24efg	−0.178 2	−0.237 4	−0.210 0
有效钾/ (mg/kg 干土)	CK	94.00±2.00a	96.67±1.53a	99.33±2.08a	0	0	0
	A1	83.67±1.53de	81.00±1.00efgh	89.00±2.65bcde	−0.109 9	−0.162 1	−0.104 0
	A2	77.33±1.15g	76.33±1.53i	82.33±3.06f	−0.177 3	−0.210 3	−0.171 1
	B1	86.00±2.65cd	84.67±1.53cd	91.33±2.08bcd	−0.085 1	−0.124 1	−0.080 5
	B2	82.33±0.58ef	79.00±1.00gh	87.33±2.52cdef	−0.124 1	−0.182 8	−0.120 8
	C1	84.33±2.52de	82.33±2.08def	89.67±3.21bcde	−0.102 8	−0.148 3	−0.097 3
	C2	80.00±1.00fg	78.00±2.00hi	85.00±3.61ef	−0.148 9	−0.193 1	−0.144 3
	A1+MRE	88.00±1.73bc	86.33±1.15c	90.67±1.15bcd	−0.063 8	−0.106 9	−0.087 2
	A2+MRE	81.33±1.53ef	79.33±1.53fgh	83.33±3.06f	−0.134 8	−0.179 3	−0.161 1
	B1+MRE	90.33±2.52b	89.67±2.52b	93.33±3.06b	−0.039 0	−0.072 4	−0.060 4
	B2+MRE	86.33±1.15cd	83.00±2.65de	89.00±3.00bcde	−0.081 6	−0.141 4	−0.104 0
	C1+MRE	88.67±1.53bc	87.67±2.08bc	91.67±2.52bc	−0.056 7	−0.093 1	−0.077 2
	C2+MRE	84.00±2.00de	81.67±1.53defg	86.33±2.08def	−0.106 4	−0.155 2	−0.130 9

三、玉米根系分泌物缓解连作花生土壤酚酸类物质化感抑制作用的机制

酚酸类物质是多种农作物根系分泌物中的重要组分,在连作障碍中发挥着重要作用。随着花生连作年限增加,土壤中对羟基苯甲酸、香草酸和香豆酸的含量相应增加,连作10年后3种酚酸总量可达11.09 mg/kg 干土(李培栋等,2010)。当酚酸类物质达到一定浓度时,可显著地影响土壤中微生物的生物量、多样性和群落结构,亦会增加

特定病原菌毒素的产量（Wu et al.，2010）。另外，酚酸类物质结构中的酚羟基可能对土壤微生物具有一定的毒害作用（李天伦，2013）。这些因素会造成土壤微生物的选择性适应，使某些病原真菌得到富集，从而降低土壤微生物数量和改变种群的平衡。本研究发现3种酚酸类物质均显著降低了土壤微生物量碳和氮的含量，抑制了土壤呼吸强度，且浓度越高，化感抑制作用越强，这与刘苹等（2018）有关酚酸类化感物质对花生根际土壤微生物的研究结果相似。

玉米根系分泌物中含有一定浓度的活性有机碳和可溶性含氮物质，将其加入土壤后，会直接改变土壤碳、氮组分和含量，其中亦含有一些黏胶类物质，可改变土壤的颗粒状态，从而间接影响土壤微生物量碳、氮的含量（耿贵，2011）。另外，根系分泌物可直接促进土壤微生物活动和代谢，也对土壤微生物量和活性产生一定的影响（王小平等，2018）。适宜浓度的玉米根系分泌物为土壤中某些微生物的生存提供了必要的碳源和氮源，在一定程度上改变了土壤微生物的生态分布（耿贵，2011）。在本研究中，添加玉米根系分泌物均增加了3种酚酸类物质处理的土壤微生物量碳、氮含量和土壤呼吸强度，降低了酚酸类物质对土壤微生物量和呼吸强度的化感指数。根系分泌物中存在的抑菌物质可抑制土壤中非寄主病原菌的生长，从而减轻作物土传病害。张立猛等（2015）报道了玉米在生长过程中可以通过根系分泌苯并嗪类化合物到根际土壤中，抑制烟草疫霉菌的生长。孟玉芳等（2018）研究发现玉米、大蒜、茴香和油菜4种作物根系分泌物可在短时间内迅速地杀死烟草疫霉的游动孢子，抑制其萌发。其中，玉米根系分泌物在最高浓度为2.59 mg/mL时，对疫霉休止孢子萌发的抑制率高达100%。土壤中微生物结构组成的改善和微生物群落功能多样性的提高，也在一定程度上加速了土壤酚酸类物质的降解。

宋慧等（2017）通过向盆栽小豆根际土壤添加不同浓度外源邻苯二甲酸和肉桂酸，发现小豆根际土壤过氧化氢酶、蔗糖酶、磷酸酶和脲酶活性均呈下降趋势。母容等（2011）研究发现，一定浓度的阿魏酸和对羟基苯甲酸等酚酸类化合物可通过抑制土壤中氨化细菌、硝化细菌和反硝化细菌及土壤脲酶、蛋白酶活性，从而降低土壤铵态氮、硝态氮和有机氮的含量，进而影响土壤氮素转化。本研究发现，肉桂酸、邻苯二甲酸及对羟基苯甲酸3种酚酸类物质处理均显著降低了土壤脲酶、酸性磷酸酶和蔗糖酶活性，土壤养分含量（碱解氮、有效磷、有效钾）亦显著降低，且浓度越高，降幅越大，这与前人研究结果（陆茜，2016；宋慧等，2017）基本一致。酚酸类物质进入土壤后，可导致土壤微生物胞内酶、胞外酶比例失调或改变酶的构象，从而影响土壤酶活性（马云华等，2005）。酚酸类物质也可直接作用于土壤酶，从而降低其活性。土壤酶活性的减弱进而会降低土壤有效养分的含量。此外，酚酸类物质可能会降低土壤pH值，从而影响土壤酶活性（Yao et al.，2009）。但是李庆凯等（2019a）研究发现，当土壤中肉桂酸、邻苯二甲酸和对羟基苯甲酸的初始含量为15～90 mg/kg干土且于室内培养3～45 d时，其pH值均不存在显著变化。因此，推断本研究中土壤pH值的变化不是导致土壤酶活性降低的主要原因。

作物间作体系中地下部的相互作用影响着土壤理化性质，其中根系分泌物发挥着重要作用。左元梅等（2004）认为两种作物之间根系接触并不是关键因素，关键是间作作物通过向土壤中释放根系分泌物而相互影响，玉米花生间作系统中无论是玉米根系与花生根系直接接触还是两者根系用尼龙网隔开，玉米的根系分泌物都能进入花生根际，从而影响花生铁营养的作用。本研究发现，添加玉米根系分泌物均增加了各取样时期含有酚酸类物质的土壤脲酶、酸性磷酸酶和蔗糖酶活性，降低了肉桂酸、邻苯二甲酸和对羟基苯甲酸对3种土壤酶活性的化感指数。苑亚茹等（2011）研究发现，外源添加低分子量的糖类、有机酸等分泌物于黑土中可在短期内显著促进了＞0.25 mm大团聚体，尤其是＞2 mm团聚体的形成，显著增强了土壤团聚体的稳定性。宋日等（2009）认为玉米根系分泌物可显著提高黑土中多糖含量、水稳性大团聚体比例、水稳性团聚体稳定性。玉米根系分泌物中的糖类、氨基酸和有机酸等成分可在一定程度上互补和平衡酚酸类物质处理的土壤养分。土壤结构的改善和养分的平衡维持了土壤微生物的多样性，提高了土壤酶活性和养分含量。另外，玉米根系分泌物亦可活化土壤难溶性无机养分或分解土壤中的有机成分，也在一定程度上提高了土壤有效养分（左元梅等，2004；章爱群等，2008）。

添加到土壤中的酚酸类物质和玉米根系分泌物可被土壤吸附或在土壤微生物作用下转化为其他的物质或被微生物吸收，从而使其在土壤中的浓度发生变化，不同化感物质在土壤中降解速率存在差异（李亮亮等，2010）。本研究中，肉桂酸对土壤各指标的化感抑制作用最强，这可能是肉桂酸在土壤中的降解速率较慢所致。另外，酚酸类物质对土壤微生态环境的作用效果与其种类亦有关。随着培养时间的延长，3种酚酸类物质对土壤的化感抑制作用均呈先增强后减弱的趋势，而玉米根系分泌物对酚酸类物质化感作用的影响呈逐渐减弱的趋势，这可能是玉米根系分泌物在土壤中的降解速率较快所致。本研究发现，添加玉米根系分泌物后，低浓度酚酸类物质处理对土壤微生态环境的化感抑制作用受影响较大，说明玉米根系分泌物对酚酸类物质化感作用的效果与酚酸类物质的种类和含量亦存在一定的关系。

第三节　花生连作障碍缓解技术集成

课题组经过多年科研攻关，在阐明花生连作障碍机制的基础上，创建出中低产田冬闲轮作、中高产田玉米花生宽幅间作轮种、高产田深耕改土三套消减花生连作障碍的高产增效技术，建立了花生连作高产栽培技术体系。

（1）创建出以"冬闲绿肥作物＋无机微肥配施＋耕层翻压"为关键的中低产田连作花生稳产增效技术，制定了山东省技术规程《旱薄地花生高产栽培技术规程》（NY/T 2403—2013）和《油菜花生周年生产技术规程》（SDNYGC-2-1109-2018）。

主要技术要点：①适宜丘陵旱地、盐碱地等中低产田；②绿肥作物宜选用小麦、

油菜、诸葛菜等；③绿肥翻压后结合施用无机肥与微生物肥（剂）进行旋耕整地；④选用耐连作抗旱性较好的花生品种；⑤种肥同播覆膜种植。

（2）创建出"玉米花生宽幅间作轮种"中高产田连作花生高产增效技术，制定了山东省技术规程《玉米花生宽幅间作高产高效栽培技术规程》（DB37/T 2851—2016），2017年被山东省列为农业主推技术。

主要技术要点：①采用玉米∥花生 2∶4、3∶4 模式，亩播玉米 4 000 株左右，花生 6 000 穴左右，翌年条带间交替轮种；②选用适宜间作的品种，玉米选用紧凑型、单株生产力高的中熟品种，花生选用较耐阴、高产、大果、中早熟品种；③全部有机肥与微生物肥（剂）和 2/3 的无机肥耕地施入，1/3 的无机肥播种时施用；④分带分期播种，先播花生后播玉米；⑤花生株高 28 cm 时，分带隔离化控，喷施 2~3 次，依次减量。

（3）创建出以"深耕改土+有机无机微肥配施+喷施调理剂"为关键的高产田连作花生高产增效技术，制定了农业行业标准《花生连作高产栽培技术规程》（NY/T 2405—2013）、山东省地方标准/技术规程《花生逆境生产技术规程》（DB37/T 3500—2019）、《花生连作生产技术规程》（DB37/T 923—2007）和《酸化土壤花生生产技术规程》（SDNYGC-2-1108-2018）。

主要技术要点：①冬前深耕，深度为 30~33 cm，冻垡晒垡；②重视有机肥与微生物肥（剂）的施用，全部有机肥和 60%~70% 的无机肥结合深耕施用；③选用耐连作性好、适应性广的中晚熟花生品种；④种肥同播覆膜种植；⑤在花生苗期至花针期叶片喷施防连作障碍调理剂。

应用花生连作障碍消减高产增效技术，在高肥水连作田（连作 4 年）、丘陵旱地连作田（连作 4 年）、盐碱地连作田（连作 2 年）分别创造了 674.6 kg/亩、525.5 kg/亩、387.3 kg/亩的高产纪录。应用玉米花生宽幅间作技术的连作示范田，亩产花生 372.8kg，较对照增产 15.1%。位于莒南县涝坡镇的千亩技术应用示范田（连作 3 年以上）达到 411.8 kg/亩，较常规连作田增产 17.1%，实现了增产增效，发挥了良好的示范带动作用。

通过与国内有关科研院所、推广部门、种植户等技术交流合作，以技术培训、电视广播、现场指导、网络咨询等多种方式进行技术宣传应用，推动了项目技术在全国的应用，特别在北方一年一熟的花生种植区域得到大面积应用。近 6 年来（2014—2019 年）累计推广 2 011.7 万亩，增产 74.7 万 t，新增利润 27.2 亿元，大幅提高了连作条件下花生的生产水平，为推动我国花生产业健康可持续发展做出了重要贡献。

第六章 研究结论与展望

第一节 研究结论

一、花生根系分泌物的化感作用及化感物质分析

花生不同生育时期的根系分泌物对花生种子发芽、幼苗的生长发育及土壤微生物存在明显的化感作用，表现出随根系分泌物浓度和连作年限的增加化感作用增强的趋势。GC-MS 分析及生物验证试验的结果表明，花生根系分泌物中的化感物质主要是酚酸类物质和长链脂肪酸类物质，初步确定了肉桂酸、邻苯二甲酸、对羟基苯甲酸、豆蔻酸、软脂酸和硬脂酸这 6 种主要化感物质，随着连作年限的增加，土壤中的化感物质含量明显提高。

二、化感物质对花生生长发育的影响机制

花生根系分泌物对自身生长发育存在明显的自毒作用，主要通过抑制根系活力、光合特性和影响膜功能而阻碍花生的生长发育。酚酸类化感物质在土壤中累积后，在不同生育时期，花生主茎高度、分枝数、侧茎长、根茎叶重、叶绿素含量和叶面积均受到对羟基苯甲酸、肉桂酸和邻苯二甲酸的显著化感抑制作用；花生根尖细胞超微结构遭到破坏，根系生长、根系吸收面积、活跃吸收面积、根系活力、ATP 酶活性、NR 活性与对照相比均受到显著抑制作用，花生根系可溶性糖含量和可溶性蛋白含量均显著降低，花生植株全氮、磷、钾含量显著下降；根系 SOD、POD 和 CAT 活性增强，膜脂过氧化产物 MDA 含量增加。土壤中豆蔻酸、软脂酸和硬脂酸的累积，使花生苗期和花期的根系活力比对照分别降低 31.4%、33.3%，功能叶叶绿素含量比对照分别减少 21.0%、22.7%，叶片 SOD 活性、POD 活性和 MDA 含量分别比对照增加了 110%、86% 和 57%。根系活力、吸收面积及相关酶活性的降低，减弱了对根际有效养分的吸收能力；叶片叶绿素含量的降低，影响了光合产物的生成；过氧化物的过量产生，导

致膜结构损伤和胞内离子流失，抑制了对矿质元素的吸收，3个因素共同作用阻碍了花生植株的生长发育和产量形成。豆蔻酸、软脂酸和硬脂酸在土壤中的累积可导致花生减产15.4%～22.4%，肉桂酸、邻苯二甲酸、对羟基苯甲酸及其混合物在土壤中的累积最高可使花生产量分别降低43.2%、32.9%、40.2%和47.3%。

三、化感物质对花生根际微生态环境演替变化的作用机制

根际土壤微生物区系、土壤酶和养分是根际微生态环境的主要构件，研究结果表明，花生根系分泌物中的化感物质是引起连作障碍的主要因子，化感作用是造成连作土壤微生物区系失衡和病原菌累积的直接原因，是土壤酶活性降低和养分失调的主要原因之一。肉桂酸、邻苯二甲酸与对羟基苯甲酸化感物质使花生出苗45 d后的根际土壤有益细菌和放线菌数量较生茬土分别降低57.8%、60.6%，致病真菌数量增加3倍，土壤呼吸强度降低40.6%，微生物量碳、氮的含量分别降低60.3%、61.4%，说明化感物质对细菌和放线菌有化感抑制作用，而对致病真菌存在化感促进作用。微生物区系的改变，间接影响土壤酶活性和土壤养分含量。肉桂酸、邻苯二甲酸与对羟基苯甲酸化感物质可使连作土壤脲酶、磷酸酶、蔗糖酶、多酚氧化酶、过氧化氢酶活性比生茬土分别降低47.25%、54.85%、45.22%、36.39%、33.36%，土壤碱解氮、有效磷、有效钾含量分别降低54.49%、43.67%、31.96%；豆蔻酸、软脂酸和硬脂酸在土壤中的累积使花期土壤蔗糖酶、脲酶和磷酸酶的活性分别降低25.3%、25.4%和26.1%。连作年限越长土壤中化感物质积累量越多，根际微生态环境越劣化。

四、花生品种间存在连作抗性差异的化感机制

连作抗性较强的大花生品种与连作抗性较差的小花生品种根系分泌物中的化感物质种类不同，且对连作年限的响应存在差异。大花生品种根系分泌酚酸类化感物质含量较多，连作5年后根系分泌物成分变化不大，但相对含量变化较大，对羟基苯辛酸相对含量由18.44%上升到31.43%。小花生品种根系分泌物长链脂肪酸类化感物质和醇类物质含量较多，连作5年后根系分泌物的成分和相对含量均发生了明显变化，软脂酸和硬脂酸相对含量均增加近1倍，己六醇相对含量由0.25%大幅上升到34.27%。大小花生品种根系分泌物中化感物质的积累与变化影响对连作抗性的强弱。

五、花生连作障碍机制及有效防控技术措施

花生根系分泌的化感物质，一方面作为碳源和能源，引起土壤微生物区系失衡，影响养分转化，造成养分失调、病虫害加剧；另一方面，由于自毒作用，破坏根尖细胞超微结构，抑制养分吸收和光合作用，影响植株生长，两者共同作用使花生产生连作障碍。连作又反作用影响根系分泌化感物质的种类与数量，进一步加剧了连作障碍。在阐明花生连作障碍机制的基础上，创建出中低产田冬闲轮作、中高产田玉米花生宽幅间作轮种、高产田深耕改土3套消减花生连作障碍的高产增效技术，建立了花生连

作高产栽培技术体系。

第二节 展　望

本书系统研究了花生根系分泌物的化感作用、主要化感物质对花生生长发育的影响机制、对花生根际微生态环境演替变化的作用机制、花生品种间存在连作抗性差异的化感机制，并从化感作用角度阐明了花生连作障碍的产生机理，创建了可以缓解连作花生化感作用且适用于不同产量水平连作障碍田的调控技术，建立了连作花生高产栽培技术体系。但是受时间和条件的限制，尚存在许多不足之处，仍有大量工作需要继续深入研究。

一、改进根系分泌物的原位收集和原位检测方法

花生植株产生的化感物质（尤其是根系分泌物）的收集与鉴定是探索化感作用与连作障碍关系的基础。目前对根系分泌物的分析通常采用有机溶剂萃取并结合高效液相色谱法、气相质谱法等进行定性定量测定，这些方法不但耗时，而且无法实现田间实时原位动态检测。因此对根系分泌物的原位收集和原位检测方法还需要进一步改进。

二、加强环境因子对化感物质化感作用的影响研究

田间土壤中除了植物释放的化感物质外还包括多种物质，如施肥引入的重金属和农药等，这些物质可能也会与化感物质发生相互作用，因此在研究各种化感物质对花生植株和土壤微生物的化感作用时，有必要考虑种植花生土壤中常用的农药及重金属种类的影响。另外，进入土壤中的化感物质很容易被土壤吸附或在微生物作用下转化为其他物质，这可能会改变化感强度。土壤结构、理化性质与化感物质在土壤中的滞留吸收有很大的相关性，土壤pH值也可间接影响化感物质的产生和降解，因此研究土壤理化性质对化感物质化感作用的影响也尤为重要。

三、开展根系分泌物降解产物的化感作用研究

植物根系通过分泌各种次生代谢物质对根际微生物的种类、数量和分布产生影响，对根际微生物群落结构有选择塑造作用。不仅根系分泌物对根际微生物具有选择作用，根际微生物对花生根系分泌物也具有降解作用，使得进入土壤的根系分泌物的种类和浓度都发生变化。根系分泌物的降解产物是否对花生的生长发育及微生物具有毒性作用还有待进一步深入研究。

四、采用现代分子生物学技术深入研究连作花生病害机理

目前针对微生物的研究方法多采用传统的平板培养方法，其不足之处显而易见，

因为土壤中依然存在着大量的不可培养微生物,这极大地限制了对整个土壤生态系统功能的研究。采用 PCR-DGGE、高通量测序、环境宏基因组学、宏转录组学、宏蛋白组学、宏代谢组学等现代分子生物学技术可以弥补传统培养法的不足,更好地确定与连作障碍相关的微生物群落。土壤微生物与土壤中营养物质的循环有着密不可分的联系,会直接影响花生在生长发育过程中所需要的物质和能量的吸收,但是究竟是哪些有益微生物的减少与花生连作障碍具有直接的关系,目前还没有定论,需要进一步深入研究花生病原菌在花生植株根际的定殖过程及其与花生根系分泌化感物质的互作关系,确定与连作障碍直接相关的病原菌以及所产生的病害对连作障碍的贡献,可以为从病原微生物角度控制连作障碍提供有效帮助。

五、加强对花生叶片淋溶液和根系腐解物的化感作用研究

植物化感物质的主要释放途径有 4 种:根系分泌、茎叶挥发、雨露淋洗和植物残体腐解。本书主要对花生根系分泌物的化感作用进行了较为系统的研究,仅对花生叶片淋溶液的自毒作用、花生根系腐解物对土壤微生物的化感作用进行了初步分析,叶片淋洗和根茬腐解产生的具体化感物质种类、化感作用强弱及对花生连作障碍的成因贡献等问题有待于进一步深入研究。

参考文献

常学秀，段昌群，王焕校，2000. 根分泌作用与植物对金属毒害的抗性 [J]. 应用生态学报，11（2）：315-320.

陈海龙，王生兰，2016. 张掖市甘州区制种玉米连作的危害及治理措施 [J]. 农业科技与信息（10）：69.

陈建爱，陈为京，刘凤吉，2018. 黄绿木霉 T1010 对花生根腐病生防效果研究 [J]. 生态环境学报，27（8）：1446-1452.

陈龙池，廖利平，汪思龙，等，2002. 外源毒素对林地土壤养分的影响 [J]. 生态学杂志，21（1）：19-22.

陈为京，郭峰，陈建爱，等，2018. 连作花生根腐病镰刀菌分离与对峙培养 [J]. 花生学报，47（2）：47-51.

崔勇，2018. 马铃薯连作造成的影响及连作障碍防控技术 [J]. 作物杂志（2）：87-92.

丁自勉，2001. 地黄 [M]. 北京：中国中医药出版社.

董林林，王倩，2009. 黄瓜组织浸提液对黄瓜幼苗及土壤生化特性的影响 [J]. 中国农业大学学报，14（4）：54-58.

董晓宁，高承芳，李文杨，等，2009. 紫花苜蓿根系浸提液对鸭茅的化感作用研究 [J]. 江西农业学报（7）：82-84.

杜红，闫凌云，路红卫，等，2005. 高产花生品种干物质生产对产量的影响 [J]. 中国农学通报（8）：104-106.

杜长玉，赵华强，李明琴，2003. 大豆连作对植株形态和生理指标的影响 [J]. 北方农业学报（4）：14-15.

樊芳芳，王劲松，董二伟，等，2016. 连作对高粱生长及根区土壤环境的影响 [J]. 中国土壤与肥料（3）：127-133.

樊军，郝明德，2003. 黄土高原旱地轮作与施肥长期定位试验研究 I. 长期轮作与施肥对土壤酶活性的影响 [J]. 植物营养与肥料学报，9（1）：9-13.

樊堂群，王树兵，姜淑庆，等，2007. 连作对花生光合作用和干物质积累的影响 [J]. 花生学报，36（2）：35-37.

范君华，龚明福，刘明，等，2008. 棉花连作对土壤养分、微生物及酶活性的影响 [J]. 塔里木大学学报，20（3）：72-76.

房彬，李心清，赵斌，等，2014. 生物炭对旱作农田土壤理化性质及作物产量的影响 [J]. 生态环境学报，23（8）：1292-1297.

封海胜，张思苏，万书波，等，1991. 土层翻转改良耕地法解除花生连作障碍的效果研究初报 [J]. 花生科技（3）：14-16.

封海胜，张思苏，万书波，等，1993a. 花生连作对土壤及根际微生物区系的影响 [J]. 山东农业科学（1）：13-15.

封海胜，张思苏，万书波，等，1996a. 解除花生连作障碍的对策研究 I. 模拟轮作的增产效果 [J]. 花生科技（1）：22-24.

封海胜，张思苏，万书波，等，1996b. 解除花生连作障碍的对策研究 II. 连作花生专用肥的增产效果 [J]. 花生科技（2）：14-17.

封海胜，张思苏，万书波，等，1996c. 解除花生连作障碍的对策研究 III. 微生物调节剂的增产效果 [J]. 花生科技（3）：13-16.

封海胜，张思苏，万书波，等，1993b. 连作花生土壤养分变化及对施肥反应 [J]. 中国油料（2）：53-57.

封海胜，张思苏，万书波，等，1994. 花生不同连作年限土壤酶活性的变化 [J]. 花生科技（3）：5-9.

高云霓，刘碧云，葛芳杰，等，2011. 三种水鳖科沉水植物释放的脂肪酸类化感物质的分离与鉴定 [J]. 水生生物学报，35（1）：170-174.

高子勤，张淑香，1998. 连作障碍与根际微生态研究 I. 根系分泌物及其生态效应 [J]. 应用生态学报，9（5）：549-554.

葛体达，隋方功，白莉萍，等，2005. 水分胁迫下夏玉米根叶保护酶活性变化及其对膜脂过氧化作用的影响 [J]. 中国农业科学，38（5）：922-928.

耿贵，2011. 作物根系分泌物对土壤碳、氮含量、微生物数量和酶活性的影响 [D]. 沈阳：沈阳农业大学.

顾美英，徐万里，茆军，等，2009. 连作对新疆绿洲棉田土壤微生物数量及酶活性的影响 [J]. 干旱地区农业研究，27（1）：1-5, 11.

郭峰，万书波，王才斌，等，2007. 麦套花生产量形成期固氮酶和保护酶活性特征研究 [J]. 西北植物学报，27（2）：309-314.

郭庆法，王庆成，汪黎明，2004. 中国玉米栽培学 [M]. 上海：上海科学技术出版社.

郭亚利，2006. 烤烟根系分泌物和提取物对幼苗生长及土壤酶活性的影响 [D]. 重庆：西南大学.

韩丽梅，沈其荣，鞠会艳，等，2002. 大豆地上部分水浸液的化感作用及化感物质的鉴定 [J]. 生态学报，22（9）：1425-1432.

何海斌，陈祥旭，林瑞余，等，2005. 化感水稻 P1312777 苗期根系分泌物中化学成分分析 [J]. 应用生态学报（16）：2383-2388.

何华，康绍忠，2002. 灌溉施肥深度对玉米同化物分配和水分利用效率的影响 [J]. 植物生态学报，26（4）：454-458.

何华勤，沈荔花，宋碧清，等，2005. 几种化感物质替代物间的互作效应分析 [J]. 应用生态学报，16（5）：890-894.

何志鸿，许艳丽，刘忠堂，等，2012. 大豆重茬减产的原因及农艺对策研究：重茬大豆的根际微生物 [J]. 大豆科技，18（6）：17-23.

贺永华, 沈东升, 朱荫湄, 2006. 根系分泌物及其根际效应 [J]. 科技通报, 22（6）: 761-766.

侯慧, 董坤, 杨智仙, 等, 2016. 间作系统根-土互作与连作障碍缓解机制 [J]. 中国农学通报, 32（29）: 105-112.

胡幼军, 1996. 桃树忌连作 [J]. 农家科技（11）: 19.

胡元森, 吴坤, 李翠香, 等, 2007. 酚酸物质对黄瓜幼苗及枯萎病菌菌丝生长的影响 [J]. 生态学杂志, 26（11）: 1738-1742.

华菊玲, 刘光荣, 黄劲松, 2012. 连作对芝麻根际土壤微生物群落的影响 [J]. 生态学报, 32（9）: 2936-2942.

黄奔立, 许云东, 张顺琦, 等, 2007. 根系分泌物影响黄瓜枯萎病抗性的机理研究 [J]. 扬州大学学报（农业与生命科学版）, 28（3）: 77-81.

黄春艳, 卜元卿, 单正军, 等, 2016. 西瓜连作病害机理及生物防治研究进展 [J]. 生态学杂志, 35（6）: 1670-1676.

黄玉茜, 韩晓日, 杨劲峰, 等, 2011. 花生连作土壤微生物区系变化研究 [J]. 土壤通报, 42（3）: 553-555.

贾新民, 于泉林, 沙永平, 等, 1995. 大豆连作土壤多酚氧化酶研究 [J]. 黑龙江八一农垦大学学报, 8（2）: 40-43.

姜汉侨, 2004. 植物生态学 [M]. 北京: 高等教育出版社.

金剑, 刘晓冰, 王光华, 等, 2004. 大豆生殖生长期根系形态性状与产量关系研究 [J]. 大豆科学, 23（4）: 253-257.

金婷婷, 刘鹏, 黄朝表, 等, 2007. 铝胁迫下大豆根系分泌物对根际土壤的影响 [J]. 中国油料作物学报, 29（1）: 42-48.

鞠会艳, 韩丽梅, 王树起, 等, 2002. 连作大豆根分泌物对根腐病病原菌的化感作用 [J]. 应用生态学报, 13（6）: 723-727.

孔垂华, 徐涛, 胡飞, 1998. 胜红蓟化感物质之间相互作用的研究 [J]. 植物生态学报, 22（5）: 403-408.

孔垂华, 胡飞, 2002. 植物化感（相生相克）作用及其应用 [M]. 北京: 中国农业出版社.

李春龙, 2009. 外源化感物质香草酸对辣椒幼苗土壤酶活性及土壤养分含量的影响 [J]. 中国菜（20）: 46-49.

李光义, 侯宪文, 李勤奋, 等, 2009. 微生物对三种入侵杂草化感作用的影响 [J]. 生态环境学报, 18（3）: 1045-1048.

李娟, 赵秉强, 李秀英, 等, 2008. 长期有机无机肥料配施对土壤微生物学特性及土壤肥力的影响 [J]. 中国农业科学, 41（1）: 144-152.

李亮亮, 李天来, 张恩平, 等, 2010. 四种酚酸物质在土壤中降解的研究 [J]. 土壤通报, 41（6）: 1460-1465.

李宁, 翟志席, 李建民, 等, 2008. 密度对不同株型的玉米农艺、根系性状及产量的影响 [J]. 玉米科学, 16（5）: 98-102.

李培栋, 王兴祥, 李奕林, 等, 2010. 连作花生土壤中酚酸类物质的检测及其对花生的化感作用 [J].

生态学报, 30 (8): 2128-2134.

李庆凯, 2016c. 化感物质对花生根际微生态环境及产量的影响 [D]. 青岛: 青岛农业大学.

李庆凯, 刘苹, 唐朝辉, 等, 2016a. 两种酚酸类物质对花生根部土壤养分、酶活性和产量的影响 [J]. 应用生态学报, 27 (4): 1189-1195.

李庆凯, 郭峰, 唐朝辉, 等, 2019a. 三种酚酸类物质在花生连作障碍中的生态效应分析 [J]. 中国油料作物学报, 41 (1): 53-63.

李庆凯, 刘苹, 赵海军, 等, 2019b. 玉米根系分泌物缓解连作花生土壤酚酸类物质的化感抑制作用 [J]. 中国油料作物学报, 41 (6): 921-931.

李庆凯, 刘苹, 赵海军, 等, 2020. 玉米根系分泌物对连作花生土壤酚酸类物质化感作用的影响 [J]. 中国农业科技导报, 22 (3): 119-130.

李庆凯, 赵海军, 李燕, 等, 2016b. 化感物质对花生根部土壤养分及产量的影响 [J]. 山东农业科学, 48 (6): 66-70.

李寿田, 周健民, 王火焰, 等, 2001. 植物化感作用机理的研究进展 [J]. 农村生态环境, 17 (4): 52-55.

李天伦, 2013. 酚酸类化感物质的土壤生物化学效应研究 [D]. 杨凌: 西北农林科技大学.

李雁鸣, 梁振兴, 1996. 冬小麦生育期间根系脱氢酶活性的初步研究 [J]. 河北农业大学学报, 19 (2): 4-8.

李振高, 潘映华, 李良谟, 1993. 不同基因型小麦根际细菌及酶活性的动态研究 [J]. 土壤学报, 30 (1): 1-8.

梁建生, 曹显祖, 1993. 杂交水稻叶片的若干生理指标与根系伤流强度关系 [J]. 江苏农学院学报 (4): 25-30.

梁银丽, 陈志杰, 2004. 设施蔬菜土壤连作障碍原因和预防措施 [J]. 西北园艺 (7): 4-5.

林国林, 赵坤, 蒋春姬, 等, 2012. 种植密度和施氮水平对花生根系生长及产量的影响 [J]. 土壤通报, 43 (5): 1183-1186.

林群慧, 何华勤, 林文雄, 2001. 水稻化感物质作用特性的研究 [J]. 中国生态农业学报, 9 (1): 84-85.

林瑞余, 戎红, 周军建, 等, 2007. 苗期化感水稻对根际土壤微生物群落及其功能多样性的影响 [J]. 生态学报, 27 (9): 3644-3654.

林先贵, 2010. 土壤微生物研究原理与方法 [M]. 北京: 高等教育出版社.

林雁冰, 薛泉宏, 颜霞, 2008. 不同栽培模式下玉米根系对土壤微生物区系的影响 [J]. 西北农林科技大学学报 (自然科学版), 36 (12): 101-107, 114.

刘娟, 张俊, 臧秀旺, 等, 2015. 花生连作障碍与根系分泌物自毒作用的研究进展 [J]. 中国农学通报 (30): 110-114.

刘丽, 甘志军, 王宪泽, 2004. 植物氮代谢硝酸还原酶水平调控机制的研究进展 [J]. 西北植物学报, 24 (7): 1355-1361.

刘美昌, 郑亚萍, 王才斌, 等, 2006. 连作对花生生育的影响及其缓解措施研究 [J]. 中国农学通报,

22（9）：144-148.

刘苹，江丽华，万书波，等，2009. 花生根系分泌物对根腐镰刀菌和固氮菌的化感作用研究[J]. 中国农业科技导报，11（4）：107-111.

刘苹，赵海军，唐朝辉，等，2015. 连作对不同抗性花生品种根系分泌物和土壤中化感物质含量的影响[J]. 中国油料作物学报，37（4）：467-474.

刘苹，赵海军，万书波，等，2010. 花生根系分泌物自毒作用研究[J]. 中国油料作物学报，32（3）：431-435.

刘苹，赵海军，万书波，等，2011. 连作对花生根系分泌物化感作用的影响[J]. 中国生态农业学报，19（3）：639-644.

刘苹，赵海军，仲子文，等，2013. 三种根系分泌脂肪酸对花生生长和土壤酶活性的影响[J]. 生态学报，33（11）：3332-3339.

刘苹，高新昊，孙明，等，2012. 3种酚酸类物质对花生发芽和土壤微生物的互作效应研究[J]. 江西农业学报，24（8）：85-87.

刘苹，赵海军，李庆凯，等，2018. 三种酚酸类化感物质对花生根际土壤微生物及产量的影响[J]. 中国油料作物学报，40（1）：101-109.

刘文菊，张福锁，2000. 根分泌物对根际难溶性镉的活性作用及对水稻吸收、运输镉的影响[J]. 生态学报，20（3）：448-451.

刘妍，刘兆新，何美娟，等，2018. 不同栽培方式对连作花生生理特性、产量及品质的影响[J]. 花生学报，47（2）：41-46.

刘妍，刘兆新，何美娟，等，2019. 冬闲期耕作方式对连作花生叶片衰老和产量的影响[J]. 作物学报，45（1）：131-143.

刘祖祺，张石城，1994. 植物抗性生理学[M]. 北京：中国农业出版社.

鲁萍，郭继勋，朱丽，2002. 东北羊草草原主要植物群落土壤过氧化氢酶活性的研究[J]. 应用生态学报，13（6）：675-679.

陆茜，2016. 杨树连栽对根际土壤环境演变的影响及其自毒效应研究[D]. 南京：南京林业大学.

吕丰娟，肖运萍，魏林根，等，2016. 根系分泌物的生态效应与作物连作障碍关系研究进展[J]. 江西农业学报，28（10）：8-14.

吕可，潘开文，王进闯，等，2006. 花椒叶浸提液对土壤微生物数量和土壤酶活性的影响[J]. 应用生态学报，17（9）：1649-1654.

吕卫光，沈其荣，余廷园，等，2006. 酚酸化合物对土壤酶活性和土壤养分的影响[J]. 植物营养与肥料学报，12（6）：845-849.

马丹炜，王亚男，王煜，等，2015. 化感胁迫诱导植物细胞损伤研究进展[J]. 生态学报，35（5）：1641-1645.

马宁宁，李天来，2013. 设施番茄长期连作土壤微生物群落结构及多样性分析[J]. 园艺学报，40（2）：255-264.

马瑞霞，冯怡，李萱，2000. 化感物质对枯草芽孢杆菌（*Bacillus subtilis*）在厌氧条件下的生长及反硝

化作用的影响 [J]. 生态学报（20）：452-457.

马云华，王秀峰，魏珉，等，2005. 黄瓜连作土壤酚酸类物质积累对土壤微生物和酶活性的影响 [J]. 应用生态学报，16（11）：2149-2153.

孟品品，刘星，邱慧珍，等，2012. 连作马铃薯根际土壤真菌种群结构及其生物效应 [J]. 应用生态学报，23（11）：3079-3086.

孟玉芳，焦永鸽，张立猛，2018. 四种作物根系分泌物对烟草疫霉的抑菌活性分析 [J]. 植物保护，44（5）：194-198.

母容，潘开文，王进闯，等，2011. 阿魏酸、对羟基苯甲酸及其混合液对土壤氮及相关微生物的影响 [J]. 生态学报，31（3）：793-800.

潘凯，姚友，2008. 不同黄瓜品种根系分泌物对根际土壤微生物及土壤养分的影响 [J]. 北方园艺（8）：18-20.

彭少麟，邵华，2001. 化感作用的研究意义及发展前景 [J]. 应用生态学报，12（5）：780-786.

史刚荣，2004. 植物根系分泌物的生态效应 [J]. 生态学杂志，23（1）：97-101.

宋慧，高小丽，王晓曼，等，2017. 外源酚酸对小豆根际土壤酶活性及微生物群落结构的影响（英文）[J]. 农业科学与技术：英文版，18（10）：1935-1940，1954.

宋日，刘利，马丽艳，等，2009. 作物根系分泌物对土壤团聚体大小及其稳定性的影响 [J]. 南京农业大学学报，32（3）：93-97.

孙秀山，封海胜，万书波，等，2001. 连作花生田主要微生物类群与土壤酶活性变化及其交互作用 [J]. 作物学报，27（5）：617-621.

孙秀山，许婷婷，冯昊，等，2018. 不同种类肥料单配施对连作花生生长发育的影响 [J]. 山东农业科学，50（6）：135-139.

唐朝辉，2014. 化感物质对花生根系生长发育及产量的影响 [D]. 青岛：青岛农业大学.

唐朝辉，郭峰，张佳蕾，等，2019. 花生连作障碍发生机理及其缓解对策研究进展 [J]. 花生学报，48（1）：66-70.

唐朝辉，郭峰，张佳蕾，等，2020. 甘薯花生轮作对花生生理及产量品质的影响 [J]. 中国油料作物学报，42（6）：1002-1009.

唐朝辉，刘苹，孙明，等，2013. 花生叶片淋溶液对花生种子发芽和幼苗生长发育的影响 [J]. 江西农业学报，25（11）：36-38.

涂书新，孙锦荷，郭智芬，等，2000. 植物根系分泌物与根际营养关系评述 [J]. 生态环境学报，9（1）：64-67.

万欢欢，刘万学，万方浩，等，2011. 紫茎泽兰叶片凋落物对入侵地 4 种草本植物的化感作用 [J]. 中国生态农业学报，19（1）：130-134.

万书波，2003. 中国花生栽培学 [M]. 上海：上海科学技术出版社.

万书波，2008a. 气候变暖对花生生产的影响及应对策略 [J]. 山东农业科学（6）：107-109.

万书波，2008b. 山东省油料作物产业发展的现状、问题与对策 [J]. 山东经济战略研究（8）：22-24.

万书波，2008c. 人民币汇率升值对花生产业影响研究 [J]. 花生学报，37（2）：1-4.

万书波, 2009b. 我国花生产业面临的机遇与科技发展战略 [J]. 中国农业科技导报, 11（1）: 7-12.

万书波, 2014. 花生产业形势与对策 [J]. 山东农业科学, 46（10）: 128-132.

万书波, 2015. 山东花生生产再上新台阶的关键技术和应关注的几个问题 [J]. 山东农业科学, 47（7）: 126-130.

万书波, 2017. 农业供给侧结构性改革背景下花生生产的若干问题 [J]. 花生学报, 46（2）: 60-63.

万书波, 单世华, 郭峰, 2010b. 提高花生产能, 确保油料供给安全 [J]. 中国农业科技导报, 12（3）: 22-26.

万书波, 郭峰, 2009a. 创建标准化技术体系推动花生产业再上新台阶 [J]. 山东农业科学（4）: 120-122.

万书波, 王才斌, 郭峰, 等, 2011. 山东花生产业现状、问题及"十二五"发展对策 [J]. 山东农业科学（1）: 114-118.

万书波, 王才斌, 卢俊玲, 等, 2007. 连作花生的生育特性研究 [J]. 山东农业科学（2）: 32-36.

万书波, 张佳蕾, 张智猛, 2020. 花生种植技术的重大变革——单粒精播 [J]. 中国油料作物学报, 42（6）: 927-933.

万书波, 2010a. 山东花生六十年 [M]. 北京: 中国农业科学技术出版社.

万书波, 李新国, 张智猛, 2018. 花生抗逆栽培理论与技术 [M]. 北京: 中国农业科学技术出版社.

王才斌, 孙彦浩, 陶寿祥, 等, 1992. 高产花生叶面积消长规律及其与荚果产量关系的研究 [J]. 花生科技（3）: 8-12.

王才斌, 万书波, 郑亚萍, 等, 2006. 山东花生生产当前主要问题、成因及发展对策 [J]. 花生学报, 35（1）: 25-28.

王才斌, 吴正锋, 成波, 等, 2007. 连作对花生光合特性和活性氧代谢的影响 [J]. 作物学报, 33（8）: 1304-1309.

王芳, 刘鹏, 朱靖文, 2004. 镁对大豆根系活力叶绿素含量和膜透性的影响 [J]. 农业环境科学学报, 23（2）: 235-239.

王峰吉, 尤垂淮, 刘朝科, 等, 2014. 不同连作年限植烟土壤对烤烟生长发育及产质量的影响 [J]. 福建农业学报, 29（5）: 443-448.

王娟, 李德全, 2001. 逆境条件下植物体内渗透调节物质的积累与活性氧代谢 [J]. 植物学通报, 18（4）: 459-465.

王空军, 董树亭, 胡昌浩, 等, 2002. 我国玉米品种更替过程中根系生理特性的演进Ⅱ. 根系保护酶活性及膜脂过氧化作用的变化 [J]. 作物学报（3）: 384-388.

王明珠, 陈学南, 2005. 低丘红壤区花生连续高产的障碍及对策 [J]. 花生学报, 34（2）: 17-22.

王韶娟, 2008. 人参根系分泌物对植物生长的影响及参后地植物修复 [D]. 长春: 吉林农业大学.

王树起, 韩晓增, 乔云发, 2007. 根系分泌物的化感作用及其对土壤微生物的影响 [J]. 土壤通报, 38（6）: 1219-1226.

王思远, 崔喜艳, 陈展宇, 等, 2005. 土壤pH值对烤烟叶片光合特性及体内保护酶活性的影响 [J]. 华北农学报, 20（6）: 11-14.

王小兵, 骆永明, 刘五星, 等, 2011. 红壤连作花生不同生育期根际微生物区系变化研究 [J]. 扬州大学学报（农业与生命科学版），32（4）：23-27，38.

王小平，肖肖，唐天文，等，2018. 连香树人工林根系分泌物输入季节性变化及其驱动的根际微生物特性研究 [J]. 植物研究，38（1）：47-55.

王晓慧，徐克章，张治安，等，2006. 不同年代大豆品种苗期叶片保护酶活性及膜脂过氧化作用的研究 [J]. 中国油料作物学报，28（4）：417-420.

王艳芳，潘凤兵，展星，等，2015. 连作苹果土壤酚酸对平邑甜茶幼苗的影响 [J]. 生态学报，35（19）：6566-6573.

王志刚，郭天文，徐伟慧，2006. 大棚韭菜连作对产量和品质及土壤养分状况的影响 [J]. 甘肃农业大学学报，41（6）：34-37.

卫玲，樊云茜，肖俊红，等，2010. 大豆连作障碍及其缓解措施研究 [J]. 园艺与种苗，30（2）：141-142.

魏莎，李素艳，孙向阳，等，2010. 根分泌物及其化感作用研究进展 [J]. 北方园艺（18）：222-226.

吴凤芝，赵凤艳，2003. 根系分泌物与连作障碍 [J]. 东北农业大学学报，34（1）：114-118.

吴凤芝，孟立君，王学征，2006. 设施蔬菜轮作和连作土壤酶活性的研究 [J]. 植物营养与肥料学报，12（4）：554-558.

吴凤芝，王伟，1999. 大棚番茄土壤微生物区系研究 [J]. 北方园艺（3）：1-2.

吴林坤，林向民，林文雄，2014. 根系分泌物介导下植物-土壤-微生物互作关系研究进展与展望 [J]. 植物生态学报，38（3）：298-310.

吴玉香，沈晓佳，房卫平，等，2007. 陆地棉根系分泌物对黄萎病菌生长发育的影响 [J]. 棉花学报，19（4）：286-290.

吴正锋，成波，王才斌，等，2006. 连作对花生幼苗生理特性及荚果产量的影响 [J]. 花生学报，35（1）：29-33.

向言词，彭少麟，饶兴权，2003. 植物外来种对土壤理化特性的影响 [J]. 广西植物，23（3）：253-258.

肖凯，王殿武，张荣铣，等，1994. 小麦叶片衰老生理变化的研究 [J]. 国外农学：麦类作物（1）：46-48.

肖凯，张荣铣，钱维朴，1998. 小麦生育后期根叶生理功能衰退特性研究 [J]. 中国农业科学，31（6）：25.

谢宗强，陈志刚，樊大勇，等，2003. 生物入侵的危害与防治对策 [J]. 应用生态学报，14（10）：1795-1798.

徐瑞富，王小龙，2003. 花生连作田土壤微生物群落动态与土壤养分关系研究 [J]. 花生学报，32（3）：19-24.

闫飞，杨振明，韩丽梅，2000. 植物化感作用及其作用物的研究方法 [J]. 生态学报，20（4）：692-696.

严小龙，廖宏，牛海，2007. 根系生物学原理与应用 [M]. 北京：科学出版社.

杨合法，解永丽，范聚芳，等，2006. 不同施肥对保护地土壤肥力及作物产量的影响 [J]. 土壤肥科学，22（9）：250-254.

杨坚群，甄晓宇，栗鑫鑫，等，2019. 不同耕作方式对花生生理特性、产量及品质的影响 [J]. 花生学报，48（1）：9-14.

杨建霞，范小峰，刘建新，2005. 温室黄瓜连作对根际微生物区系的影响 [J]. 浙江农业科学，1（6）：441-443.

杨淑慎，高俊凤，2001. 活性氧，自由基与植物的衰老 [J]. 西北植物学报，21（2）：215-220.

杨伟强，宋文武，鞠倩，等，2009. 不同类型花生品种（系）干物质积累特性研究 [J]. 山东农业科学（1）：47-49.

杨智仙，汤利，郑毅，等，2014. 不同品种小麦与蚕豆间作对蚕豆枯萎病发生、根系分泌物和根际微生物群落功能多样性的影响 [J]. 植物营养与肥料学报（3）：570-579.

尹彦舒，崔曼，崔伟国，等，2018. 大蒜连作障碍形成机理的研究进展 [J]. 生物资源（2）：141-147.

于广武，许艳丽，刘晓冰，等，1993. 大豆连作障碍机制研究初报 [J]. 大豆科学，12（3）：237-243.

喻景权，松井佳久，1999. 豌豆根系分泌物自毒作用的研究 [J]. 园艺学报，26（3）：175-179.

袁光林，马瑞霞，刘秀芬，等，1998. 化感物质对土壤脲酶活性的影响 [J]. 环境科学，19（2）：55-57.

袁莉，鲁为华，于磊，2007. 紫花苜蓿生长前期各部位提取液对种子萌发的自毒作用 [J]. 中国草地学报，29（5）：111-114.

袁云云，咸洪泉，洪永聪，等，2011. 花生根系分泌物的鉴定及其化感效应分析 [J]. 花生学报，40（3）：24-29.

苑亚茹，韩晓增，李禄军，等，2011. 低分子量根系分泌物对土壤微生物活性及团聚体稳定性的影响 [J]. 水土保持学报，25（6）：96-99.

臧逸飞，郝明德，张丽琼，等，2015. 26年长期施肥对土壤微生物量碳、氮及土壤呼吸的影响 [J]. 生态学报，35（5）：1446-1451.

战秀梅，韩晓日，刘小虎，等，2005. 大豆连作及其根茬腐解物对大豆根系分泌物中异黄酮类物质——黄豆甙元（daidzein）的影响 [J]. 土壤通报，36（5）：739-742.

战秀梅，韩晓日，杨劲峰，等，2004. 大豆连作及其根茬腐解物对大豆根系分泌物中酚酸类物质的影响 [J]. 土壤通报，35（5）：631-635.

张继光，申国明，张久权，等，2011. 烟草连作障碍研究进展 [J]. 中国烟草科学，32（3）：95-99.

张晶，濮励杰，朱明，等，2014. 如东县不同年限滩涂围垦区土壤pH与养分相关性研究 [J]. 长江流域资源与环境，23（2）：226-230.

张俊英，王敬国，许永利，2008. 大豆根系分泌物中氨基酸对根腐病菌生长的影响 [J]. 植物营养与肥料学报，14（2）：8.

张立猛，方玉婷，计思贵，等，2015. 玉米根系分泌物对烟草黑胫病菌的抑制活性及其抑菌物质分析 [J]. 中国生物防治学报，31（1）：115-122.

张淑香，高子勤，刘海铃，2000. 连作障碍与根际微生物生态研究 Ⅲ. 土壤酚酸物质及其生物学效应 [J]. 应用生态学报，11（5）：741-744.

张淑香，高子勤，2000. 连作障碍与根际微生态研究 Ⅰ. 根际分泌物与酚酸类物质 [J]. 应用生态学报，11（1）：152-154.

张爽，潘伟，2006. 植物化感作用研究进展 [J]. 现代化农业（8）：16-17.

张思苏, 封海胜, 万书波, 等, 1992. 花生不同连作年限对植株生育的影响 [J]. 花生科技（2）: 21–23.

张新慧, 张恩和, 何庆祥, 等, 2008. 2,4-二叔丁基苯酚对啤酒花幼苗生长与光合特性的影响 [J]. 草业学报, 17（6）: 47–51.

张翼, 2008. 连作烟地土壤微生物及土壤酶研究 [D]. 重庆: 西南大学.

章爱群, 贺立源, 赵会娥, 等, 2008. 根分泌物对活化土壤中难溶性磷的作用 [J]. 水土保持学报, 22（5）: 102–105.

赵华, 谷岩, 孔垂华, 2006. 水稻化感品种对土壤微生物的影响 [J]. 生态学报, 26（8）: 2770–2773.

赵丽英, 邓西平, 山仑, 2005. 活性氧清除系统对干旱胁迫的响应机制 [J]. 西北植物学报, 25（2）: 413–418.

赵秋, 高贤彪, 宁晓光, 等, 2012. 天津地区不同年限设施土壤 pH 及酶活性变化 [J]. 华北农学报, 27（1）: 215–217.

赵婷, 郑向丽, 徐国忠, 等, 2011. 施肥对花生营养生理特性的影响及其研究进展 [J]. 福建农业学报（3）: 490–497.

赵绪生, 齐永志, 甄文超, 2012. 不同抗连作障碍品种草莓根系分泌物化感物质差异分析及其化感效应 [J]. 河北农业大学学报, 35（3）: 100–105.

赵尊练, 史联联, 阎玉让, 等, 2006. 克服线辣椒连作障碍的施肥方案研究 [J]. 干旱地区农业研究, 24（5）: 77–80.

甄文超, 曹克强, 代丽, 等, 2004. 连作草莓根系分泌物自毒作用的模拟研究 [J]. 植物生态学报, 28（6）: 828–832.

甄志高, 段莹, 王晓林, 等, 2004. 花生连作对植株营养水平和光合生理指标的影响 [J]. 陕西农业科学（1）: 12–13.

郑亚萍, 王才斌, 黄顺之, 等, 2008. 花生连作障碍及其缓解措施研究进展 [J]. 中国油料作物学报, 30（3）: 384–388.

钟增涛, 沈其荣, 冉炜, 等, 2002. 旱作水稻与花生混作体系中接种根瘤菌对植株生长的促进作用 [J]. 中国农业科学, 35（3）: 303–308.

周宝利, 韩琳, 尹玉玲, 等, 2010. 化感物质棕榈酸对茄子根际土壤微生物组成及微生物量的影响 [J]. 沈阳农业大学学报, 41（3）: 275–278.

周凯, 郭维明, 王智芳, 等, 2009. 菊花不同部位及根际土壤水浸液处理对光合作用的自毒作用研究 [J]. 中国生态农业学报, 17（2）: 318–322.

周可金, 马成泽, 2002. 施钾对花生生长发育与产量效益的影响 [J]. 安徽农业大学学报, 29（2）: 123–126.

周录英, 李向东, 王丽丽, 等, 2008. 钙肥不同用量对花生生理特性及产量和品质的影响 [J]. 作物学报, 34（5）: 879–885.

朱广军, 王明道, 吴宗伟, 等, 2007. 地黄根区土壤潜在化感物质的 GC-MS 分析 [J]. 河南科学, 25（2）: 255–257.

左元梅, 陈清, 张福锁, 2004. 利用 14C 示踪研究玉米 / 花生间作玉米根系分泌物对花生铁营养影响

的机制 [J]. 核农学报, 18（1）: 43-46.

AKIYAMA K, MATSUZAKI K I, HAYASHI H, 2005. Plant sesquiterpenes induce hyphal branching in arbuscular mycorrhizal fungi[J]. Nature, 435: 824-827.

AMADOR J A, GLUCKSMAN A M, LYONS J B, et al., 1997.Spatial distribution of soil phosphatase activity within a riparian forest[J].Soil Science, 162（11）: 808-825.

ASAO T, HASEGAWA K, SUEDA Y, et al., 2003. Autotoxicity of root exudates from taro[J]. Scientia Hortic, 97: 389-396.

BAIS H P, WALKER T S, STERMITZ F R, et al., 2002.Enantiomeric-dependent phytotoxic antimicrobial activity of（±）-catechin, a rhizosecreted racemic mixture from spotted knapweed[J].Plant Physiology, 128: 1173-1179.

BAIS HP, VEPACHEDU R, GILROY S, et al., 2003. Allelopathy and exotic plant invasion: from molecules and genes to species interactions[J]. Science, 301: 1377-1380.

BANDICK A K, DICK R P, 1999. Field management effects on soil enzyme activities[J]. Soil Biology and Biochemistry, 31（11）: 1471-1479.

BARDGETT R D, 2005. The diversity of life in soil. In: Bardgett RD ed. The Biology of Soil. A Community and Ecosystem Approach[M]. New York: Oxford University Press.

BATISH D R, SINGH H P, PANDHER J K, et al., 2002. Pytotoxic effect of Parthenium residues on the selected soil properties and growth of chickpea and radish [J].Weed Biology and Management, 2: 73-78.

BAZIRAMAKENGA R G D, LEROUX G D, SIMARD R R, 1995. Effects of Benoxic and cinnanic on membrane permeability of soybean roots[J]. Journal of Chemical Ecology, 21（9）: 1271-1285.

BAZIRAMAKENGA R, SIMARD R R, LEROUX G D, 1994. Effects of benzoic and cinnamic acids on growth, chlorophyll and mineral contents of soybean [J]. Journal of Chemical Ecology, 20: 2821-2833.

BHANU P, RAVINDRA S, PRIYANKA S, et al., 2010 .Efficacy of chemically characterized Piper betle L. essential oil against fungal and aflatoxin contamination of some edible commodities and its antioxidant activity[J]. International Journal of Food Microbiology, 142（1）: 114-119.

BLUM U, SHAFER R, LEHMEN M E, 1999. Evidence for inhibitory allelopathic interactions including phenolic acids in field soils: Concept vs. an experimental model [J]. Critical Reviews in Plant Sciences, 18: 673-693.

CAMPBELL J K, LI S, CROOKS R M. 1999. Electrochemistry using single carbon nanotubes [J]. Journal of the American Chemical Society, 121（15）: 3779-3780.

CHENG H H, 1995. Characterization of the mechanisms of allelopathy[J]. ACS Symposium Series, 582: 132-141.

CHOESIN D N, BOERNER R E J, 1991. Allyl isothiocyanate release and the allelopathic potential of *Brassica napus*（Brassicaceae）[J]. American journal of botany, 78（8）: 1083-1090.

CHOU C H, LEU L L, 1992. Allelopathic substances and activities of Delonix regia Raf[J]. Journal of Chemistry Ecology, 18: 353-367.

CUI L, GUO F, ZHANG J L, et al., 2019.Arbuscular mycorrhizal fungi combined with exogenous calcium improves the growth of peanut(*Arachis hypogaea* L.)seedlings under continuous cropping[J]. 农业科学学报:英文版, 18(2): 407-416.

DEVI R S, PRASAD M N V, 1992. Effects of ferulic acid on growth and hydrolytic enzyme activities of germinating maize seeds[J]. J Chem Ecol, 18: 1981-1990.

DINKELAKER B, RÖMHELD V, MARSCHNER H, 1989. Citric acid excretion and precipitation of calcium citrate in the rhizosphere of white lupin(*Lupinus albus* L.)[J]. Plant, Cell & Environment, 12: 285-292.

EINHELLIG F A, 1995. Allelopathy: current status and future goals [J]. ACS Symposium Series 582: 1-24.

FOYER C H, DESCOURVIERES P, KUNERT K J, 1994. Protection against oxy-gen radicals: An important defense mechanism studied in trans-genic plants [J]. Plant, Cell & Environment, 17(5): 507-523.

FRIDOVICH I, 1975. Superoxide dismutases[J]. Annual Review of Biochemistry, 44(1): 147-159.

FRIEBE A, ROTH U, KIIEK P, et al., 1997. Effects of DIBOA on the activity of plasma memberane H^+-ATPase[J]. Phytochemistry, 44: 979-983.

GRAHAM T L, 1991. Flavonoid and isoflavonoid distribution in developing soybean seedling tissues and in seed and root exudates [J]. PlantPhysiol, 95: 594-603.

GREGORY PJ, 2007. The rhizosphere. In: Gregory PJ ed. Plant Roots: Growth, Activity and Interactions with the Soil[R]. Oxford: Blackwell Publishing.

GUO J H, LIU X J, ZHANG Y, et al., 2010. Significant acidification in major Chinese croplands [J]. Science, 327(5968): 1008-1010.

GUO M, GONG Z, MIAO R, et al., 2017. The influence of root exudates of maize and soybean on polycyclic aromatic hydrocarbons degradation and soil bacterial community structure [J]. Ecological Engineering, 99: 22-30.

HAIDER K, 1975. Decomposition of specificity carbon-14 labeled benzoic and cinnamic acid derivatives in soils[J]. Soil Science Society of America Journal, 39: 657-667.

HAJIBOLAND R, YANG X E, RÖMHELD V, 2003. Effects of bicarbonate and high pH on growth of Zn-efficient and Zn-inefficient genotypes of rice, wheat and rye[J]. Plant and Soil, 250: 349-357.

HAMMERSCHMIDT R, 1982. Association of enhanced perocidase activity with induced systemic resistance of cucumber to collectotrichum lagenarium[J].Physiol Pathant Pathol, 20: 73-82.

HAO Z P, WANG Q, CHRISTIE P, et al., 2007. Allelopathic potential of watermelon tissues and root exudates [J]. Scientia Horticulturae, 112: 315-320.

HARTTUNG A C, PUTNAM A R, STEPHENS C T, 1989. Inhibitory activity of asparagus root tissue and extracts on asparagus seedlings [J]. Journal of the American Society for Horticultural Science, 114: 144-148.

HARTWIG U A, 1990. Chrysoeriol and luteolin released from alfalfa seeds induce nod genes in rhizobium melilot [J]. Plant Physiol, 92: 116-122.

He C N, Gao W W, Yang J X., et al., 2009. Identification of autotoxic compounds from fibrous roots of *Panax quinquefolium* L. [J]. Plant and Soil, 318: 63-72.

HUANG H C, CHOU C H, ERICKSON R S, 2006. Soil sickness and its control [J]. Allelopathy Journal, 18 (1): 1-22.

INDERJIT, 2001. Soil: environmental effect on allelochemical activity: Allelopathy in Natural and Managed Ecosystems [J]. Agronomy journal, 93 (1): 79-84.

INDERJIT, 2005. Soil microorganisms: an important determinant of allelopathic activity[J]. Plant and Soil, 274 (1-2): 227-236.

INDERJIT, KAUR S, DAKSHINI K M M, 1996. Determination of allelopathic potential of a weed Pluchea lanceolata through a multifaceted approach[J]. Canadian Journal of Botany, 74 (9): 1445-1450.

INDERJIT, MALLIK AU, 1997. Effects of phenolic compounds on selected soil properties [J]. Forest Ecology and Management, 92: 11-18.

INDERJIT, STREIBIG J C, OLOFSDOTTER M, 2002. Joint action of phenolic acid mixtures and its significance in allelopathy research [J]. Physiologia Plantarum, 114 (3): 422-428.

JAGTAP V, BHARGAVA S, 1995. Variation in the antioxidant metabolism of drought tolerant and drought susceptible varieties of *Sorghum bicolor* (L.) Moench. exposed to high light, low water and high temperature stress [J]. Journal of Plant Physiology, 145: 195-197.

KHAN N U, VAIDYANATHAN C S, 1987. Cinnamate toxicity expression on phenylalanine ammonia-lyase activity, germination and growth of cucumber (*Cucumis sativis*) seedlings[J]. Plant and soil, 97 (2): 299-302.

KIDD P S, PROCTOR J, 2000. The growth response of ecotypes of Holcus lanatus L from different soil types in northwestern Europe to phenolic acids [J]. Plant and Soil, 2: 335-343.

KOCA H, OZDEMIR F, TURKAN I, 2006. Effect of salt stress on lipid perox-idation and superoxide dismutase and peroxidase activities of *Lycopersicon esculentum* and *L. pennellii* [J]. Biologia Plantarum, 50 (4): 745-748.

KOITABASHI R, SUZUKI T, KAWAZU T, et al., 1997. 1, 8-Cineole inhibits root growth and DNA synthesis in the root apical meristem of *Brassica campestris* L. [J]. Journal of Plant Research, 110 (1097): 1-6.

KONG C H, WANG P, ZHAO H, et al., 2008 .Impact of allelochemical exuded from allelopathic rice on soil microbial community[J].Soil Biology and Biochemistry, 40 (7): 1862-1869.

KOURTEV P S, EHRENFELD J G, HAGGBLOM M, 2002. Exotic plant species alter the microbial community structure and function in the soil [J]. Ecology, 83 (11): 3152-3166.

KUZYAKOV Y, DOMANSKI G, 2000. Carbon input by plants into the soil. Review[J]. Journal of Plant Nutrition and Soil Science, 163: 421-431.

LEITAO A L, DUARTE M P, SANTOS O J, et al., 2007. Degradation of phenol by a halo tolerant strain of *Penicillium chrysogenum*[J]. International Biodeterioration &Biodegradation, 59: 220-225.

LI B, LI Y Y, WU H M, et al., 2016. Root exudates drive interspecific facilitation by enhancing nodulation and N 2 fixation [J]. Proceedings of the National Academy of Sciences of the United States of

America, 113（23）: 6496-6501.

LI X G, DING C F, HUA K, et al. , 2014. Soil sickness of peanuts is attributable to modifications in soil microbes induced by peanut root exudates rather than to direct allelopathy [J]. Soil Biology & Biochemistry, 78: 149-159.

LIANG Y C, CHEN Q, LIU Q, et al. , 2003. Exogenous silicon increases antioxidant enzyme activity and reduces lipid per oxidation in roots of salt stressed barley（*Hordeum vulgare* L.）[J]. J Plant Physiol, 160: 1157-1164.

LIU P, LIU Z H, WANG C B, et al. , 2012.Effects of three long-chain fatty acids present in peanut（*Arachis hypogaea* L.）root exudates on its own growth and the soil enzymes activities [J]. Allelopathy Journal, 29（1）: 13-24.

LIU P, WAN S B, JIANG L H, et al. , 2010. Autotoxic potentioal of root exudates of penut（*Arachis hypogaea* L.）[J]. Allelopathy Journal, 26（2）: 197-206.

LYU S W, BLUM U, GERIG T M, et al. , 1990 .Effects of mixtures of phenolic acids on phosphorus uptake by cucumber seedlings [J]. Journal of Chemical Ecology, 16: 2559-2567.

MADHAVA RAO K V, SRESTY T V S, 2000. Antioxidative parameters in the seedlings of pigeonpea [*Cajanus cajan*（L.）. Millspaugh] in response to Zn and Ni stresses [J]. Plant Science, 157: 113-128.

MALANGA G, Puntarulo S, 1995. Oxidative stress and antioxidant content in Chlorella vulgaris after exposure to ultraviolet - B radiation[J]. Physiologia Plantarum, 94（4）: 672-679.

MARSCHNER H, 1995. Mineral Nutrition of Higher Plants[M]. 2nd ed. London: Academic Press.

MATERECHERA SA, DEXTER AR, ALSTON AM, 1992. Formation of aggregates by plant roots in homogenised soils[J]. Plant and Soil, 142: 69-79.

MEHDY M C, 1994. Active oxygen species in plant defense against pathogens [J]. Plant Physiol, 105（2）: 467-472.

MILLER M, DICK R P, 1995. Thermal stability and activities of soil enzymes as influenced by crop rotations[J]. Soil Biology and Biochemistry, 27（9）: 1161-1166.

MURARY A H, 1996. Effect of simple phenolic compounds of heather（*Calluna vulgaris*）on rumen microbial activity in vitro[J]. Journal of Chemical Ecology, 22（8）: 1493-1505.

NEUMANN G, RÖMHELD V, 2000. The release of root exudates as affected by the plant physiological status. In: Pinton R, Varanini Z, Nannipieri Z eds. The Rhizosphere: Biochemi-stry and Organic Substances at the Soil-Plant Interface[R]. New York: Dekker.

NEUMANN G, 2007. Root exudates and nutrient cycling. In: Marschner P, Rengel Z eds. Nutrient Cycling in Terrestrial Ecosystems[R]. Heidelberg: Springer-Verlag.

NEUMANN G, MASSONNEAU A, LANGLADE N, et al., 2000. Physiologicalaspects of cluster root function and development in phosphorus-deficient white lupin（*Lupinus albus* L.）[J]. Annals of Botany, 85: 909-919.

NI GY, SONG LY, ZAHNG J L, et al. , 2006 .Effects of root extracts of Mikania micrantha H.B.K. on soil microbial community [J]. AlleloapthyJournal, 17（2）: 247-254.

NORTHUP R R, YU Z S, DALIGREN R A, et al., 1995. Polyphenol control of nitrogen release from pinelitter[J]. Nature, 377: 227-229.

OADES J M, 1978. Mucilages at the root surface[J]. Journal of Soil Science, 29: 1-16.

OHNO T, DOOLAN K L, 2001. Effects of red clover decomposition on phytotoxicity to wild mustard seedling growth [J].Applied Soil Ecology, 16: 187-192.

PETERS N K, FROST J W, LONG S R, 1986. A plant flavone, luteolin, induces expression of Rhizobium meliloti nodulation genes[J]. Science, 233: 977-980.

POLITYCKA B. 1996. Peroxidase activity and lipid peroxidation in roots of cucumber seedlings influenced by derivatives of cinnamic and benzoic acids[J]. Acta Physio Plant, 18（4）: 365-370.

POLITYCKA B, 1998. Phenolics and the activities of phenylalanine ammonialyase, phenol beta glucosyltransferase and bet aglucosidasein cucumber roots as affected by phenolic allelochemicals[J]. Acta Physio Plant, 20（4）: 405-410.

POWLSON D S, BROOKES P C, CHRISTENSEN B T, 1987. Measurement of soil microbial biomass provides an early indication of changes in total soil organic matter due to straw incorporation [J]. Soil Biology and Biochemistry, 19（2）: 159-164.

PRAMANIK M, NAGAI M, ASAO T, et al., 2000. Effects of Temperature and Photoperiod on Phytotoxic Root Exudates of Cucumber (*Cucumis sativus*) in Hydroponic Culture[J]. Journal of Chemical Ecology, 26（8）: 1953-1967.

PRIVALLE C T, FRIDOVICH I, 1987. Induction of superoxide dismutase in Escherichia coli by heat shock[J]. Proceedings of the National Academy of Sciences, 84（9）: 2723-2726.

QU X H, WANG J G, 2008. Effect of amendments with different phenolicacids on soil microbial biomass, activity, and community diversity [J]. Applied Soil Ecology, 39（2）: 172-179.

RICE E L, 1984.Allelopathy [M] .2nd ed.London: Academic Press.

ROMEO J T, 2000. Raising the beam: moving beyond phytotoxicity[J]. Journal of chemical ecology, 26（9）: 2011-2014.

SAMPIETRO D A, SGARIGLIA M A, SOBERON J R, 2006. Alfalfa soil sickness and autotoxicity [J]. Allelopathy Journal, 18（1）: 81-92.

SCANDALIOS L. G, 1993. Oxygen stress and superoxide dismutase [J]. Plant Physiology, 101: 7-12.

SEHEFFKNECHT S, MAMMERLER R, STEINKELLNER S, et al., 2006.Root exudates of mycorrhizal tomato plants exhibit a different effect on microconidiagermination of *Fusarium oxysporum* f. sp. Iycopersici than root exudates from non-mycorrhizal tomato plants [J]. Mycorrhiza, 16: 365-370.

SHALATA A, TAL M, 1998. The effect of salt stress on lipid peroxidation and antioxidants in the leaf of the cultivated tomato and its wild salt-tolerant relative *Lycopersicon pennellii* [J]. Physiologia Plantarum, 104（2）: 169-174.

SHIBATA M, MIKOTA T, YOSHIMURA A, et al., 2004. Chlorophyll formation and photosynthetic activity in rice mutants with alterations in hydrogenation of the chlorophyll alcohol side chain [J]. Plant science, 166 (3): 593-600.

SINGH G, MUKERJI K G, 2006. Root exudates as determinant of rhizospheric microbial biodiversity. In: Mukerji K G, Manoharachary C, Singh J eds. Microbial Activity in the Rhizosphere[R]. Berlin: Springer.

SINGH H P, BATISH D R, KAUR S, et al., 2003.Phytotoxity interference of Ageratum conyzoides with wheat (*Triticum nestivum*)[J]. Journal of Agronomy & Crop Science, 139: 341-346.

SKLENAR J, FOX G G, LOUGHMAN B C, et al., 1994 .Effects of vanadate on the ATP content, ATPase activity and phosphate absorption capacity of maize roots[J]. Plant and Soil, 167 (1): 57.

SMILEY R W, COOK R J, 1973.Relationship between take-all of wheat and rhizosphere pH in soils fertilized with ammonium vs nitrate nitrogen[J]. Phytopothol, 63: 882-890.

SOUTO X C, PELLISSIER F, CHIAPUSIO G, 2000. Relationships between phenolics and soil microorganisms in spruce forests: Significance for natural regeneration[J]. Journal of Chemical Ecology, 26: 2025-2034.

TAKAGI S, NOMOTO K, TAKEMOTO T, 1984. Physiological aspect of mugineic acid, a possible phytosiderophore of gramineous plants[J]. Journal of Plant Nutrition, 7: 469-477.

TANG C S, YOUNG C C, 1982. Collection and identification of allelopathic compounds from the undisturbed root system of Bigalta Limpograss (*Hemarthria altissima*)[J]. Plant Physiology, 69: 155-160.

VANCE G F, MOKMA D L, BOYD S. A., 1986 Phenolic Compounds in Soils of Hydrosequences and Developmental Sequences of Spodosols [J]. Soilence Society of America Journal, 50 (4): 992.

VIVANCO I J M, BAIS H P, STERMITZ F R, et al., 2004 .Biogeographical variation in community response to root allelochemistry: novel weapons and exotic invasion[J]. Ecology Letters, 7: 285-292.

WALKER T S, BAIS H P, GROTEWOLD E, et al., 2003. Root exudation and rhizosphere biology[J]. Plant Physiology, 132 (1): 44-51.

WANG C, XU G Y, GE C C, et al., 2009.Progress on the phenolic acid substances and plant soil sickness[J]. Northern Horticulture (3): 134-137.

WANG T S C, KAO M M, LI S W, 1984. The exploration and improvement of the yield decline of monoculture sugarcane in Taiwan. In: Chou, C. H.(ed)[J]. Tropical Plant. Sinica Monograph, 5: 1-9.

WASAKI J, ROTHE A, KANIA A, et al., 2005. Root exudation, phosphorus acquisition, and microbial diversity in the rhizosphere of white lupine as affected by phosphorus supply and atmospheric carbon dioxide concentration[J]. Journal of Environmental Quality, 34: 2157-2166.

WERNER D, 2000. Organic signals between plants and microorganisms.In: Pinton R, Varanini Z, Nannipieri Z Eds. The Rhizosphere: Biochemistry and Organic Substances at the Soil-Plant Interface[R]. New York: Dekker.

WILLIAMSON G B, RICHARDSON D, 1988. Bioassays for allelopathy: Meas-uring treatment responses with independent controls [J]. Journal of Chemical Ecology, 14 (1): 181-187.

WU H S, LUO J, RAZA W, et al., 2010. Effect of exogenously added ferulic acid on, in vitro *Fusarium* oxysporum f. sp. niveum [J]. Sci. Horticult., 124（4）: 448-453.

XIA Z C, KONG C H, CHEN L C, et al., 2016. A broadleaf species enhances an autotoxic conifers growth through belowground chemical interactions [J]. Ecology, 97（9）: 2283-2292.

YAN J, BI H H, LIU Y Z, et al., 2010.Phenolic Compounds from Merremia umbellata subsp. orientalisand their allelopathic effects on arabidopsis seed germination[J]. Molecules, 15（11）: 8241-8250.

YANG C H, CROWIEY D E, MENGE J, 2000. A16s rDNA fingerprinting of rhizosphere bacterial communities associated with healthy and phytophora infected avocado toots[J]. FEMS Microbiol Eeol, 35: 129-136.

YAO H Y, BOWMAN D, RUFTY T, et al., 2009 .Interactions between N fertilization, grass clipping addition and pH in turf ecosystems: Implications for soil enzyme activities and organic matter decomposition[J]. Soil Biology and Biochemistry, 41（7）: 1425-1432.

YU J Q, MATSUI Y, 1994. Phytotoxic substances in root exudates of Cucumber (*Cucumis sativus* L.)[J]. Journal of Chemical Ecology, 20: 21-31.

YU J Q, MATSUI Y, 1997. Effects of root exudates of cucumber and allelochemicals on ion uptake by cucumber seedling[J]. J Chem Ecol, 23: 817-827.

YU J Q, SHOU S Y, QIAN Y R, et al., 2000.Autotoxic potential of cucurbit crops [J]. Plant and Soil, 223（1/2）: 147-151.

YU J Q, SU F Y, ZHANG M F, et al., 2003. Effects of root exudates and aqueous root extracts of cucumber (*Cucumis sativus*) and allelochemicals, on photosynthesis and antioxidant enzymes in cucumber[J]. Biochem Syst Ecol, 31: 129-139.

YUAN G L, MA R X, LIU X F, et al., 1998. Effects of allelochemicals on uricase activity[J]. Environmental Science, 19（2）: 55-57.

ZANARDO D I L, LIMA R B, FERRARESE M L L, et al., 2009 .Soybean root growth inhibition and lignification induced by pcoumaricacid[J]. Environmental and Experimental Botany, 66（1）: 25-30.

ZHANG F P, LI C F, TONG L G, et al., 2010a. Response of microbial characteristics to heavy metal pollution of mining soils in central Tibet, China[J]. Applied Soil Ecology, 45（3）: 144-151.

ZHANG Y, GU M, XIA X J, et al., 2010b. Alleviation of autotoxin-induced growth inhibition and respiration by sucrose in *Cucumis sativus* (L.)[J]. Allelopathy Journal, 25: 147-154.

ZHOU X G, WU F Z, 2012. p-Coumaric acid influenced cucumber rhizosphere soil microbial communities and the growth of *Fusarium oxysporum* f. sp. cucumerinum Owen[J]. Plos One, 7（10）: e48288. DOI:10.1371/journal.pone.0048288.